アルゴリズムクイックリファレンス
第2版

George T. Heineman
Gary Pollice　著
Stanley Selkow

黒川 利明　訳
黒川 洋

本書で使用するシステム名、製品名は、それぞれ各社の商標、または登録商標です。
なお、本文中では™、®、©マークは省略している場合もあります。

ALGORITHMS
IN A NUTSHELL

Second Edition

George T. Heineman,
Gary Pollice
& Stanley Selkow

Beijing · Boston · Farnham · Sebastopol · Tokyo

©2016 O'Reilly Japan, Inc. Authorized Japanese translation of the English edition of "Algorithms in a Nutshell, Second Edition". ©2016 George Heineman, Gary Pollice and Stanley Selkow. This translation is published and sold by permission of O'Reilly Media, Inc., the owner of all rights to publish and sell the same.

本書は、株式会社オライリー・ジャパンがO'Reilly Media, Inc. との許諾に基づき翻訳したものです。日本語版についての権利は、株式会社オライリー・ジャパンが保有します。

日本語版の内容について、株式会社オライリー・ジャパンは最大限の努力をもって正確を期していますが、本書の内容に基づく運用結果について責任を負いかねますので、ご了承ください。

第2版日本語版へ寄せて

　数学は、宇宙全体を記述しモデル化することができるので、宇宙の共通言語と言われることがある。2千年以上も前に、ギリシャの数学者たちが数と図形についての数学の学派を作り、厳密な数学体系を発展させた。何世紀にもわたる数学の進歩は、宇宙で起こる出来事や宇宙の構造をモデル化して、自然現象の予測を可能にした。数学者と技術者は、知的好奇心に基づいて19世紀初頭の産業革命の基盤を作り、ひいては世界経済を変革した。

　私たちは、その後の情報の世紀とも呼ばれる新たな産業革命の最中にいて、計算能力の進歩が私たちの社会をさらに変革するのを目の当たりにしている。主要なメディアで、私たちの日常生活にアルゴリズムがもたらす影響を掲載したニュースが報じられている。複雑で人々の関心の高い幅広い問題を解決するのに果たすコンピュータの役割を理解するには、アルゴリズムの研究が欠かせないし、アルゴリズムの果たす役割は増大する一方だ。本書でアルゴリズムを学ぶことは、コンピュータサイエンスの研究に役立つだけでなく、実際の問題を解決する効率的なコードをどうコーディングすればよいかも説明できるようになるだろう。

　『アルゴリズムクイックリファレンス』の初版は数か国語に翻訳されたが、これはアルゴリズムの学習が世界中で求められていることを表している。この第2版では、空間木構造の新しい章を追加しただけでなく、すべての内容にわたって見直した。初版でのC、C++、Javaに加えて、Pythonを使って新たなアルゴリズムを書いた。日本語版の翻訳では、初

版と同じ訳者が携わっている。アルゴリズムの記述では、初版同様、翻訳者と連絡を取り合って、細かい誤植の修正や改訂などを行った。

2016年11月
George Heineman
Gary Pollice
Stanley Selkow

第2版まえがき

新しい版のために本を改訂するのは常に骨の折れる作業だ。私たちは2009年に出版した初版の良い所をすべて保持しながら、その欠点を補い、新たな内容を追加することに努めた。初版での次の原則は維持している。

- 疑似コードではなく、実コードを使う。
- 解こうとしている問題からアルゴリズムを分離する。
- 数学をちょうど十分なだけ導入する。
- 数学的分析を実験的に支援する。

第2版に際して、記述を短くしてレイアウトを単純化し、その分だけ新たなアルゴリズムとその記述を追加した。「クイックリファレンス」として、実際のソフトウェアシステムに役立つアルゴリズムへのさらに便利な入門書になったと自負している。アルゴリズムは相変わらずコンピュータサイエンスの重要な分野である。

第2版の変更点

第2版への更新に際しては次の原則に従った。

新たなアルゴリズムの選択

初版発行後、「なぜマージソートがないのか」、「なぜ高速フーリエ変換(FFT)を扱わないのか」というようなコメントを多数受け取った。これらの要請すべてを叶えることは不可能だが、次のアルゴリズムを追加した。

- フォーチュン走査法:点集合のボロノイ図を計算するため(「9.6 ボロノイ図」)
- マージソート:外部ファイルと内部メモリデータの両方のため(「4.7.1

マージソート」）
- マルチスレッドクイックソート（「11.3　並列アルゴリズム」）
- **AVL** 平衡二分木実装（「5.5.3　解」）
- **R** 木と四分木（新たに「**10章　空間木構造**」を追加した）

全部で約40の重要なアルゴリズムを取り上げる。

説明の流れを改善

新たな内容を加えるため、初版のすべてを見直した。アルゴリズムの記述に使っていたテンプレートを簡略化して説明の無駄を省いた。

Python実装を追加

既存のアルゴリズムをPythonで書き直すことはせず、追加した新しいアルゴリズムをPythonを使って実装することにした。

コードリソース管理

初版のサンプルコードはzipファイルで提供していた。今回はGitHubリポジトリ（https://github.com/heineman/algorithms-nutshell-2ed）に移した。コードと文書の品質はここ数年で向上した。初版以降のブログの内容を取り込んでいる。500以上の単体テストケースがあり、コードカバレッジツールを使ってJavaコードの99%を確認した。全部で、コードリポジトリは110KLOC（11万行）になっている。

対象読者

読者がアルゴリズムをどう使うか、どう実装するかについて実際役立つ情報を探すときに、本書をまず手に取ってもらいたい。多数の問題を解くため広範囲の既存のアルゴリズムを取り上げて、さらに、次の原則に従うようにした。

- アルゴリズムの記述に際して、テンプレートに沿ったスタイルを使い、議論の枠組みを統一し、本質的な部分を説明する。
- アルゴリズムの実装にさまざまな（C、C++、Java、Python）言語を使う。これによって、アルゴリズムについての議論を現実的なものとし、読者が既に使い慣れた言語を用いることができる。
- アルゴリズムの期待性能を記述するとともに、実験に基づいて、その根拠を

示す。

　本書は、ソフトウェアユーザ、プログラマ、設計者に最も役立つことを狙った。読者の目標を満たすためには、現実の問題を解くのに必要な実践的なアルゴリズムを現実の解にするように説明してくれる質の良い情報にアクセスする必要がある。読者は、さまざまなプログラミング言語を使ってプログラムすることは既に行っているだろうし、配列、リンク付きリスト、スタック、キュー、ハッシュ表、二分木、有向／無向グラフなどの基本的なデータ構造についても知っているだろう。こういったデータ構造の実装は、コードライブラリで提供する。

　本書を使って、問題を効率的に解くために、読者はまずテスト済みの解について学ぶとよい。先進的なデータ構造についても学ぶことがあるだろうし、標準的なデータ構造を使って、アルゴリズムの効率を改善することもできるだろう。効率的な解を得るために、それぞれのアルゴリズムで行われた重要な決定を理解することによって、読者の問題解決能力も向上するだろう。

本書で使用する記法

本書では次のような書体を使う。

コード（code）
　　すべてのコードはこのフォント（等幅書体）を使う。プログラムコードはコードリポジトリにある実際のコードを使う。

グレーのゴシック
　　アルゴリズム名を示す。

ゴシック
　　新出の用語や強調に使う。

等幅
　　Javaクラス、Cでの配列名、真偽値のような定数といった実装における実際のソフトウェア要素名を示す。

　本書では多数の本、論文、Webサイトを参照する。本文中での参照は、(Cormen et al., 2001) のように丸括弧で括る。章の末尾に、その章で使用した参考文献を示

す。

　参考文献の著者名が文中に登場するときは、出版年のみを示す。Donald Knuth（1998）の『The Art of Computer Programming』という具合だ。

　本書に掲載したURLは、2016年1月現在のものである（もしかしたら発刊時点で変更されているものがあるかもしれない）。http://www.oreilly.comのように、本文中に補っている場合も若干あるが、ほとんどは脚注か章末の参考文献に記載するようにしている。

コード例の使用について

　コード例、練習問題などのソースコードはhttps://github.com/heineman/algorithms-nutshell-2edからダウンロードできるようになっている。

　本書は、読者の仕事を助けるためのものだ。全般的に、本書のサンプルコードは、読者のプログラムやドキュメントで使ってもらって構わない。コードのかなりの部分を複製するということでもない限り、弊社に許可を求める必要はない。O'Reillyの書籍に掲載されたサンプルのCD-ROMを販売したり配布したりする場合には許可が必要となる。例えば、本書の複数のコードチャンクを使ったプログラムを書くときには、許可は必要ない。本書の文言を使い、サンプルコードを引用して質問に答えるときにも、許可は必要ない。しかし、本書のサンプルコードの大部分を自分の製品のドキュメントに組み込む場合には、許可を求めてほしい。

　出典を表記するのはありがたいが、出典の表記を要求するつもりはない。出典を表記する際には、タイトル、著者、出版社、ISBNを入れてほしい。例えば、『Algorithms in a Nutshell, 2nd Edition』George Heineman、Gary Pollice、Stanley Selkow、O'Reilly、Copyright 2016 George Heineman、Gary Pollice、Stanley Selkow、978-1-4919-4892-7、邦題『アルゴリズムクイックリファレンス第2版』オライリー・ジャパン、ISBN978-4-87311-785-0のようになる。

　サンプルコードの使い方が公正使用の範囲を逸脱したり、上記の許可の範囲を越えるように感じる場合には、permissions@oreilly.comに気軽に問い合わせてほしい。

コメントや質問

本書に関するご意見、ご質問などは、出版社に送ってほしい。

　　株式会社オライリー・ジャパン
　　電子メール japan@oreilly.co.jp

本書には、正誤表、サンプル、追加情報などを掲載したWebサイトがある。このページには以下からアクセスできる。

　　http://bit.ly/algorithms_nutshell_2e（英語）
　　http://www.oreilly.co.jp/books/9784873117850/（日本語）

本書に関するご意見、技術的な質問については、bookquestions@oreilly.comにメールしてほしい（英語）。

弊社書籍、講座、カンファレンス、ニュースなどについては、http://www.oreilly.comのWebサイトを参照してほしい。

謝辞

本書の草稿を読んで、詳細な点まで指摘をいただき、誤りを取り除き内容の改善に協力頂いた方々、初版では、Alan Davidson、Scot Drysdale、Krzysztof Duleba、Gene Hughes、Murali Mani、Jeffrey Yasskin、Daniel Yoo、第2版ではAlan Solis、Robert P. J. Day、Scot Drysdaleに感謝する。

George Heinemanは、アルゴリズムへの情熱を吹き込んでくれたScot Drysdale（Dartmouth College）とZvi Galil（Columbia University、現在はGeorgia TechのComputing学部長）両教授に感謝したい。いつものように、妻Jenniferと、子供達Nicholas（プログラミングの勉強を始めた）とAlexander（本書の印刷原稿で折り紙を作るのが大好き）に感謝する。

Gary Polliceは、この素晴らしい46年を過ごした妻Vikkiに感謝したい。また、WPI大学計算機科学科の優れた環境と仕事にも感謝したい。

Stanley Selkowは、妻Debに感謝したい。本書は、二人の長い道のりの1つだった。

目次

第2版日本語版へ寄せて ……………………………………………………… v
第2版まえがき ………………………………………………………………… vii

1章　アルゴリズムで考える ……………………………………………… 1
　1.1　問題を理解する ……………………………………………………… 1
　1.2　素朴解 ………………………………………………………………… 3
　1.3　賢い方式 ……………………………………………………………… 3
　　　1.3.1　貪欲法 ………………………………………………………… 4
　　　1.3.2　分割統治法 …………………………………………………… 4
　　　1.3.3　並列法 ………………………………………………………… 5
　　　1.3.4　近似法 ………………………………………………………… 6
　　　1.3.5　一般化 ………………………………………………………… 6
　1.4　まとめ ………………………………………………………………… 7
　1.5　参考文献 ……………………………………………………………… 8

2章　アルゴリズムの数学 ………………………………………………… 9
　2.1　問題インスタンスのサイズ ………………………………………… 9
　2.2　関数の成長率 ………………………………………………………… 10
　2.3　最良、平均、最悪時の分析 ………………………………………… 15
　　　2.3.1　最悪時 ………………………………………………………… 17
　　　2.3.2　平均時 ………………………………………………………… 18
　　　2.3.3　最良時 ………………………………………………………… 19
　　　2.3.4　下限と上限 …………………………………………………… 19
　2.4　性能分類 ……………………………………………………………… 20
　　　2.4.1　定数的振る舞い ……………………………………………… 21
　　　2.4.2　対数的振る舞い ……………………………………………… 21
　　　2.4.3　$d<1$に対する下位線形$O(n^d)$の振る舞い ……………… 23

	2.4.4	線形性能	24
	2.4.5	線形対数 (n log n)の性能	27
	2.4.6	二乗の性能	28
	2.4.7	あまり明白でない性能を示す計算	30
	2.4.8	指数性能	33
	2.4.9	漸近的成長のまとめ	33
2.5	ベンチマーク演算	33
2.6	参考文献	35

3章 アルゴリズムの構成要素　37

3.1	アルゴリズムテンプレートの形式	38
3.2	疑似コードのテンプレート形式	39
3.3	評価実験の形式	40
3.4	浮動小数点計算	40
	3.4.1 性能	41
	3.4.2 丸め誤差	41
	3.4.3 浮動小数点数値の比較	42
	3.4.4 特殊な値	44
3.5	アルゴリズム例	44
	3.5.1 名前と概要	44
	3.5.2 入出力	45
	3.5.3 文脈	45
	3.5.4 解	45
	3.5.5 分析	48
3.6	一般的なアプローチ	49
	3.6.1 貪欲法	49
	3.6.2 分割統治	49
	3.6.3 動的計画法	50
3.7	参考文献	56

4章 整列アルゴリズム　57

	4.0.1 用語	57
	4.0.2 表現	58
	4.0.3 比較可能な要素	59
	4.0.4 安定整列	60
	4.0.5 整列アルゴリズムの選択基準	61
4.1	転置ソート	61
	4.1.1 挿入ソート	62
	4.1.2 文脈	63

	4.1.3 解 ·········· 63

- 4.1.3 解 ·········· 63
- 4.1.4 分析 ·········· 65
- 4.2 選択ソート ·········· 66
- 4.3 ヒープソート ·········· 67
  - 4.3.1 文脈 ·········· 72
  - 4.3.2 解 ·········· 72
  - 4.3.3 分析 ·········· 73
  - 4.3.4 変形 ·········· 73
- 4.4 分割ベースのソート ·········· 74
  - 4.4.1 文脈 ·········· 77
  - 4.4.2 解 ·········· 78
  - 4.4.3 分析 ·········· 79
  - 4.4.4 変形 ·········· 79
- 4.5 比較なしの整列 ·········· 82
- 4.6 バケツソート ·········· 82
  - 4.6.1 解 ·········· 84
  - 4.6.2 分析 ·········· 87
  - 4.6.3 変形 ·········· 88
- 4.7 外部ストレージのある整列 ·········· 89
  - 4.7.1 マージソート ·········· 89
  - 4.7.2 入出力 ·········· 91
  - 4.7.3 解 ·········· 91
  - 4.7.4 分析 ·········· 92
  - 4.7.5 変形 ·········· 92
- 4.8 整列ベンチマーク結果 ·········· 94
- 4.9 分析技法 ·········· 96
- 4.10 参考文献 ·········· 98

5章 探索 ·········· **101**

- 5.1 逐次探索 ·········· 102
  - 5.1.1 入出力 ·········· 103
  - 5.1.2 文脈 ·········· 103
  - 5.1.3 解 ·········· 104
  - 5.1.4 分析 ·········· 105
- 5.2 二分探索 ·········· 106
  - 5.2.1 入出力 ·········· 106
  - 5.2.2 文脈 ·········· 107
  - 5.2.3 解 ·········· 107
  - 5.2.4 分析 ·········· 108

		5.2.5 変形 ·· 110
	5.3	ハッシュに基づいた探索 ··· 111
		5.3.1 入出力 ·· 113
		5.3.2 文脈 ·· 114
		5.3.3 解 ··· 117
		5.3.4 分析 ·· 119
		5.3.5 変形 ·· 122
	5.4	ブルームフィルタ ··· 127
		5.4.1 入出力 ·· 129
		5.4.2 文脈 ·· 129
		5.4.3 解 ··· 130
		5.4.4 分析 ·· 131
	5.5	二分探索木 ··· 132
		5.5.1 入出力 ·· 133
		5.5.2 文脈 ·· 133
		5.5.3 解 ··· 135
		5.5.4 分析 ·· 146
		5.5.5 変形 ·· 146
	5.6	参考文献 ··· 146

6章　グラフアルゴリズム　149

	6.1	グラフ ··· 151
		6.1.1 データ構造の設計 ·· 153
	6.2	深さ優先探索 ·· 154
		6.2.1 入出力 ·· 158
		6.2.2 文脈 ·· 158
		6.2.3 解 ··· 159
		6.2.4 分析 ·· 160
		6.2.5 変形 ·· 160
	6.3	幅優先探索 ··· 160
		6.3.1 入出力 ·· 163
		6.3.2 文脈 ·· 163
		6.3.3 解 ··· 163
		6.3.4 分析 ·· 164
	6.4	単一始点最短経路 ··· 165
		6.4.1 入出力 ·· 168
		6.4.2 解 ··· 168
		6.4.3 分析 ·· 170
	6.5	密グラフ用ダイクストラ法 ·· 170

			6.5.1	変形	173
	6.6	単一始点最短経路選択肢の比較			177
		6.6.1	ベンチマークデータ		177
		6.6.2	密グラフ		177
		6.6.3	疎グラフ		178
	6.7	全対最短経路			179
		6.7.1	入出力		179
		6.7.2	解		181
		6.7.3	分析		183
	6.8	最小被覆木アルゴリズム			184
		6.8.1	入出力		186
		6.8.2	解		186
		6.8.3	分析		188
		6.8.4	変形		188
	6.9	グラフについての考察			188
		6.9.1	ストレージの問題		188
		6.9.2	グラフ分析		189
	6.10	参考文献			190

7章　AIにおける経路探索　　191

	7.1	ゲーム木		192
		7.1.1	静的評価関数	195
	7.2	経路探索の概念		196
		7.2.1	状態の表現	196
		7.2.2	可能な手の計算	197
		7.2.3	拡張深さの限度	197
	7.3	ミニマックス		198
		7.3.1	入出力	200
		7.3.2	文脈	200
		7.3.3	解	201
		7.3.4	分析	204
	7.4	ネグマックス		204
		7.4.1	解	206
		7.4.2	分析	208
	7.5	アルファベータ法		208
		7.5.1	解	213
		7.5.2	分析	214
	7.6	探索木		216
		7.6.1	経路長のヒューリスティック関数	219

7.7	深さ優先探索	220
	7.7.1 入出力	221
	7.7.2 文脈	222
	7.7.3 解	222
	7.7.4 分析	223
7.8	幅優先探索	226
	7.8.1 入出力	226
	7.8.2 文脈	226
	7.8.3 解	228
	7.8.4 分析	229
7.9	A*探索	229
	7.9.1 入出力	231
	7.9.2 文脈	231
	7.9.3 解	234
	7.9.4 分析	238
	7.9.5 変形	239
7.10	探索木アルゴリズムの比較	240
7.11	参考文献	243

8章　ネットワークフローアルゴリズム　247

8.1	ネットワークフロー	248
8.2	最大フロー	251
	8.2.1 入出力	252
	8.2.2 解	252
	8.2.3 分析	260
	8.2.4 最適化	260
	8.2.5 関連アルゴリズム	262
8.3	二部マッチング	263
	8.3.1 入出力	264
	8.3.2 解	264
	8.3.3 分析	267
8.4	増加道についての考察	267
8.5	最小コストフロー	271
8.6	積み替え	273
	8.6.1 解	273
8.7	輸送	275
	8.7.1 解	275
8.8	割り当て	276
	8.8.1 解	276

	8.9	線形計画法 ·· 276
	8.10	参考文献 ·· 277

9章　計算幾何学　279

- 9.1 問題の分類 ·· 280
  - 9.1.1 入力データ ··· 280
  - 9.1.2 計算 ·· 282
  - 9.1.3 タスクの性質 ··· 283
  - 9.1.4 仮定 ·· 283
- 9.2 凸包 ··· 283
- 9.3 凸包走査 ··· 284
  - 9.3.1 入出力 ··· 286
  - 9.3.2 文脈 ·· 286
  - 9.3.3 解 ·· 287
  - 9.3.4 分析 ·· 289
  - 9.3.5 変形 ·· 290
- 9.4 線分交差を計算する ··· 293
- 9.5 線分走査法 ·· 294
  - 9.5.1 入出力 ··· 295
  - 9.5.2 文脈 ·· 295
  - 9.5.3 解 ·· 297
  - 9.5.4 分析 ·· 300
  - 9.5.5 変形 ·· 303
- 9.6 ボロノイ図 ·· 304
  - 9.6.1 入出力 ··· 309
  - 9.6.2 解 ·· 311
  - 9.6.3 分析 ·· 316
- 9.7 参考文献 ··· 317

10章　空間木構造　319

- 10.1 最近傍クエリ ··· 320
- 10.2 範囲クエリ ·· 321
- 10.3 交差クエリ ·· 321
- 10.4 空間木構造 ·· 322
  - 10.4.1 k-d木 ·· 322
  - 10.4.2 四分木 ··· 323
  - 10.4.3 R木 ·· 324
- 10.5 最近傍法 ··· 325
  - 10.5.1 入出力 ··· 326

		10.5.2 文脈	328
		10.5.3 解	328
		10.5.4 分析	330
		10.5.5 変形	335
	10.6	範囲クエリ	336
		10.6.1 入出力	338
		10.6.2 文脈	338
		10.6.3 解	338
		10.6.4 分析	339
	10.7	四分木	343
		10.7.1 入出力	344
		10.7.2 解	344
		10.7.3 分析	349
		10.7.4 変形	349
	10.8	R木	350
		10.8.1 入出力	353
		10.8.2 文脈	354
		10.8.3 解	354
		10.8.4 分析	359
	10.9	参考文献	362

11章 新たな分類のアルゴリズム — 363

- 11.1 方式の種類 — 363
- 11.2 近似アルゴリズム — 364
  - 11.2.1 入出力 — 366
  - 11.2.2 文脈 — 366
  - 11.2.3 解 — 366
  - 11.2.4 分析 — 368
- 11.3 並列アルゴリズム — 370
- 11.4 確率的アルゴリズム — 375
  - 11.4.1 集合のサイズを推定する — 376
  - 11.4.2 探索木のサイズを推定する — 378
- 11.5 参考文献 — 383

12章 結び：アルゴリズムの諸原則 — 385

- 12.1 汝のデータを知れ — 385
- 12.2 問題を小さく分割せよ — 386
- 12.3 正しいデータ構造を選べ — 387
- 12.4 空間と時間のトレードオフを使え — 389

12.5	探索を構築せよ	390
12.6	問題を別の問題に帰着させよ	390
12.7	アルゴリズムを書くのは難しい、アルゴリズムをテストするのはさらに難しい	391
12.8	可能なら近似解を受け入れよ	392
12.9	性能を上げるために並列性を加えよ	393

付録A　ベンチマーク　395

A.1	統計の基礎	395
A.2	例	397
	A.2.1　Javaベンチマーク	397
	A.2.2　Linuxベンチマーク	398
	A.2.3　Pythonベンチマーク	403
A.3	報告	404
A.4	精度	405

訳者あとがき 407

索引 409

1章
アルゴリズムで考える

　大事なのはアルゴリズム（algorithm）だ。ある環境で、どのアルゴリズムを使うべきかを判断できるかどうかは、作成したソフトウェアに大きな違いをもたらす。本書をソートや探索のような重要な数多くのアルゴリズム領域での学習のガイドブックにしてほしい。問題解決アルゴリズムで使われる分割統治法や貪欲戦略などの一般的な方法をいくつも紹介する。この知識を活用すれば、自分のソフトウェアの効率を改善できる。

　コンピューティングの黎明期から、データ構造はアルゴリズムと切っても切れない関係にある。本書では、効率的な処理のために情報を適切に表現する基本データ構造を学ぶ。

　アルゴリズムを選ぶときにはどうしなければならないか。以降の節において、この問題を探求する。

1.1　問題を理解する

　アルゴリズム設計の第1ステップは、解きたい問題の理解である。コンピュータサイエンスの例題を手始めに取り上げる。2次元平面で**図1-1**に示されるような点集合Pが与えられ、輪ゴムでこれらの点の周りを囲んで手を離したときの絵を描く。得られる図形は、**凸包**（convex hull）、すなわち、Pの全点を囲む最小の凸形状（凹みのない形）である。課題は2次元の点集合から凸包を計算するアルゴリズムを書くことだ。

　Pの凸包を描くことができたとすると、P内の任意の2点を結ぶ線分は、凸包内に完全に含まれる。凸包の点を時計回りに番号を振ったと仮定しよう。すると、凸包は、h個の点$L_0, L_1, \cdots L_{h-1}$の時計回りの順序で、**図1-2**に示すように作られる。凸包の3点L_i, L_{i+1}, L_{i+2}の並びは、右回りになる。

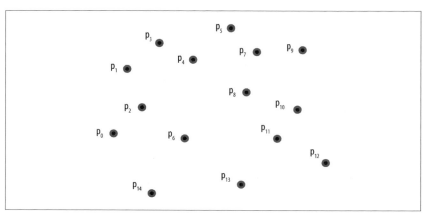

図1-1　平面上の15点の集合例

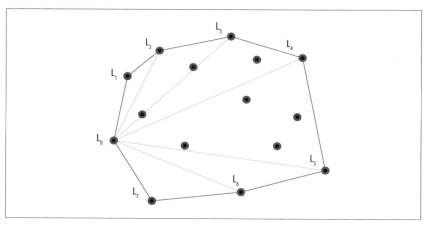

図1-2　点に対して計算した凸包

　これだけの情報から、おそらくどのような点集合に対しても凸包を描けるだろうが、アルゴリズム（すなわち、任意の点集合に対して効率的に凸包を計算するステップごとの命令列）を考えつくだろうか。

　興味深いことに、凸包問題は既存のアルゴリズムの種類に簡単に分類できそうにない。点は凸包の周りを時計回りに順序付けられているが、左から右への線形ソートは使えなさそうだ。同様に、ある線分が凸包上にあるかどうかは、平面上の残りの $n-2$ 点がその線分の「右に」あるかどうかで簡単に判断できるが、自明な探索方

式もなさそうだ。

1.2 素朴解

凸包は明らかに、3個以上の点集合で存在する。しかし、どのように構成すればよいだろうか。次のようなアイデアを考えよう。元の点集合から任意の3点を選び、三角形を作る。残りの $n-3$ 点のいずれかがこの三角形の内部に含まれるなら、それらは凸包の一部ではない。この処理を一般化したものを疑似コードを使って記述する。本書に登場するアルゴリズムには同様の記述を使う。

遅い凸包 Slow Hull	最良	平均	最悪
		$O(n^4)$	

```
slowHull (P)
  foreach p0 in P do
    foreach p1 in {P−p0} do
      foreach p2 in {P−p0−p1} do    ❶ 点p0, p1, p2は三角形になる。
        foreach p3 in {P−p0−p1−p2} do
          if p3がTriangle(p0,p1,p2)に含まれる then
            p3を内部とマーク    ❷ 内部と印されていない点は凸包上にある。

  すべての非内部点 in Pで配列Aを作る
  Aの中で最左点leftを決定する
  leftを通る鉛直線となす角度でAをソートする    ❸ 角度は−90から90(度)。
  return A
```

なぜこの方式が非効率なのかを示す数学的解析手法について次章で説明する。この疑似コードは、入力集合 (**図1-2**で凸包を作ったものを含む) に正解を与えるステップを説明している。しかし、これが最良だろうか。

1.3 賢い方式

本書の多くのアルゴリズムは、既存のコードに対してさらに効率的なコードを求め努力した結果である。本書では読者が問題を解くのを助ける方式について述べる。凸包の計算には、多くの異なる方法がある。これらのアプローチを紹介することで、以降の章で扱う内容の一端を示す。

1.3.1 貪欲法

凸包を1点ずつ構成する方法を示す。

1. P で最も低い位置の点 low を見つけて、P から取り除く。この low は凸包の一部になることが自明である。
2. low を通る鉛直線からの角度の**降順**で、残っている $n-1$ 個の点をソートする。これらの角度の範囲は、鉛直線の左側90度から右側 -90 度になる。p_{n-2} が最右点、p_0 が最左点である。**図1-3**では、鉛直線を太い線、角度は細い線で示す。
3. $\{p_{n-2}, low, p_0\}$ という順序の3点からなる部分凸包から出発する。部分凸包に p_1 から p_{n-3} までの各々を追加して凸包を拡張できないか考慮する。部分凸包の最後の3点が左回りになったら、その部分凸包は誤った点を含んでいることになるので、最後から2つ目の点を取り除く。
4. p_{n-2} までのすべての点を考慮したら、部分凸包は完了する。**図1-3**参照。

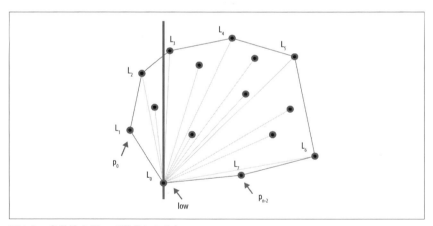

図1-3　貪欲法を用いて構成した凸包

1.3.2 分割統治法

P のすべての点を x 座標で左から右へとソートすれば、(y 座標で分けて)問題を半分に分割できる。このソートした集合に対して、まず上側の**部分**凸包を左から右へ、p_0 から p_{n-1} まで時計回りに計算する。次に、下側の部分凸包を同じ点集合に対して右から左、p_{n-1} から p_0 まで再度時計回りに構成する。9章で述べる**凸包走査**(Convex

Hull Scan) がこの部分凸包（図1-4に示す）を計算し、それらを併合して最終的な凸包を作る。

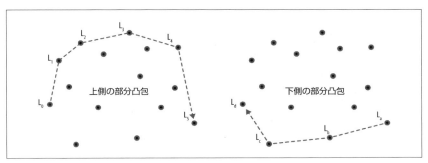

図1-4　上下部分凸包を併合して作られた凸包

1.3.3　並列法

多数のプロセッサがあれば、初期点集合をx座標で分割して、各プロセッサにその部分点集合の凸包を計算させられる。それらが完了すれば、隣り合う部分解同士を繰り返し併合することで全体の凸包を**縫い合わせられる**（stitched）。

図1-5は、3プロセッサでのこの方式を示す。頂上と底に1本ずつ接線を加えて、

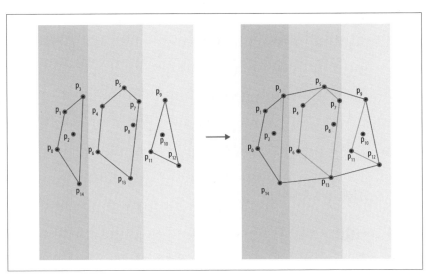

図1-5　並列構成と縫い合わせによって作られた凸包

2つの凸包を縫い合わせ、これらの2直線で作られる四辺形の内部に含まれる線分を取り除いて、凸包ができる。

1.3.4 近似法

これまで述べた改善でも、凸包を計算するためには、打ち破れない、ある性能の**下限**が存在する。しかし、正確な解を計算しなくても、誤差が正確に把握できて、かつ迅速に計算できる近似解で十分なこともあるだろう。

Bentley-Faust-Preparataアルゴリズムは、点集合を垂直片に分割することによって、凸包を近似する。各垂直片では、y座標に基づいて最大値と最小値を見つける（それらの点を四角で**図1-6**に示した）。点集合Pの最左点と最右点とともに、これらの極値を縫い合わせて凸包を作る。こうすると、**図1-6**の点p_1からわかるように、凸包の外になる点も出てくる。

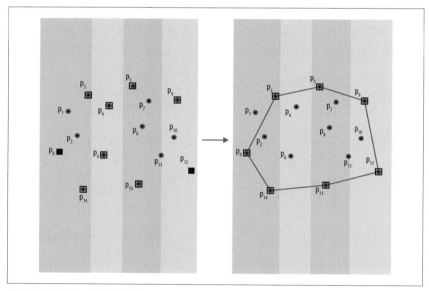

図1-6　近似計算で作られた凸包

1.3.5 一般化

より一般的な問題を解くことができると、元の問題を解くのにその解をすぐ変換できるということがよくある。**ボロノイ図**（Preparata and Shamos, 1993）は、平

面上の点を小さい領域で分割する幾何構造である。各領域は、入力集合Pの点を1つだけアンカーとして含む。そして、領域R_iは、一番近いP内の点がアンカー点p_iであるような点集合(x, y)と定義される。ボロノイ図が計算されると、領域は**図1-7**のように可視化できる。灰色の領域は、**半無限**であり、凸包上の点と対応することが即座に見て取れる。この観察から次のアルゴリズムができる。

1. Pのボロノイ図を計算する。
2. 凸包をPの最低点lowとそれに対応する領域から始める。
3. 無限長の境界を共有する隣接する領域を時計回りに調べ、そのアンカー点を凸包に加える。
4. 元の領域にぶつかるまで続ける。

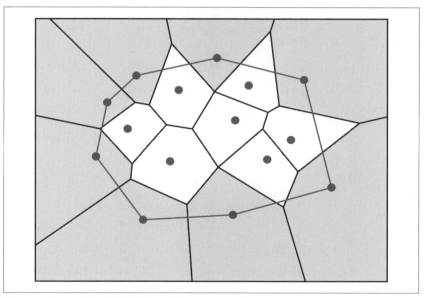

図1-7　ボロノイ図から計算された凸包

1.4　まとめ

効率的なアルゴリズムは、まったく明らかでないことがよくある。データセット、（並列性を使えるかどうかなどの）プロセス環境、目標などに依存して、まったく異

なるアルゴリズムが最良となることもしばしばある。この簡単な紹介は、アルゴリズムの表面をなでただけにすぎない。本書で取り揃えたさまざまなアルゴリズムだけでなく、こういった異なるアプローチについてももっと学ぼうという気になってほしい。紹介するすべてのアルゴリズムについては、実装して、適切なドキュメントと説明を加えてある。これらは、アルゴリズムをどのように使うか、さらには自分でどう実装するかまでを理解する助けになるだろう。

1.5 参考文献

Bentley, J. L., F. Preparata, and M. Faust, "Approximation algorithms for convex hulls," Communications of the ACM, 25(1): 64-68, 1982, http://doi.acm.org/10.1145/358315.358392

http://degiorgi.math.hr/oaa/oaa_lit/appr_convex_hull.pdfにもある。

Preparata, F. and M. Shamos, Computational Geometry: An Introduction, Springer, 1993.（邦題『計算幾何学入門』、総研出版、1992は、同著者の同書名、ACM/Springer、1985に基づく）

2章
アルゴリズムの数学

　アルゴリズムを選ぶときに一番重要なのは、完了に要する時間である。アルゴリズムの期待計算時間を特徴付けることは、本質的に数学の作業となる。本章では、この時間予測に関わる数学ツールを示す。この章を読めば、本書だけでなく、アルゴリズムを記述する他の文献で使われるさまざまな数学用語がわかるようになるはずだ。

2.1　問題インスタンスのサイズ

　問題インスタンスとは、問題に対する具体的な入力データセットのことを指す。ほとんどの問題において、問題インスタンスのサイズが増えるにつれて実行時間が増加する。同時に、（圧縮技法を用いた）大幅に圧縮した表現では、プログラム実行が不必要に遅くなることがある。問題インスタンスの最適な表現を定義することは、驚くほど難しい。その理由は、問題が実世界で起こっているので、コンピュータプログラムで解くために、適切な表現に変換しなければならないからだ。

　アルゴリズムを評価するとき、問題インスタンスの符号化がアルゴリズムが効率的に実装できるかどうかの決定要因とはならないものと仮定できる（と我々は望んでいる）。問題インスタンスの表現は、行われる必要がある演算の型や種類だけに依存すべきだ。効率的なアルゴリズムの設計は、問題を表現するデータ構造を適切に選ぶことから始まることが多い。

　インスタンスのサイズは形式的に定義できないので、インスタンスが一般的に受け入れられる簡潔な方式で符号化されたと仮定する。例えば、n個の整数をソートするときには、それらの数は、いずれも、計算環境において32ビットワードに収まると考えて、ソートされるインスタンスのサイズをnとするのが一般的である。数の一部が1ワードに収まらない場合でも、それがある決まった個数のワード内で収

まるなら、インスタンスのサイズは、**定数分の変化**だけで済む。したがって、64ビットに格納された整数を使った計算アルゴリズムは、32ビットに格納された整数を使った同様のアルゴリズムに比較して2倍の時間がかかるくらいで済む。

アルゴリズム研究者は、実装における個別の符号化を使った場合のコストを正確に細かく計算できないことを認めている。したがって、定数分を掛けた性能コストの違いはいずれも**漸近的**に等しいとする。言い換えると、問題サイズが増大していくならあまり問題にならないと断言するのだ。例えば、64ビット整数は、32ビット整数より余計に時間がかかると予期できるが、その違いを無視して、百万個の32ビット整数のための優れたアルゴリズムは、百万個の64ビット整数のためにもよいとする。これは、実世界の状況では受け入れがたい定義ではある（予想していたより1,000倍高価な請求額を見て、誰が満足するものか）が、アルゴリズムを比較する普遍的な手段としての役目を果たすことができる。

本書のすべてのアルゴリズムにおいて、定数分は事実上すべてのプラットフォームで小さいものとする。しかし、プロダクションコードでのアルゴリズムの実装では、定数がもたらす詳細な相違に注意を払わなければならない。この漸近的アプローチは、小さな問題インスタンスでの性能に基づいて大規模問題インスタンスの性能を予測できるので有用だ。それによって特定アルゴリズムで扱える最大問題インスタンスを決定できる (Bentley, 1999)。

情報の集まりを貯えるために、ほとんどのプログラミング言語が配列を採用して、メモリの連続領域を確保し、i 番目の要素が高速にアクセスできる。各要素がワードに収まる（例えば、整数または真偽値の配列）なら、配列は1次元となる。配列には、さらに複雑なデータ表現を扱えるように、高次元に拡張したものもある。

2.2　関数の成長率

アルゴリズムの振る舞いを、その**実行時間の成長率**を入力問題インスタンスのサイズの関数として表すことによって記述する。この方法によるアルゴリズム性能の特性記述は、詳細を無視した抽象化されたものになる。したがって、この方法を適切に使うには、抽象化によって隠された細かな点に気を配る必要がある。どのプログラムも、計算プラットフォームで実行されるが、その内容は一般に次のようなものを含む。

- プログラムを実行するコンピュータ、そのCPU、データ・キャッシュ、浮動小数点ユニット（FPU）、その他のチップ上の機能
- プログラムを書くプログラミング言語とコンパイラ/インタープリタ、および生成コードの最適化
- オペレーティングシステム
- 背後で動くその他のプロセス。

プラットフォームを変えるとプログラムの実行時間が定数分変化すると仮定して、先ほど述べた漸近的等価原則にしたがって、プラットフォームの相違を無視する。

このことがよくわかるように、後の5章で述べる**逐次探索**アルゴリズムについて少し論じることにしよう。**逐次探索**は、1以上のn個の異なる要素からなるリストを、探している値vが見つかるまで、その要素を1つずつ順に調べる。次の3点を仮定しておく。

- リストにはn個の異なる要素がある
- 探す値vは、リストの中にある
- リストの要素が値vである確率はいずれも等しい。

逐次探索の性能を理解するには、「平均して」どれだけの要素を調べることになるかを知っておく必要がある。vがリストに含まれ、どの要素の確率も同じなので、被検査要素の平均個数$E(n)$は、n個の値のそれぞれについて検査された要素の個数を合計した値をnで割ったものであり、数式で表すと次のようになる。

$$E(n) = \frac{1}{n}\sum_{i=1}^{n} i = \frac{n(n+1)}{2n} = \frac{1}{2}n + \frac{1}{2}$$

したがって、**逐次探索**は、上の仮定の下でn個の異なる要素のリストのほぼ半分の要素を検査することになる。リストの要素数が倍になると、**逐次探索**は2倍個の要素を調べねばならない。検査の期待個数は、nについて**線形（一次）**関数となる。すなわち、検査の期待値は、線形、すなわち、ある定数cについて「ほぼ」$c*n$となる。ここで、$c = 1/2$である。性能解析して得られた基本的洞察とは、コストの最重要要因は、問題インスタンスのサイズnであるから、長期的には定数cは重要ではないということである。nが大きくなるにつれて、次の近似式での誤差は、問題でなくなる。

$$\frac{1}{2}n \approx \frac{1}{2}n + \frac{1}{2}$$

実際、この近似式の両辺の比はnが大きくなるにつれて1に近づいていく。すなわち、次の式になる。ただし、nが小さいと誤差が無視できなくなる。

$$\lim_{n\to\infty} \frac{\left(\frac{1}{2}n\right)}{\left(\frac{1}{2}n + \frac{1}{2}\right)} = 1$$

この文脈では、**逐次探索**が検査する要素の期待個数の成長率は、線形となる。すなわち、定数の係数を無視して、インスタンスのサイズが大きい場合だけを考慮する。

アルゴリズムを選ぶ際に、成長率という抽象化概念を用いる場合には、次の2つを覚えておこう。

定数は重要
: だからこそ、スーパーコンピュータを使い、また、個人使用のマシンも性能の良いものに定期的に買い替える。

nのサイズは常に大きいとは限らない
: 4章では、**クイックソート**の実行時間の成長率が、**挿入ソート**実行時間の成長率よりも小さいことを確認する。それでも、同じプラットフォームにおいて、小さな配列なら、**挿入ソート**が**クイックソート**よりも速いことがある。

アルゴリズムの成長率とは、みるみる大きくなる問題インスタンス上で性能がどうなるかを表したものだ。この原則をさらに複雑な例に適用しよう。

例えば、4種類のソートのアルゴリズムを評価することを考えよう。n個のランダム文字列ブロックをソートする作業により、次のような性能データが得られた。サイズが$n=1$から512までの文字列ブロックに、50回の試行を行った。最良値と最悪値とを棄却して、図2-1の表が、残った48回の結果の平均実行時間(マイクロ秒)を示している。これらの試行結果の分散(variance)は驚くべきものとなる。

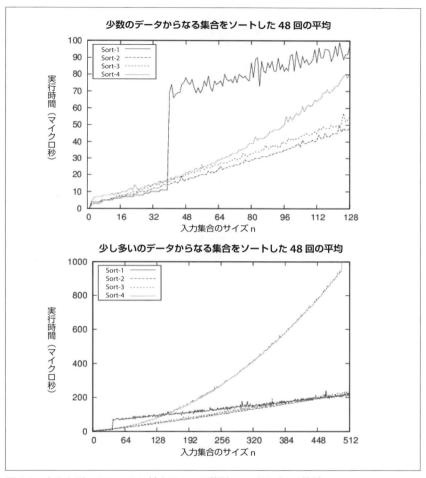

図2-1 小さなデータセットに対する4つの整列アルゴリズムの比較

　この結果を解釈する1つのやり方は、問題インスタンスのサイズnごとに、各アルゴリズムの性能を予想する関数を設計することだ。そんな関数を私たちで推測できるとは思えないので、商用ソフトウェアを用いて、回帰分析という統計手法により傾向線を計算することにしよう。傾向線の実際のデータに対する「適合度（fitness）」は、R^2値として知られる0から1までの値で求められる。値が1に近いほど、適合度が高い。例えば、$R^2 = 0.9948$ならば、データが偶然に傾向線からず

れる可能性は0.52%にすぎない。

　Sort-4は、明らかに性能が最悪だ。512個のデータの様子から傾向線は次の式になる。

$$y = 0.0053*n^2 - 0.3601*n + 39.212$$
$$R^2 = 0.9948$$

　R^2値が1に近いので、これは正しい推測であることがわかる。SORT-2は、ここで示された範囲では、最高速の実装である。振る舞いは、傾向線の次の式で示される。

$$y = 0.05765*n*\log(n) + 7.9653$$

　最初のうち、Sort-2はSort-3よりわずかに速いだけだが、最終的にはほぼ10%速くなる。Sort-1には、2つの異なった振る舞いのパターンがある。39個以下では、次のように記述できる。

$$y = 0.0016*n^2 + 0.2939*n + 3.1838$$
$$R^2 = 0.9761$$

　しかし、40個以上では、次の式のようになる。

$$y = 0.0798*n*\log(n) + 142.7818$$

　この2つの式の係数は、この実装が実行されるプラットフォームによって決まる。前にも述べたが、このような相違そのものは重要ではない。nが増えたときには、長期的傾向が振る舞いを決定する。実際、図2-1のグラフが示す2つの異なる範囲の振る舞いからは、アルゴリズムの本当の振る舞いは、nが十分大きくならないと判らないことが示される。

　アルゴリズム設計者は、アルゴリズム間に存在する振る舞いの相違を理解しようと努めている。Sort-1は、Linux 2.6.9上でのqsortの性能を反映している。そのLinuxコードリポジトリの中のソースコード（http://lxr.linux.no/linux+v2.6.11/fs/xfs/support/qsort.c）を見ると、「ベントリーとマキロイ共著の『ソート関数の工学』中のqsortルーチンから取られた。」というコメントがある。Bentley and McIlroy (1993) は、問題のサイズが7以下、8と39の間、40以上のそれぞれについて戦略を変えることにより**クイックソート**をどう最適化するかを記述している。

ここで示された実験結果が実装に間違いないことを示しているので、満足してよい。

2.3 最良、平均、最悪時の分析

前の節での結果が、すべての入力問題インスタンスに成り立つかどうかは、調べなければならない。Sort-2の振る舞いは、異なる同じサイズの入力問題インスタンスに対してどのように変化するのだろうか。

- データが既にソート済みの多数の要素を含む可能性がある。
- 入力値が重複していることもある。
- 入力集合のサイズnにかかわらず、要素がさらに小さな集合から取り出され、重複値が多いこともある。

図2-1のSort-4は、n個のランダム文字列をソートする4つのアルゴリズムの中で最も遅いが、データがほとんどソートされている場合には、最速となる。この利点は図2-2に示されるように32個のランダムに選ばれた要素が本来の位置にないだけで急速に失われる。

しかし、n個の文字列の入力配列が、「ほぼソートされている」すなわち、文字列の4分の1（25%）が、4個分だけ離れた要素と入れ替わったような場合には、驚くべき結果となる。図2-3では、Sort-4は、他のどれよりも速くなる。

多くの問題に当てはまる結論とは、「すべてに対する唯一の最適アルゴリズムは存在しない」ということだ。アルゴリズムの選択は、解くべき問題の理解、インスタンスの裏にある確率分布、そして、候補アルゴリズムの振る舞いによって決められる。

1つの指針として、アルゴリズム性能が通常は次の3つの場合について提示されることを頭に入れよう。

最悪時（Worst-case）
アルゴリズムが最悪の振る舞いを示すような入力インスタンスのクラスを定義する。アルゴリズム設計者は普通、具体的な入力を規定せず、アルゴリズムが効率良く働くのを妨げる入力の**特性**を表す。

平均時（Average-case）
ランダムな入力インスタンスに対するアルゴリズム実行の期待される振る舞いを記述する。問題入力によっては、特別な場合のために処理時間がさらにかかる場合があるが、ほとんどの問題はそうならない。この尺

度は、アルゴリズムの平均的な利用者にとっての期待を記述する。

最良時（Best-case）

アルゴリズムがその最良実行時振る舞いを示す入力インスタンスのクラスを定義する。このような入力インスタンスに対しては、アルゴリズムは楽だ。実際には、最良時はめったに起こるものではない。

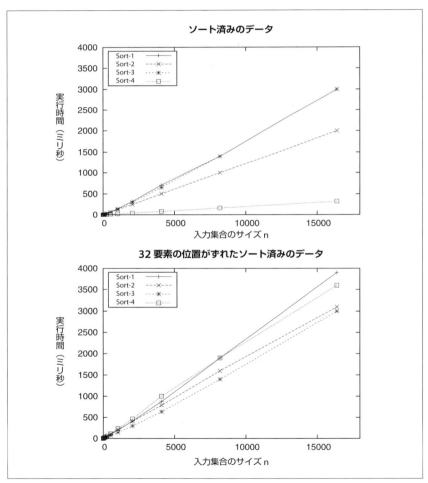

図2-2 ソートされたデータおよびほぼソートされたデータでソート・アルゴリズムを比較する

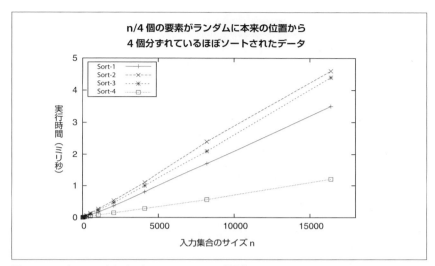

図2-3　ほぼソートされたデータではSort-4が最速

　これらの3つの場合のアルゴリズム性能を把握していれば、そのアルゴリズムを自分の抱えている状況で使うべきかどうかの判断ができる。

2.3.1　最悪時

　同じサイズnであっても、アルゴリズムやプログラム内で実行される作業はインスタンスによって大きく異なる。ある与えられたプログラムと与えられたnにおける最悪実行時間とは、最大実行時間、すなわち、サイズnのすべてのインスタンスについての実行時間のうちの最大のものとなる。

　アルゴリズムの最悪時の振る舞いに興味を持つのは、それが最も容易な分析であることが多いからだ。また、状況によってプログラムがどれほど遅くなるかもわかる。

　数学的には、S_nをサイズnのインスタンスs_iの集合、$t(\ )$が各インスタンスについてアルゴリズムの作業量を測る関数としたときに、最悪時のS_nに対するアルゴリズムによる作業量は、すべての$s_i \in S_n$に対する$t(s_i)$の最大値となる。このS_nに対する最悪時作業量を$T_{wc}(n)$で表すと、$T_{wc}(n)$の成長率がアルゴリズムの最悪時計算量を定義する。

　最悪時性能をもたらす入力問題を実験的に決定すべく、すべてのインスタンスs_i

について計算を行うだけの十分な資源は存在しない。その代わりに、担当者は、与えられたアルゴリズムの記述から最悪の入力問題を作り出すべく努力するのだ。

2.3.2 平均時

多数の n 個の電話をつなげた電話系は、最悪時、$\frac{n}{2}$ 人が他の $\frac{n}{2}$ 人に電話をかけても呼び出しがつながるように設計する必要がある。このシステムなら、過負荷でクラッシュすることはないが、構築する費用があまりにも高すぎる。実際には、$\frac{n}{2}$ 人が他の $\frac{n}{2}$ 人の異なる番号に電話をかけるという確率はあまりにも小さい。さらに安価に構築できるシステムを設計して、数学的な道具立てを使って過負荷でクラッシュする確率を検討できる。

サイズ n のインスタンス集合に対して、各インスタンス s_i には 0 から 1 の範囲の確率を与え、サイズ n のインスタンス集合全体での総和が 1 になるように確率分布 $Pr\{s_i\}$ を与える。数学的には、S_n をサイズ n のインスタンス集合とすると、次の式になる。

$$\sum_{s_i \in S_n} Pr\{s_i\} = 1$$

$t(\ )$ によってアルゴリズムによる各インスタンスでの作業を測ると、S_n でアルゴリズムの行う平均作業は次のようになる。

$$T_{ac}(n) = \sum_{s_i \in S_n} t(s_i)\, Pr\{s_i\}$$

すなわち、インスタンス s_i での実作業 $t(s_i)$ に、s_i が実際に入力となる確率を掛ける。もし $Pr\{s_i\} = 0$ ならば、$t(s_i)$ の実際の値はプログラムによって行われる期待作業に影響を与えない。S_n に対する平均時作業を $T_{ac}(n)$ で表すと、$T_{ac}(n)$ の成長率は、アルゴリズムの平均時計算量を定義する。

作業または時間の成長率を記述するときには、常に定数を無視することを思い出そう。したがって、n 要素に対する**逐次探索**の平均的作業を述べるとき、

$$\frac{1}{2} n + \frac{1}{2}$$

の比較が(以前述べた仮定によって)行われ、「仮定に従い」という慣用句を用いて、**逐次探索**は、要素の**線形**個数、すなわち**オーダー** n で検査すると予期できる。

2.3.3 最良時

アルゴリズムの最良時を把握しておくことは、たとえ、実際にはその状況がめったに起こらないとしても有用だ。多くの場合、それは、アルゴリズムの最適環境に対する洞察を与える。例えば、**逐次探索**の最良時とは、探す値vが、リストの先頭要素になっていることだ。**数え上げ探索**（Counting Search）と呼ぶ異なるアプローチでは、探索値vを探しながら、リスト中にvが何回出現したかを数える。数えた結果が0なら、要素は見つからなかったので、falseを返し、そうでないとtrueを返す。数え上げ探索は、常にリスト全体を探索して、それゆえ、最悪時の振る舞いが$O(n)$で逐次探索と同じであり、最良時の振る舞いも$O(n)$で、よりよい性能が出るはずの最良時も平均時もその状況を活用できない。

2.3.4 下限と上限

本書では「O」記法を単純化している。目的は、アルゴリズムの振る舞いを問題インスタンスのサイズnで分類することだ。分類は$O(f(n))$として述べられ、$f(n)$には、$n, n^3, 2^n$のような関数が最もよく使われる。

例えば、最悪時性能が、入力問題インスタンスのサイズがいったん「十分大きく」なると、そのサイズに直接比例する**よりも決してよくならない**アルゴリズムがあったと仮定する。より正確には、すべての$n > n_0$に対して$t(n) \leq c*n$であるような定数$c > 0$があると仮定する。ここでn_0は問題インスタンスが「十分大きく」なる点だ。この場合、分類は関数$f(n) = n$で、表記$O(n)$を用いる。この同じアルゴリズムで、最良時性能が入力問題インスタンスのサイズに直接比例する**よりも決して悪くならない**アルゴリズムがあったと仮定する。この場合、異なる定数cと異なる問題サイズ閾値n_0があり、すべての$n > n_0$に対して$t(n) \geq c*n$となる。この分類も$f(n) = n$だが、表記$\Omega(n)$を用いる。

まとめると、実際の正式表記は次のようになる。

- アルゴリズムの実行時間の**下限**は$\Omega(f(n))$と分類され、最良時シナリオになる。
- 実行時間の**上限**は$O(f(n))$と分類され、最悪時シナリオになる。

両方のシナリオを考えることが必要だ。読者の中には、上で$O(n)$と論じられたアルゴリズムの分類を関数$f(n) = c*2^n$を使って$O(2^n)$としても定義を満たすので

はないかと思う人もいるだろう。そうしてもあまり情報は追加されない。まるで、5分の仕事に要する時間について、せいぜい1週間で済む、というようなものだ。本書では、アルゴリズムの分類を実際に一番近いものを使う。

計算量理論では、別の表記 $\Theta(f(n))$ を使う。これは上限と下限の2つの概念を使って、**厳密な**限界を示す。すなわち、下限が $\Omega(f(n))$、上限が $\mathrm{O}(f(n))$ と同じ分類 $f(n)$ で決定されるということだ。本書では、広く受け入れられ（より非公式な）$\mathrm{O}(f(n))$ を使って説明と分析を行う。アルゴリズムの振る舞いを論じるときには、$\mathrm{O}(f(n))$ と示したアルゴリズム分類よりも正確な $f'(n)$ がないことを保証する。

2.4　性能分類

サイズ n の入力データに対する性能でアルゴリズムを比較するという、この方法論は、アルゴリズム比較のためにこの半世紀で開発された標準的な手法である。こうすることによって、入力のサイズに対するアルゴリズムの必要実行時間を評価することができ、ある自明でないサイズの問題について、どのアルゴリズムがスケールして解くことができるかを決定できる。性能評価の第二の形式は、アルゴリズムがどれだけメモリまたはストレージを必要とするかである。この問題に関しては、必要に応じて個別のアルゴリズムで扱うことにする。

本書では次のような性能分類を使う。これらは、性能の高いものから低いものへと並んでいる。

- 定数 (constant)：$\mathrm{O}(1)$
- 対数 (logarithmic)：$\mathrm{O}(\log n)$
- 下位線形 (sublinear)：$d<1$ について $\mathrm{O}(n^d)$
- 線形 (linear)：$\mathrm{O}(n)$
- 線形対数 (linearithmic)：$\mathrm{O}(n \log n)$
- 二乗 (quadratic)：$\mathrm{O}(n^2)$
- 指数 (exponential)：$\mathrm{O}(2^n)$

アルゴリズムの性能評価では、分類決定のためにアルゴリズムの中で最もコストのかかる計算を識別しなければならない。例えば、アルゴリズムが2つのタスクに分割され、線形に分類されるタスクの後に二乗に分類されるタスクが続いたとする。このとき、アルゴリズムの全体性能は、二乗に分類される。

これらの性能分類を例を用いて説明しよう。

2.4.1 定数的振る舞い

本書のアルゴリズムの性能分析においては、しばしば、ある基本的な演算は定数性能であると主張される。この主張は、特定のハードウェアについて何も述べていないので、演算の実際の性能について絶対的な決定を行うものではない。例えば、32ビットの数xとyが同じ値を持つかどうか比較するのは、xとyの実際の値にかかわらず同じ性能だろう。定数的演算は、$O(1)$の性能であると定義される。

2つの256ビットの数を比較する性能はどうだろうか。あるいは、2つの1,024ビットの数ならばどうか。前もって固定サイズkを指定すれば、2つのkビットの数を定数時間で比較できる。肝心なのは、問題サイズ（すなわち、比較される数xとyとの値）が固定サイズkを超えて大きくならないことである。このkの定数倍程度の作業を定数を無視して$O(1)$と記述する。

2.4.2 対数的振る舞い

バーテンダーが客に1万ドルの賭けを申し出た。「1から100万までの数を私がまず選ぶ。あなたは20回試すことができる。そのたびに、低い、高い、当たりと私は答える。20回以内で当てたら1万ドルあなたに差し上げる。外れたらあなたが1万ドル払ってください。」読者ならこの賭けに応じるだろうか。応じるべきだ。なぜなら、いつも勝てるからだ。表2-1に、1-8までの範囲のシナリオ例を示す。これは、質問のたびに問題インスタンスのサイズをほぼ半分にする。

表2-1 1-8の数を当てる振る舞いの例

数	1回目予想	2回目予想	3回目予想	4回目予想
1	4 ? 高い	2 ? 高い	1 ? 当たり	
2	4 ? 高い	2 ? 当たり		
3	4 ? 高い	2 ? 低い	3 ? 当たり	
4	4 ? 当たり			
5	4 ? 低い	6 ? 高い	残りは5 当たり	
6	4 ? 低い	6 ? 当たり		
7	4 ? 低い	6 ? 低い	7 ? 当たり	
8	4 ? 低い	6 ? 低い	7 ? 低い	残りは8 当たり

質問のたびに、バーテンダーの答えに応じて、秘密の数の可能性領域のサイズが半分になる。その範囲は、たった1つの可能な数を含むところまで狭められる。これは、$1 + \lfloor \log_2(n) \rfloor$回の質問で起こる。ここで$\log_2(x)$は底2の対数だ。床関数$\lfloor x \rfloor$は、数$x$と等しいかそれより小さい整数に切り下げる。例えば、バーテンダー

が1から10までの数を選ぶのなら、$1 + \lfloor \log_2(10) \rfloor = 1 + \lfloor 3.32 \rfloor$、すなわち4回の試行で済む。この公式の正しさは、バーテンダーが2つの数の1つを選ぶなら、2回試して当てられることからもわかる。すなわち$1 + \lfloor \log_2(2) \rfloor = 1 + 1 = 2$。バーテンダーの取り決めでは、読者は数を大きな声で宣言しなければならないことを忘れないように。

この方式は、100万個の数についてもうまくいく。実際、**例2-1**に示される**数当てアルゴリズム**(Guessing)は、範囲$[low, high]$にある数nの値を$1 + \lfloor \log_2(high - low + 1) \rfloor$回で当てる。100万個の数に対しては、高々$1 + \lfloor \log(1{,}000{,}000) \rfloor = 1 + \lfloor 19.93 \rfloor$、すなわち20回(最悪時)で当てる。

例2-1 [low,high]の範囲の数を当てるJavaのコード

```java
// nが[low,high]の範囲にあると保証されているときに当てる回数を計算する。
public static int turns(int n, int low, int high) {
  int turns = 0;
  // 可能な数が残っている場合には続ける。
  while (high >= low) {
    turns++;
    int mid = (low + high)/2;
    if (mid == n) {
      return turns;
    } else if (mid < n) {
      low = mid + 1;
    } else {
      high = mid - 1;
    }
  }
  return turns;
}
```

対数アルゴリズムは、急速に解に収束するので非常に効率が良い。対数アルゴリズムがうまく機能するのは、1回行うと問題のサイズが半分になるからだ。**数当てアルゴリズム**は、高々$k = 1 + \lfloor \log_2(n) \rfloor$回で解に到達し、$i$番目$(0 < i \leq k)$では、当てようとする数から$\pm\varepsilon = 2^{k-i} - 1$の範囲にあることが知られている。量$\varepsilon$は誤差、すなわち不確かさと考えられる。1回ごとに、εは半減する。

本書では、今後$\log(n)$と書いたときは2を底とするものとして、$\log_2(n)$の添字2は表示しない。

効率的な振る舞いを示す他の例には、**二分法**(Bisection algorithm)があり、

1変数方程式の解（すなわち、$f(x) = 0$を満たすxの値）を求める。$f(a)$と$f(b)$の符号が異なる、すなわち1つが正、もう1つが負の2つの値aとbから始める。各ステップで、二分法は、範囲$[a, b]$の中点cを計算して**二分割**し、どちらの半分に解があるかを決定する。各回で、cが解を近似し、誤差は半減する。

$f(x) = x^*\sin(x) - 5^*x - \cos(x)$の解を求めるには、$a = -1$と$b = 1$から開始する。**表2-2**に示されるように、$f(x) = 0$の解$x = -0.189302759$に収束する。

表2-2　二分法

n	a	b	c	f(c)
1	−1	1	0	−1
2	−1	0	−0.5	1.8621302
3	−0.5	0	−0.25	0.3429386
4	−0.25	0	−0.125	−0.3516133
5	−0.25	−0.125	−0.1875	−0.0100227
6	−0.25	−0.1875	−0.21875	0.1650514
7	−0.21875	−0.1875	−0.203125	0.0771607
8	−0.203125	−0.1875	−0.1953125	0.0334803
9	−0.1953125	−0.1875	−0.1914062	0.0117066
10	−0.1914062	−0.1875	−0.1894531	0.0008364
11	−0.1894531	−0.1875	−0.1884766	−0.0045945
12	−0.1894531	−0.1884766	−0.1889648	−0.0018794
13	−0.1894531	−0.1889648	−0.189209	−0.0005216
14	−0.1894531	−0.189209	−0.1893311	0.0001574
15	−0.1893311	−0.189209	−0.18927	−0.0001821
16	−0.1893311	−0.18927	−0.1893005	−0.0000124

2.4.3　d＜1に対する下位線形O(n^d)の振る舞い

場合によっては、アルゴリズムの振る舞いが**線形**よりも優れているが**対数**ほどではないことがある。10章で論じるが、多次元におけるk-d木は、n個のd次元の点を効率的に分割できる。木のバランスが取れているなら、点の次元軸方向に沿った範囲クエリ[*1]に対する探索時間は$O(n^{1-1/d})$となる。2次元の範囲クエリでは、性能は$O(\sqrt{n})$という結果になる。

---

*1　訳注：範囲クエリ（range query）とは、ある範囲（例えば四角形の中）に入っている点をすべて求めるようなクエリのこと。ここでは範囲の各辺が次元軸方向に沿っているものを想定している。10章参照。

2.4.4 線形性能

問題によっては、他よりも明らかに多くの努力を要するものがある。子供でも7+5が12になることがわかる。それでは、37 + 45という問題は、どれだけより難しくなるのだろうか。

例えば2つのn桁の数の加算、$a_{n-1}\cdots a_0 + b_{n-1}\cdots b_0$が、$n + 1$桁の数$c_n\cdots c_0$になる計算の難しさはどの程度だろうか。この**加算アルゴリズム**に使われる基本演算は次のようになる。

$$c_i \leftarrow (a_i + b_i + carry_i) \bmod 10$$

$$carry_{i+1} \leftarrow \begin{cases} \text{もし } a_i + b_i + carry_i \geq 10 \text{ なら } 1 \\ \text{そうでないなら } 0 \end{cases}$$

加算のJava実装の例を**例2-2**に示す。n桁の数が`int`値の配列で表現される。最上位、すなわち左端の桁が添字0とする。本節の例では、配列要素の値は、$0 \leq d \leq 9$の整数値dとする。

例2-2　addのJava実装

```java
public static void add(int[] n1, int[] n2, int[] sum) {
  int position = n1.length-1;
  int carry = 0;
  while (position >= 0) {
    int total = n1[position] + n2[position] + carry;
    sum[position+1] = total % 10;
    if (total > 9) { carry = 1; } else { carry = 0; }
    position--;
  }
  sum[0] = carry;
}
```

入力がメモリ上に貯えられるなら、addは、入力整数配列によって表現された2つの数n1とn2の加算を計算して、結果を配列sumに格納する。**例2-2**のaddと**例2-3**のplusは、どちらも同様に効率的だろうか。

例2-3　plusのJava実装

```java
public static void plus(int[] n1, int[] n2, int[] sum) {
  int position = n1.length;
  int carry = 0;
  while (--position >= 0) {
```

```
    int total = n1[position] + n2[position] + carry;
    if (total > 9) {
      sum[position+1] = total-10;
      carry = 1;
    } else {
      sum[position+1] = total;
      carry = 0;
    }
  }
  sum[0] = carry;
}
```

これらのちょっとした実装の細かな違いは、アルゴリズムの性能に関わるだろうか。アルゴリズムの性能に影響するその他の2つの要因についても見てみよう。

- addとplusはCのプログラムに簡単に書き換えられる。言語の選択は、アルゴリズムの性能にどれだけ影響するだろうか。
- プログラムは、さまざまなマシンで実行できる。ハードウェアの選択は、アルゴリズムの性能にどれだけ影響するだろうか。

256桁から32,768桁までの範囲の数に対して、これらの実装を1万回試した。桁のサイズごとに、その範囲に収まる乱数を発生させ、1万回の試行のたびに、右循環シフト[*1]した数と左循環シフトした数の2つの異なる数を作り加算した。CとJavaという2つの異なるプログラミング言語を用いた。この実験では、問題サイズが2倍になると、アルゴリズムの実行時間も倍になるという仮説から出発した。さらに、この全体としての振る舞いが、プログラミング言語や実装による差異によらないことを知りたい。実験の構成は次のようになる。

g	デバッグ情報を含んだ形式でコンパイルされたCプログラム
O1, O2, O3	Cプログラムは、異なる最適化水準でコンパイルされる。一般に、大きな番号がより進んだ最適化を意味して性能が良い。
Java	アルゴリズムのJava版

表2-3に、addとplusの両方の結果を示す。第8（最右）列は、plusの性能がサイズ$2n$とnとでどうなるかの比を示す。$t(n)$を加算アルゴリズムの入力サイズnに対

[*1] 訳注：移動して空いたところが0になる通常のシフトとは異なり、循環シフト（circular shift）では、移動してあふれたビットがそこに入ってくる。rotating shiftとも言う。

する実行時間と定義する。この成長率パターンは、2つのn桁数のplusを計算する時間についての実験証拠になっている。

表2-3 サイズnの乱数に対して1万回のadd/plusを実行した時間（ミリ秒）

n	Add-g	Add-java	Add-O3	Plus-g	Plus-java	Plus-O3	実行時間比率
256	33	19	10	31	20	11	
512	67	22	20	58	32	23	2.09
1024	136	49	40	126	65	46	2.00
2048	271	98	80	241	131	95	2.07
4096	555	196	160	489	264	195	2.05
8192	1107	392	321	972	527	387	1.98
16384	2240	781	647	1972	1052	805	2.08
32768	4604	1554	1281	4102	2095	1721	2.14
65536	9447	3131	2572	8441	4200	3610	2.10
131072	19016	6277	5148	17059	8401	7322	2.03
262144	38269	12576	10336	34396	16811	14782	2.02
524288	77147	26632	21547	69699	35054	30367	2.05
1048576	156050	51077	53916	141524	61856	66006	2.17

この**加算アルゴリズム**は入力サイズnに関して線形だと分類できる。すなわち、$c>0$なる定数があって、「十分大きな」n、より正確にはすべての$n>n_0$について$t(n)\leq c*n$が成り立つ。cやn_0の実際の値を計算する必要はなく、存在して計算できることさえわかればよい。**加算アルゴリズム**の計算量の線形時間下限を証明するには、このアルゴリズムで各桁すべてを調べなければならないことを示せばよい（これは、いずれかの桁を調べなかった場合、誤った結果になることから明らかだろう）。

加算アルゴリズムのこれらのどのplus実装においても（言語やコンパイラ指定に関係なく）、cを1/7とし、n_0に256を選ぶことができる。他の実装では、定数が異なるだろうが、全体的な振る舞いは**線形**だ。ほとんどのプログラマが整数算術演算は定数時間演算だと仮定していることを考えると、この結果は驚くべきことだろう。しかし、定数時間加算は、（16ビットなり64ビットなりの）整数表現が固定整数サイズnを使用するときだけの話なのだ。

アルゴリズムの相違を考えるとき、アルゴリズムのオーダーを知っておくほうが重要で、定数cはそれほど重要でない。ただし、一見そう大したことに見えない違いが、大きな性能の違いを生み出すこともある。**加算アルゴリズム**のplus実装は、モジュロ演算子%を取り除くと、効率的になる。それでも、plusとaddを両方とも-O3最適化でコンパイルする場合、addはほぼ30％速くなる。これは、cの値を無視していいということではない。**加算アルゴリズム**を何回も実行するなら、値cのわ

ずかな変化でも確実にプログラム全体の性能に大きな影響を及ぼす。

2.4.5 線形対数[*1] (n log n)の性能

効率的なアルゴリズムに共通した振る舞いが、この性能を示すアルゴリズムではよく表されている。実際にこの振る舞いがどのようにして生じるかを説明するために、$t(n)$をアルゴリズムがサイズnの入力問題インスタンスを解くのにかかる時間と定義しよう。「分割統治」法は、問題を解く効率的な方法であり、実際には、サイズnの問題をサイズが$n/2$の（ほぼ等しい）部分問題に分けて、今度は、それらを再帰的に分割して解く。最後に、サイズnの元の問題の解としての結果を部分問題の解から**線形時間**で合成する。数学的には次のように表される。

$$t(n) = 2*t(n/2) + c*n$$

すなわち、$t(n)$は、2つの部分問題のコストに、結果を合成するための高々線形時間コスト（すなわち$c*n$）を追加したものとなる。さて、右辺の$t(n/2)$は、サイズ$n/2$の問題を解く時間なので、同じ論法で次のように表される。

$$t(n/2) = 2*t(n/4) + c*n/2$$

そして、元の式は次のようになる。

$$t(n) = 2*[2*t(n/4) + c*n/2] + c*n$$

これを、再度展開すれば、

$$t(n) = 2*[2*[2*t(n/8) + c*n/4] + c*n/2] + c*n$$

この最後の式は、$t(n)=8*t(n/8) + 4*c*n/4 + 2*c*n/2 + c*n$となるが、さらに簡約して$t(n) = 8*t(n/8) + 3*c*n$となる。そこで、$t(n) = 2^k*t(n/2^k) + k*c*n$と言える。この展開は、$2^k = n$（すなわち$k = \log(n)$）のときに終わる。最後には、問題のサイズが1なので、性能$t(1)$は、定数dとなる。したがって、閉形式は、$t(n) = n*d + c*n*\log(n)$となる。任意の固定定数cとdに対して、$c*n*\log(n)$は$d*n$よりも漸近的に大きいので、$t(n)$は、単に$O(n \log n)$と書かれる。

[*1] 訳注：線形対数のことをリニアリスミック（linearithmic）とか準線形（quasilinear）とも言う。

2.4.6　二乗の性能

さて、サイズ n の2つの整数を掛け合わせるという同じような問題を考えよう。例2-4は、小学校のアルゴリズム、乗算（Multiplication）の足し算と同じ n 桁表現を用いた実装を示す。

例2-4　Javaによる乗算の実装

```
public static void mult(int[] n1, int[] n2, int[] result) {
  int pos = result.length-1;

  // すべての値をクリア
  for (int i = 0; i < result.length; i++) { result[i] = 0; }
  for (int m = n1.length-1; m>=0; m--) {
    int off = n1.length-1 - m;
    for (int n = n2.length-1; n>=0; n--,off++) {
      int prod = n1[m]*n2[n];

      // 桁上がりの計算を行う
      result[pos-off] += prod % 10;
      result[pos-off-1] += result[pos-off]/10 + prod/10;
      result[pos-off] %= 10;
    }
  }
}
```

この場合も、高コストなモジュロ演算子を置き換え、さらに、n1[m]が0のときに一番奥の計算をスキップして効率を高めたtimesというもう1つのプログラムを書くことができる（timesは、ここで紹介しないがコードリポジトリの中Figures/src/chapter2/table4/Main.javaにある）。プログラムtimesは、2つのモジュロ演算子を取り除いた代わりにJavaコードで203行になっている。これは、余分な保守開発コストを考えた場合に、全体として節約になっているのだろうか[*1]。

表2-4は、加算アルゴリズムと同じ乱数入力を用いて、これら乗算アルゴリズムの実装についての振る舞いを示している。図2-4は、性能をグラフで示しており、二乗の振る舞いの特徴である放物線による増大がわかる。

[*1]　訳注：表2-4からわかるように、timesの方が2倍の時間がかかっている。8年前の初版では、40%速かったのに！マシンだけでなく、コンパイラの最適化技術の進歩が背景にある。http://stackoverflow.com/questions/4361979/how-does-the-gcc-implementation-of-module-work-and-why-does-it-not-use-the

timesの方が大体2倍遅いが、timesもmultも漸近的には同じ性能を示す。$\text{mult}_{2n}/\text{mult}_n$の比率はほぼ4となる。$t(n)$を乗算アルゴリズムのサイズ$n$の入力に対する実際の実行時間と定義しよう。この定義を用いると、すべての$n>n_0$に対して、$t(n) \leq c*n^2$となるような定数$c>0$が存在しなければならない。cやn_0の値を実際に知る必要はなく、存在さえわかればよい。我々のプラットフォーム上での**乗算アルゴリズム**の実装multでは、cが$1/7$であり、n_0が16になっている。

表2-4　1万回の乗算を実行する時間（ミリ秒）

n	times_n（ミリ秒）	mult_n（ミリ秒）	$\text{mult}_{2n}/\text{mult}_n$
4	41	2	
8	83	8	4
16	129	33	4.13
32	388	133	4.03
64	1276	530	3.98
128	5009	2143	4.04
256	19014	8519	3.98
512	74723	34231	4.02

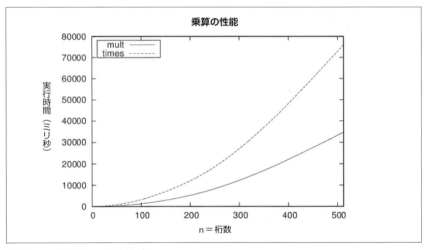

図2-4　multとtimesとの比較

　繰り返しになるが、個別の実装が、アルゴリズムの本質的な二乗という性能の振る舞いを「壊す」ことはできない。ただし、二乗よりも本当に高速なn桁の数を掛け合わせる他のアルゴリズム（Zuras, 1994）も存在する。そのようなアルゴリズムは、大きな整数を頻繁に掛け合わせるデータ暗号化のような応用分野では重要だ。

2.4.7　あまり明白でない性能を示す計算

　ほとんどの場合は、（加算アルゴリズムや乗算アルゴリズムで示したように）**線形**か**二乗**かの分類で、アルゴリズムの記述は十分だ。二乗の計算になる徴候の第一は、入れ子になったループ構造があることだ。しかし、アルゴリズムによっては、このような単純な分析で手に負えないものがある。ユークリッドが考案した2つの整数の最大公約数を計算する**例2-5**の最大公約数（GCD）アルゴリズムを考えてみよう。

例2-5　ユークリッドのGCDアルゴリズム

```
public static void gcd(int a[], int b[], int gcd[]) {
  if (isZero(a)) { assign(gcd, a); return; }
  if (isZero(b)) { assign(gcd, b); return; }

  a = copy(a); // aとbが途中で変更されないようにコピーしておく
  b = copy(b);

  while (!isZero(b)) {
    // subtractの最後の引数は結果の符号を表す。今回行うのは、
    // 大きい数から小さい数を引く操作だけなので、無視できる。
    // a > bならcompareTo(a, b)が正であることに注意。
    if (compareTo(a, b) > 0) {
      subtract(a, b, gcd, new int[1]);
      assign(a, gcd);
    } else {
      subtract(b, a, gcd, new int[1]);
      assign(b, gcd);
    }
  }

  // aの値が元の(a,b)に対して計算した最大公約数
  assign(gcd, a);
}
```

　このアルゴリズムは、2つの数（aとb）を繰り返し比較し、0になるまで、大きな数から小さな数を引いていく。ヘルパーメソッド（`isZero`, `assign`, `compareTo`, `subtract`）の実装はここに示されていないが、付属のコードリポジトリ（table5/Main.java）に載っている。

　このアルゴリズムは、2つの数の最大公約数を求めるが、入力サイズに対して何回繰り返しが行われるかが明白ではない。それぞれの繰り返しのたびに、aまたはbが小さくなり、負になることはないから、アルゴリズムが停止することは保証されているのだが、入力によってGCDの処理時間が異なる。例えば、このアルゴリズ

ムで、gcd(1000,1)は、999ステップかかる。このアルゴリズムの性能は、**加算アルゴリズム**や**乗算アルゴリズム**の場合よりも、入力に敏感で、同じサイズの入力でも計算時間が大きく異なる。このアルゴリズムGCDは、$(10^k - 1, 1)$の最大公約数を計算するときに、$n = 10^k - 1$回もwhileループを処理する必要がある。入力サイズがnのときに、**加算アルゴリズム**が$\mathrm{O}(n)$（減算も同様）ということを既に示した。したがって、このGCDは$\mathrm{O}(n^2)$と分類される[*1]。

例2-5のgcd実装よりも、aをbで割るときに整数の余りを計算するモジュロ演算子を使った**例2-6**で示されるアルゴリズムModGCDのほうが性能に優れている。

例2-6　GCD計算のModGCDアルゴリズム

```
public static void modgcd (int a[], int b[], int gcd[]) {
  if (isZero(a)) { assign(gcd, a); return; }
  if (isZero(b)) { assign(gcd, b); return; }

  // aとbとの桁数を同じにして作業はコピーで行う。
  a = copy(normalize(a, b.length));
  b = copy(normalize(b, a.length));

  // aがbより大きくなるようにする。自明な答えがあるなら、それを返す。
  int rc = compareTo(a,b);
  if (rc == 0) { assign(gcd, a); return; }
  if (rc < 0) {
    int [] t = b;
    b = a;
    a = t;
  }

  int [] quot = new int[a.length];
  int [] remainder = new int[a.length];
  while (!isZero(b)) {
    int [] t = copy(b);
    divide (a, b, quot, remainder);
    assign(b, remainder);
    assign(a, t);
  }
  // aの値が元の(a,b)に対して計算した最大公約数
  assign(gcd, a);
}
```

[*1]　訳注：日本語版Wikipediaをはじめとして、GCDの計算量には誤解を与える記述が多い。ここでは、非常に大きな数を含めた計算量を考えている。四則演算や比較が$\mathrm{O}(n)$なので、GCDが$\mathrm{O}(n^2)$となる。

ModGCDがより迅速に解に到達するのは、whileループで大きな数から小さな数を差し引くという無駄な時間を費やさないからだ。この違いは単なる実装の差ではない。これは、アルゴリズムが問題を解く基本的な方法の違いを反映している。
　図2-5（および表2-5）は、142個のn桁の乱数に対する全部で10,011個の対の最大公約数の計算結果を示す。
　ModGCDの実装は、対応するGCD実装の3倍近く速いが、ModGCDの性能は二乗、すなわち$O(n^2)$である。分析は挑戦的であり、ModGCDの最悪時性能がフィボナッチ数のうち隣り合う2つの数の場合に起こることがわかる。表2-5から問題サイズが倍になると性能が4倍時間がかかるので、アルゴリズムが桁数の二乗性能だろうと推論できる。

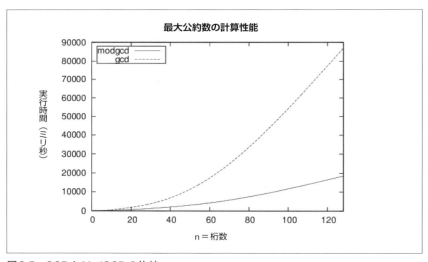

図2-5　GCDとModGCDの比較

表2-5　10,011個のgcd実行時間（ミリ秒）

n	modgcd	gcd	modgcd$_{2n}$/gcd$_n$
4	68	45	0.23
8	226	408	3.32
16	603	1315	2.67
32	1836	4050	3.04
64	5330	18392	2.9
128	20485	76180	3.84

最大公約数を計算するためには、さらに優れたアルゴリズムも設計されている。ただし、そのほとんどは、非常に大きな整数の場合を除いては実用的でない。また、これまでの分析から、この問題は、さらに効率的なアルゴリズムによって解かれる可能性がある。

2.4.8　指数性能

3つの0から9を示すダイヤルを順に回す鍵を考えよう。各ダイヤルで10個の数字のいずれかを独立に設定できる。そういう鍵に出会ったが、その組み合わせを知らないと仮定しよう。000から999までの1000個の組み合わせをそれぞれ調べるのは手間がかかる仕事だ。この問題を一般化し、鍵にn個のダイヤルがあるとすると、可能性は全部で10^nになる。この問題を力任せで解くと、指数性能になる。この場合は指数の底が10、つまり$O(10^n)$になる。多くの場合、指数性能というと底が2のことを指すが、$b > 1$のすべての底については指数性能と呼べる。

指数アルゴリズムは、nが小さい値のときだけ実用になる。アルゴリズムによっては、最悪時の振る舞いが指数であるのに、平均時の振る舞いはそう悪くないために、実用上は重用されていることがある。線形計画法の問題を解く**シンプレックス法（Simplex Method）**が好例である。

2.4.9　漸近的成長のまとめ

よりよい漸近的成長をするアルゴリズムは、より悪い漸近的成長のアルゴリズムよりも、実際の定数にかかわらず、結局は実行が速い。実際に優劣が決まる個所は、実際の定数に基づいて異なるが、そのような優劣を分ける点は存在し、実験的に見積もることができる。さらに、漸近分析においては、$t(n)$関数の最速成長項にだけ注目すればいい。このような理由で、アルゴリズムの演算数が$c*n^3 + d*n*\log(n)$で計算できるなら、このアルゴリズムを$O(n^3)$と分類できる。それが$n*\log(n)$の項よりもはるかに迅速に成長する支配項だからだ。

2.5　ベンチマーク演算

Pythonの演算子**は、指数を迅速に計算する。2**851の計算例を次に示す。

> 15015033657609400459942315391018513722623519187099007073
> 35579878152526312523846341589482039716066276169710803836
> 94109252383653813326044865235229218132798103200794538451

818051546732566997782908246399595358358052523086606780893692342385292277744791953321492 48

Pythonでは、計算がプラットフォームから比較的独立している。JavaやCで、2^{851}を計算すると、たいていのプラットフォームで数値オーバーフローを起こす。しかし、Pythonの高速計算なら、例に示したような正確な結果が得られる。裏にあるアーキテクチャが抽象化されて隠されることは、利点だろうか欠点だろうか。次の2つの仮説を考えてみよう。

仮説H1
 nの値にかかわらず、2^nの計算は一貫した振る舞いをする。

仮説H2
 （上に示したような）巨大な数も123,827や997のような他の数と同じように扱われる。

仮説H1を論破するために、2^nの評価を1万回行った。nの各値に対する全実行時間を**図2-6**に示す。

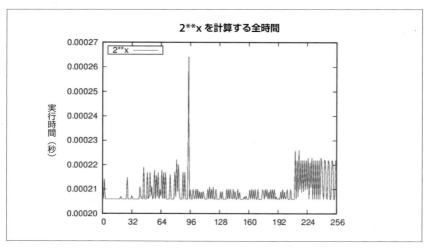

図2-6　Pythonで2**xを計算する実行時間

奇妙なことに、性能には異なる振る舞いが複数含まれ、1つはxが16より小さいとき、2つ目はxが145の周辺の場合、そして3つ目がxが200より大きなときであ

る。この振る舞いは、Pythonが**演算子を用いてべき乗を計算するのに**平方による指数化**（Exponentiation By Squaring）アルゴリズム[*1]を使用していることを示す。2^xをforループを使って普通に計算すると二乗性能になる。

仮説H2を論破するために、2^nの値を前もって計算し、$\pi*2^n$を計算する時間を評価する実験を行った。1万回試行した全実行時間を**図2-7**に示す。

図2-7の点列は、どうして直線にならないのか。xのどの値で線が途切れるのか。乗算（*）は、オーバーロードされているようだ。掛けられる数が浮動小数点数か整数かで、また機械語の1ワード（語）に収まるか、大きすぎて複数ワードにまたがって格納されるか、あるいは、これらの組み合わせによって、乗算は異なる作業を行う。

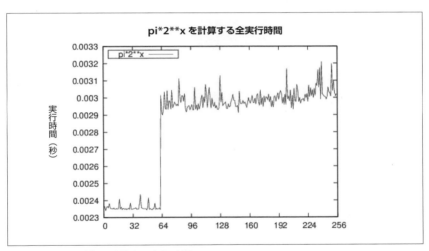

図2-7　大きな乗算を計算する実行時間

グラフの最初の変化点は、$x = \{64, 65\}$のときで、大きな浮動小数点数の格納による変更のようだ。計算に予期しない速度低下があり、このようにベンチマークを取ることによって初めて明らかになる。

2.6　参考文献

Bentley, J., Programming Pearls. Second Edition. Addison-Wesley Professional, 1999.（邦題『珠玉のプログラミング──本質を見抜いたアルゴリズムとデータ構造』丸善出版、2014）

[*1]　訳注：リポジトリのexponentiationBySquaring.pyのコードを確認するとよい。

Bentley, Jon Louis and M. Douglas McIlroy, "Engineering a Sort Function," Software—Practice and Experience, 23(11): 1249-1265, 1993, http://dx.doi.org/10.1002/spe.4380231105/abstractjsessipnid=196ABBIE. http://cs.fit.edu/~pkc/classes/writing/samples/bentley93engineering.pdf にもある。

Zuras, D. "More on Squaring and Multiplying Large Integers," IEEE Transactions on Computers, 43(8): 899-908, 1994, http://dx.doi.org/10.1109/12.295852. http://www3.engr.smu.edu/~seidel/courses/cse8351/papers/ZurasMult.pdf にもある。

3章
アルゴリズムの構成要素

　ソフトウェアを作成するのは問題を解くためだ。しかし、往々にして、プログラマは、あまりに問題解決に身を入れすぎて、その問題の解が既に存在するかどうかについて考えない。そして、たとえプログラマが同様の事例で問題が既に解決されていることを知っていたとしても、既存のコードが実際にプログラマの直面している問題を解くのにそのまま使えるかどうかは明らかでない。結局、与えられたプログラミング言語で書かれていて、ちょっと手を加えたら抱えている問題に適用できるようなコードなんてすぐに見つからないのだ。

　アルゴリズムはさまざまに考えることができる。多くのプログラマが本の中で、あるいはどこかのWebサイトでアルゴリズムを見つけて、コードの一部をコピーして実行し、テストもして、そこで満足して、次の仕事に移っていく。我々の意見では、この方法では、アルゴリズムに対する理解が深まることは望めない。実際、このアプローチでは、アルゴリズムのある特定の実装を選ぶだけという間違った道に迷い込んでしまう。

　問題は、仕事に使う正しいアルゴリズムをどのようにして迅速に見つけ、正しい選択をしたと確信を持てるほど、そのアルゴリズムを理解できているかということなのだ。そして、いったんアルゴリズムを選んだとして、効率的な実装にはどうするかなのだ。本書の各章は、（整列や探索のような）標準的な問題や（経路探索のような）関連問題を解く一群のアルゴリズムをグループにまとめている。本章では、本書でアルゴリズムを記述するのに用いるフォーマットを提示する。問題を解く共通したアルゴリズム方法論もまとめておく。

3.1 アルゴリズムテンプレートの形式

　テンプレートを使って各アルゴリズムを記述することの本当の利点は、異なるアルゴリズムを迅速に比較対照し、見かけが異なるアルゴリズム間の共通点を見つけられることだ。各アルゴリズムは、次のようなテンプレートに沿った節で提示される。アルゴリズムの記述に有益な情報をもたらさない場合はその節を省くこともある。特に説明が必要な箇所には節を新たに追加することもある。

名前（Name）
アルゴリズムを表す名前。この名前を使えば余計な説明が不要で誤解を防げる。例えば、**逐次探索**（Sequential Search）という名前を使えば、どの探索アルゴリズムについて話しているかが正確に伝わる。本書では、アルゴリズム名を太字で示す。

入出力（Input/Output）
アルゴリズムへの入力データと計算された結果の値の形式を記述する。

文脈（Context）
いつアルゴリズムが役に立ち、いつ最高の性能を発揮するかについての記述。実装がうまくいくために注意して保守されなければならない問題/解の特性についての記述。これらが、特にこのアルゴリズムを選択した理由になる。

解（Solution）
実際に動くコードと文書によるアルゴリズムの記述。本書のコードはコードリポジトリにある。

分析（Analysis）
読者にアルゴリズムの振る舞いの理解を促す、性能データなどの情報を含んだアルゴリズム分析の概要。この分析の説明は、アルゴリズム性能を「証明」するためのものではないが、なぜこのアルゴリズムがこのように振る舞うのかを理解できるようにする。振る舞いの理由を説明する補題（レンマ）や証明の載っている文献への参照を示す。

変形 (variations)

　アルゴリズムの変形や代替案を示す。

3.2　疑似コードのテンプレート形式

　本書のアルゴリズムでは、Python、C、C++、Javaなど主要なプログラミング言語により実装されたコード例を示す。これらの言語を知らない読者のために、疑似コードを使ってちょっとした実例を示す。

　次のアルゴリズムの性能と疑似コードをまとめた要約の例を見てほしい。最初にアルゴリズムの名前、そしてその性能分類を2章で述べた「最良、平均、最悪」の3通りの場合について示す。

逐次探索　Sequential Search	最良	平均	最悪
	O(1)	O(n)	

```
search (A,t)
  for i=0 to n-1 do     ❶位置0からn-1まで各要素を順にアクセスする。
    if A[i] = t then
      return true
  return false
end
```

　疑似コード記述は簡潔を旨とする。変数名は小文字、配列名は大文字で、要素は$A[i]$記法を用いる。疑似コードのインデントから、条件if文、whileやforのループ文の範囲がわかる。

　ソースコードの実装を読むときには、まず、アルゴリズムの要約を参照すべきである。要約の後に、アルゴリズム実行を説明する簡単な図（**図3-1**に示すようなもの）でアルゴリズムの実行を視覚的に示す。そのような図は一般に、アルゴリズムの動的な振る舞いを説明する主要ステップを垂直に並べて、時間が「上から下に」流れるように示す。

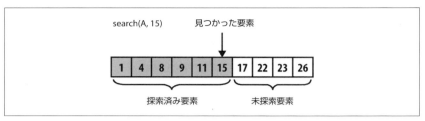

図3-1　逐次探索実行の例

3.3　評価実験の形式

各アルゴリズムの性能を、そのアルゴリズムに適した一連のベンチマーク問題の実行で確認する。本書の付録Aでは、時間計測に使われたメカニズムの詳細を述べる。性能を適切に評価するため、テストスイートをk個（普通は$k \geq 10$）の個別試行で構成する。最良と最悪の2つの結果は外れ値として棄却し、残った$k-2$回の試行結果を集約して、その平均と標準偏差を計算する。性能表は、$n=2$から2^{20}までの範囲のサイズの問題インスタンスについて示す。

3.4　浮動小数点計算

本書のアルゴリズムの中には数値計算が含まれるので、最近のコンピュータの数値計算処理の能力と限界を述べる必要がある。コンピュータでは、レジスタに貯えた値に対して中央演算装置（CPU）が基本演算を実行する。レジスタのサイズは、コンピュータアーキテクチャが、1970年代に普及していた8ビットIntelプロセッサから、今日広く採用されている64ビットアーキテクチャ（IntelのItaniumやSun MicrosystemsのSPARCなど）へと進化するにつれて大きくなってきた。CPUは、レジスタ上の整数値に対して、ADD、MULT、DIVIDE、SUBなどの基本演算を行う。浮動小数点演算処理装置（FPU）は、2進浮動小数点算術演算に関するIEEE標準（IEEE 754）に従って、浮動小数点計算を効率的に行う。

（ブール値、8ビット短整数、16ビット整数、32ビット整数のような）整数値の数学計算は、伝統的に最も効率的なCPU計算である。プログラムでは、整数計算と浮動小数点計算との違いをうまく利用したものが多い。しかし、現在のCPUは、整数に比べて浮動小数点計算の性能を劇的に向上させている。したがって、開発者は、浮動小数点算術を使うプログラミングで次のようなことを知っておかなくてはならない（Goldberg, 1991）。

3.4.1 性能

整数値の計算は、浮動小数点の場合よりも効率的だと一般に受け止められている。**表3-1**は、1千万回の演算の計算時間を示す。表には、(本書初版の) Linux の結果と1996年製 SPARC Ultra-2 の結果を含めてある。ご覧の通り、個別演算の性能は、プラットフォームごとに大きく異なる。この結果は、この20年間のプロセッサの驚異的な性能改善を示す。いくつかの結果は既存の計測メカニズムよりも速いために、0.0000となっている。

表3-1　1千万回の演算の性能計算

演算	Sparc Ultra-2 (秒)	Linux i686 (秒)	最新 (秒)
32ビット整数CMP	0.811	0.0337	0.0000
32ビット整数MUL	2.372	0.0421	0.0000
32ビット単精度浮動小数点数MUL	1.236	0.1032	0.02986
64ビット倍精度浮動小数点数MUL	1.406	0.1028	0.02987
32ビット単精度浮動小数点数DIV	1.657	0.1814	0.02982
64ビット倍精度浮動小数点数DIV	2.172	0.1813	0.02980
128ビット倍精度浮動小数点数MU	36.891	0.2765	0.02434
32ビット整数DIV	3.104	0.2468	0.0000
32ビット倍精度浮動小数点数SQRT	3.184	0.2749	0.0526

3.4.2 丸め誤差

浮動小数点値を使う計算では、浮動小数点表現の性質に由来する丸め誤差が発生する。一般に浮動小数点数は、無限表現を要する実数を近似するように設計された有限表現となる。**表3-2**には、浮動小数点表現と具体的な値 3.88f の表現に関する情報を示す。

表3-2　浮動小数点表現

基本型	符号	指数部	仮数部
Float	1ビット	8ビット	23ビット
Double	1ビット	11ビット	52ビット
3.88fの表現例 (0x407851ec)			
01000000　01111000　01010001　11101100 (全部で32ビット)			
seeeeeee　emmmmmmm　mmmmmmmm　mmmmmmmm			

3.88f に続く32ビット浮動小数点数表現 (および10進の値) を3つ並べると次のようになる。

- 0x407851ed: 3.8800004
- 0x407851ee: 3.8800006

- 0x407851ef: 3.8800008

ランダムに選んだ32ビット値に対応する浮動小数点値を次に示す。

- 0x1aec9fae: 9.786529E-23
- 0x622be970: 7.9280355E20
- 0x18a4775b: 4.2513525E-24

　32ビット浮動小数点値では、1ビットが符号に、8ビットが指数に、そして23ビットが仮数（mantissaやsignificandなどと呼ぶ）に使われる。Javaの浮動小数点表現では、「2のべきは、指数部のビットを正数として解釈して決定され、その正数からバイアスを差し引く。float型では、バイアスは126である。」(Venners, 1996)貯えられた指数が128だと、実際の指数の値は、128 − 126、すなわち2となる。

　最大の精度を得るために、仮数部は常に正規化されて、最左桁は常に1とされる。このビットは、**実際に貯えられなくてもよい**が、FPUによって数の一部だと理解される。前の例で仮数は、

0.[1]11110000101000111101100 = [1/2] + 1/4 + 1/8 + 1/16 + 1/32 + 1/1,024+ 1/4,096 + 1/65,536 + 1/131,072 + 1/262,144 + 1/524,288 + 1/2,097,152 +1/4,194,304

となり、小数点以下の和を完全に計算すれば、正確な値は0.9700000286102294921875となる。

　この表現を用いて3.88fを貯えると、近似値は、＋1*0.9700000286102294921875*2^2、すなわち正確に3.88000011444091796875となる。この値に本質的な誤差は、~0.0000001だ。一般的な浮動小数点の誤差の記述には、絶対誤差の本来の値に対する割合を計算した**相対誤差**が使われる。上記の場合の相対誤差は、0.00000011444091796875/3.88、すなわち2.9E-8となる。相対誤差が百万分の1より小さいことは、珍しいことではない。

3.4.3　浮動小数点数値の比較

　浮動小数点数の値は近似値でしかないので、浮動小数点数の非常に単純な演算でも問題が生じる危険性がある。次の文を考えてみよう。

```
if (x == y) {…}
```

この2つの浮動小数点数は正確に等しいと本当に言えるだろうか。あるいは、単

に近似的に等しい（その場合には記号≅を使う）だけで十分だろうか。2つの値は違うけれども、差が小さいので同じだと考えるべき場合があるだろうか。実際的な例題を考えよう。直交座標平面の3点 $p_0 = (a, b)$, $p_1 = (c, d)$, $p_2 = (e, f)$ は、2つの線分 (p_0, p_1) と (p_1, p_2) を定義する。$(c - a)*(f - b) - (d - b)*(e - a)$ の値は、この2つの線分が共線（すなわち、同じ線上にある）かどうかを決定する。この式の値で次の様になる。

- 0なら、2つの線分は共線。
- 0より小さいなら、線分は左（反時計）回り。
- 0より大きいなら、線分は右（時計）回り。

Javaの計算で、浮動小数点の誤差がどうなるかについて、**表3-3**のaからfまでの値を使って上の3点を定義することを考えてみよう。

表3-3 浮動小数点算術誤差

.	32ビット浮動小数点（float）	64ビット浮動小数点（double）
$a = 1/3$	0.33333334	0.3333333333333333
$b = 5/3$	1.6666666	1.6666666666666667
$c = 33$	33.0	33.0
$d = 165$	165.0	165.0
$e = 19$	19.0	19.0
$f = 95$	95.0	95.0
$(c - a)*(f - b) - (d - b)*(e - a)$	4.8828125 E-4	-4.547473508864641 E-13

すぐわかるように、3点 p_0, p_1, p_2 は、$y = 5*x$ という直線について共線となっている。しかし、共線試験の浮動小数点計算では、浮動小数点算術に本質的な誤差が計算結果に影響する。32ビット浮動小数点（float）値を用いると、計算結果は0.00048828125、64ビット浮動小数点（double）値を用いると、計算値は非常に小さな負数となる。この例は、32ビットと64ビットの両方の浮動小数点表現が真の数学的値をとらえ損ねていることを示す。そして、この場合の結果は、これらの点が時計回りか反時計回りか共線かということについても一致しない。これが浮動小数点計算の世界である。

この状況に対する普通の解決法として、2つの浮動小数点値の間での≅（近似的に等価）を決定するために、小さな値 δ を導入する。この方式では、もし $|x - y| < \delta$ なら、x と y とが等しいと考える。ただし、この単純な尺度でも、$x \cong y$ かつ $y \cong z$ であっても、$x \cong z$ が真にならない可能性がある。これは、数学の**推移則**が成り立た

ず、正しいコードを書くことが実に難しくなる。さらに追加すれば、この解法では、値の符号（0、正、負）を用いて決定する共線問題は解くことができない。

3.4.4 特殊な値

64ビットのあらゆる値が、有効な浮動小数点数として表現できるが、IEEE標準では、特別な数として解釈されるいくつかの値を**表3-4**のように定義している（これらはADDやMULTのような標準数学計算には使えないことも多い）。これらの値は、0による除算、負数の平方根、オーバーフロー、アンダーフローなどのよく生じるエラーからの回復を容易にするように設計されている。正のゼロと負のゼロという値もこの表に含まれていることに注意。これらは、計算に使用できる。

表3-4　特別なIEEE 754の値

特別な値	64ビットIEEE 754表現
正の無限大	0x7ff0000000000000L
負の無限大	0xfff0000000000000L
非数（NaN）	0x7ff0000000000001L から 0x7fffffffffffffffL および 0xfff0000000000001L から 0xffffffffffffffffL
負のゼロ	0x8000000000000000
正のゼロ	0x0000000000000000

　これらの特殊な値は、計算結果が受容可能な範囲から外れたときに生じる。Java計算の式`double x=1/0.0`は正の無限大になる。`double x=1/0`という文であるなら、Java仮想機械は`java.lang.ArithmeticException`という例外を上げる。理由は、この式が2数の整数除算計算だからである。

3.5　アルゴリズム例

　アルゴリズムテンプレートを説明するために、点集合の凸包を計算する**グラハム走査**（Graham's Scan）アルゴリズムを取り上げる。これは1章で示した問題で**図1-3**で説明されている。

3.5.1　名前と概要

　グラハム走査は、デカルト点集合の凸包を計算する。入力点集合Pで最も低い位置の点lowを見つけて、残りの点$\{P-low\}$をその最低点に対する**逆極角**（reverse polar angle）でソートする。この順序に従い、アルゴリズムはPをその最低点から時計回りにスキャンする。構築中の凸包の最後の3点が左回りになったら、直前の

追加凸包点が間違っていることを示すので、その点を取り除く。

グラハム走査	最良	平均	最悪
Graham's Scan		$O(n \log n)$	

```
graham(P)
    low = y座標最小 in Pの点  ❶ そのような点が複数あれば、x座標が最小の点を選ぶ。
    Pからlowを除く
    lowに対する極角の降順でPをソートする  ❷ P[0]は最大極角、P[n-2]は最小極角。

    hull = {P[n-2], low}  ❸ 最小極角とlowから始めて時計回りに凸包を作る。
    for i = 0 to n-1 do
        while (isLeftTurn(secondLast(hull), last(hull), P[i])) do
            点lastをhullから取り除く  ❹ 左回りは最後の凸包点を取り除かねばならないことを示す。

        P[i]をhullに追加

    重複した点 lastを取り除く  ❺ P[n-2]だから。
    return hull
```

3.5.2 入出力

凸包問題インスタンスは点集合 P で定義される。

出力は、凸包を時計回りにたどったものを表す点 (x, y) 列。どの点が先頭かは関係ない。

3.5.3 文脈

このアルゴリズムは、デカルト座標の点集合に適している。例えば、もし、点集合が異なる座標系を用いていて、y 値の増加が平面上でより低い点を示すなら、アルゴリズムはその系に従って low を計算すべきである。点を極角でソートするには、三角関数の演算が必要となる。

3.5.4 解

この問題を手で解くなら、正解の辺を見つけるのに問題はないだろう。ただし、処理の正確な手順は説明しにくいかもしれない。このアルゴリズムの肝心のステップは、集合の最低点に対する極角の降順で点をソートすることである。整列が済む

と、アルゴリズムは、その点列に沿って「歩み」を進め、部分構築した凸包を延長し、凸包の最後の3点が左回りなら、凸包の形にならないので、その構造を調整する。例3-1に実装例を示す。

例3-1　グラハム走査の実装

```java
public class NativeGrahamScan implements IConvexHull {
  public IPoint[] compute(IPoint[] pts) {
    int n = pts.length;
    if (n < 3) { return pts; }

    // 最低点を見つけ、それが点配列（pts[]）にの末尾でなければ
    // その末尾の点と交換する。
    int lowest = 0;
    double lowestY = pts[0].getY();
    for (int i = 1; i < n; i++) {
      if (pts[i].getY() < lowestY) {
        lowestY = pts[i].getY();
        lowest = i;
      }
    }

    if (lowest != n-1) {
      IPoint temp = pts[n-1];
      pts[n-1] = pts[lowest];
      pts[lowest] = temp;
    }

    // points[0..n-2]を最低点、つまりpoints[n-1]に対する極角の降順でソートする。
    new HeapSort<IPoint>().sort(pts, 0, n-2, new ReversePolarSorter(pts[n-1]));

    // 凸包上の3点とわかっているのは最低極角（points[n-2]）、
    // 最低点（points[n-1]）、最高極角（points[0]）
    // （この順序）である。
    // 最初の2つから始める。
    DoubleLinkedList<IPoint> list = new DoubleLinkedList<IPoint>();
    list.insert(pts[n-2]);
    list.insert(pts[n-1]);

    // すべての点が同一直線上なら、後で心配しないで済むように、その場で終了する。
    double firstAngle = Math.atan2(pts[0].getY() - lowest,
                                   pts[0].getX() - pts[n-1].getX());
    double lastAngle = Math.atan2(pts[n-2].getY() - lowest,
                                  pts[n-2].getX() - pts[n-1].getX());
    if (firstAngle == lastAngle) {
```

```
      return new IPoint[] { pts[n-1], pts[0] };
    }

    // 順番に点を1つずつ調べ間違えた点を取り除く。
    // 少なくとも1つの「右回り」があるので、内側のwhileループは常に停止する。
    for (int i = 0; i < n-1; i++) {
      while (isLeftTurn(list.last().prev().value(),
                        list.last().value(),
                        pts[i])) {
        list.removeLast();
      }

      // 1つ進んで、次の凸包点を適切な位置に挿入する。
      list.insert(pts[i]);
    }

    // 最終点は重複するので、最低点から数えてn-1個の点を取る。
    IPoint hull[] = new IPoint[list.size()-1];
    DoubleNode<IPoint> ptr = list.first().next();
    int idx = 0;
    while (idx < hull.length) {
      hull[idx++] = ptr.value();
      ptr = ptr.next();
    }

    return hull;
  }

  /* 共線チェックを使って左回りか決定する */
  public static boolean isLeftTurn(IPoint p1, IPoint p2, IPoint p3) {
    return (p2.getX() - p1.getX())*(p3.getY() - p1.getY()) -
           (p2.getY() - p1.getY())*(p3.getX() - p1.getX()) > 0;
  }
}

/* 与えられた点に対する逆極角でソートをするクラス */
class ReversePolarSorter implements Comparator<IPoint> {
  /* 比較に使う基底点のx,y座標を保存する */
  final double baseX;
  final double baseY;

  /* ReversePolarSorterは、すべての点を基底点と比較する */
  public ReversePolarSorter(IPoint base) {
    this.baseX = base.getX();
    this.baseY = base.getY();
  }
```

```
public int compare(IPoint one, IPoint two) {
  if (one == two) { return 0; }

  // atan2関数を使って両者の角度を計算する。
  // one.yが常にbase.y以上なのでうまくいく。
  double oneY = one.getY();
  double twoY = two.getY();
  double oneAngle = Math.atan2(oneY - baseY, one.getX() - baseX);
  double twoAngle = Math.atan2(twoY - baseY, two.getX() - baseX);

  if (oneAngle > twoAngle) { return -1; }
  else if (oneAngle < twoAngle) { return +1; }

  // 同じ角度なら、大きさの降順にして凸包アルゴリズムが
  // 正しくなるようにする。
  if (oneY > twoY) { return -1; }
  else if (oneY < twoY) { return +1; }

  return 0;
  }
}
```

$n > 2$ のすべての点が共線（同一直線上）なら、その特別な場合には、凸包は集合内の2つの端点で構成される。計算された凸包には、共線の点が含まれるかもしれないが、それを除く特別な処理は含んでいない。

3.5.5 分析

4章で述べるように、n点の整列には$O(n \log n)$性能が必要である。アルゴリズムの残りには、n回実行のforループがあるが、その内側のwhileループは何回実行するだろうか。左回りがある限り、その点は凸包から取り除かれ、最悪の場合、最初の3点が残るまで続く。凸包にはn点以上は追加されないので、内側のwhileループは全体でn回以上は実行できない。したがって、forループの性能は$O(n)$。結果は、全体の計算コストを整列コストが支配するので、全体のアルゴリズム性能は$O(n \log n)$となる。

3.6 一般的なアプローチ

本書で使われる基本的なアルゴリズムのアプローチを本節で示す。これらの一般的な問題解決戦略を理解して、具体的な問題で解決に向けてどのように適用すればよいか把握する必要がある。10章には、正確でなくても許容可能な近似解やしらみつぶし探索の代わりに適切な結果に収束する大量試行による乱択方式など他の戦略を追加してある。

3.6.1 貪欲法

貪欲法 (Greedy) は、サイズ n の課題をステップを踏んで順次問題を解くことによって完遂する。各ステップで、貪欲アルゴリズムは、利用可能な情報から最良の局所決定を行い、通常は解く問題のサイズを1つ減らす。n ステップ完了すれば、アルゴリズムは計算した解を返す。

例えば、n 個の数の配列 A を整列するのに、貪欲選択ソートアルゴリズムは、$A[0, n-1]$ の最大値を見つけて $A[n-1]$ の要素と入れ替える。これで、$A[n-1]$ は適切な位置に収まった。次のプロセスでは、残りの $A[0, n-2]$ の最大値を見つけて $A[n-2]$ の要素と入れ替える。このプロセスが配列全体を整列するまで続く。詳細は4章を参照。

貪欲戦略は、アルゴリズムが入力を処理するにつれて、解かれる部分問題が徐々に狭くなると特徴付けることもできる。部分問題が $O(\log n)$ で完了するなら、貪欲戦略は $O(n \log n)$ 性能を示す。選択ソートのように、部分問題が $O(n)$ の振る舞いなら、全体性能は $O(n^2)$ となる。

3.6.2 分割統治

分割統治法 (Divide and Conquer) は、サイズが元の問題のほぼ半分である2つの独立な部分問題に問題を分割する。この解法はしばしば再帰的で、直ちに解決できる基底問題で停止する。より小さな2つの部分問題のそれぞれの解が得られたときに、それらから最初の問題の解を決定するための計算を行う。

例えば、n 個の数の配列で最大値を見つけるために、**例3-2**の再帰関数は2つの部分問題を生成する。当然ながら、元の問題の最大要素は、2つの部分問題の最大値の大きな方だ。部分問題のサイズが1になったときにどのように再帰が停止するかを見ておくと、このときには単一要素 $vals[left]$ を返している。

例3-2　配列の最大要素を見つける再帰分割統治法式

```java
/* 再帰呼び出し */
public static int maxElement (int[] vals) {
  if (vals.length == 0) {
    throw new NoSuchElementException("No Max Element in Empty Array.");
  }
  return maxElement(vals, 0, vals.length);
}

/* 部分問題vals[left, right)の最大要素を計算する。 */
static int maxElement (int[] vals, int left, int right) {
  if (right - left == 1) {
    return vals[left];
  }

  // 部分問題を計算する
  int mid = (left + right)/2;
  int max1 = maxElement(vals, left, mid);
  int max2 = maxElement(vals, mid, right);

  // 部分問題の結果から最終結果を計算する
  if (max1 > max2) { return max1; }
  return max2;
}
```

　例3-2に示される構造の分割統治法アルゴリズムは、ここに示すように解決ステップが定数$O(1)$時間で達成されるなら$O(n)$性能を示す。解決ステップそのものに$O(n)$計算が必要なら、全体性能は$O(n \log n)$となる。各要素を走査して、その時点の最大要素を格納するだけで、集まりの最大要素をもっと迅速に見つけられることに注意。分割統治法が常に最速実装をもたらすわけではないことを覚えておこう。

3.6.3　動的計画法

　動的計画法（Dynamic Programming）は分割統治法の変形で、問題をより単純な部分問題に分割し、ある順序で解くことにより、問題全体を解く。より小さな問題をそれぞれいったん解くと、結果を将来使用するために保存して不必要な再計算を避ける。それから、問題のサイズを増やし、小さな部分問題の解を**組み合わせて**問題を解いていく。多くの場合、計算された解は対象の問題の最適解になると証明できる。

　動的計画法は、特定の計算を最小化または最大化する目的での最適化問題によく

使われる。動的計画法を説明する最良の方法は、実際に動く例を見せることだ。

科学者は、DNA配列を比較して、似ているかどうかを決定する。DNA配列をA, C, T, Gの文字列で表すなら、この問題は、2つの文字列の間の**最小編集距離**を計算することでもある。すなわち、基準文字列s_1と目標文字列s_2が与えられたときに、s_1をs_2に変換する編集操作の最小回数を決めることである。その操作は次のようになる。

- s_1の1文字を異なる文字で置き換える。
- s_1から1文字削除する。
- s_1に1文字挿入する。

例えば、「GCTAC」というDNA配列を表す基準文字列s_1を、「CTCA」という目標文字列s_2に変換するには3回の編集操作で済む。

- 4番目の文字(「A」)を「C」で置き換える。
- 先頭の文字(「G」)を削除する。
- 最後の文字「C」を「A」で置き換える。

この変換を行う操作列はこれだけではないが、s_1をs_2に変換するには少なくとも3回の編集操作が必要だ。そもそも、最適解の**値**さえ計算すればよい。すなわち、編集操作の回数だけでよく、実際の操作列は必要ない。

動的計画法は、単純な部分問題の結果を格納して進む。この例では、2次元行列$m[i][j]$を使って、s_1の最初のi文字とs_2の最初のj文字との間の最小編集距離の計算結果を記録する。次の初期行列の構築から始める。

```
    0   1   2   3   4
1   .   .   .   .
2   .   .   .   .
3   .   .   .   .
4   .   .   .   .
5   .   .   .   .
```

上の表で、各行の添字はi、各列の添字はjである。編集操作が完了すると、$m[0][4]$(表の上右隅)は、s_1の最初の0文字(すなわち、空文字列「」)とs_2の最初の4文字(すなわち、全文字列「CTCA」)との間の編集距離の結果となる。$m[0][4]$の値は、空文字列がs_2と等しくなるには4文字挿入しないといけないので、4となる。

同様のロジックで、$m[3][0]$は、s_1の最初の3文字（すなわち、「GCT」）から3文字削除しないとs_2の最初の0文字（すなわち、空文字列「」）にならないので、3となる。

動的計画法のトリックは、これらの部分問題の結果をどのように組み合わせて、より大きな問題を解くようにするかという最適化ループにある。s_1の第1文字（「G」）とs_2の第1文字（「C」）との編集距離を表す$m[1][1]$の値を考えよう。次の3つの選択肢がある。

- コスト1で文字「G」を「C」で置き換える。
- コスト2で文字「G」を取り除き、「C」を挿入する。
- コスト2で文字「C」を挿入してから文字「G」を取り除く。

この3つの選択肢から明らかに最小コストを記録したいので、$m[1][1] = 1$。この決定をどのように一般化できるだろうか。図3-2に示された計算を考えよう。

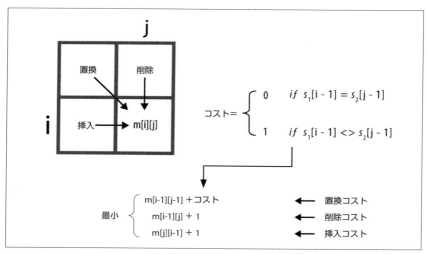

図3-2　$m[i][j]$を計算する

$m[i][j]$を計算する3つの選択肢を詳しく説明する。

置換コスト

s_1の最初の$i-1$文字とs_2の最初の$j-1$文字の編集距離を計算して、s_2のj番目の文字とs_1のi番目の文字が異なるなら、j番目をi番目で置き換えるため1加える。

削除コスト

s_1 の最初の $i-1$ 文字と s_2 の最初の j 文字の編集距離を計算して、s_1 の i 番目の文字を削除するコスト1を加える。

挿入コスト

s_1 の最初の i 文字と s_2 の最初の $j-1$ 文字の編集距離を計算して、s_2 の j 番目に文字を追加するコスト1を加える。

この計算を可視化するとき、動的計画法が部分問題を適切な順序で、すなわち、最上行から最下行へ、各行では左から右へ評価しなければならない。計算は、行添字値 $i=1$ から $len(s_1)$ へ行う。行列 m の初期値を求めたら、入れ子になった for ループで、各部分問題の最小値を順に、m のすべての値が計算されるまで、計算していく。このプロセスは、再帰的ではないが、より小さな問題に対する過去の計算結果を用いている。問題全体の結果は、$m[len(s_1)][len(s_2)]$ で求められる。

例3-3　動的計画法を用いて解いた最小編集距離

```python
def minEditDistance(s1, s2):
  """変換 s1 -> s2 の最小編集距離を計算する。"""
  len1 = len(s1)
  len2 = len(s2)

  m = [None] * (len1 + 1)
  for i in range(len1+1):
    m[i] = [0] * (len2+1)
  # 水平方向と垂直方向に初期コストをセット
  for i in range(1, len1+1):
    m[i][0] = i
  for j in range(1, len2+1):
    m[0][j] = j

  # 最良を計算する
  for i in range(1,len1+1):
    for j in range(1,len2+1):
      cost = 1
      if s1[i-1] == s2[j-1]: cost = 0

      replaceCost = m[i-1][j-1] + cost
      removeCost = m[i-1][j] + 1
      insertCost = m[i][j-1] + 1
```

```
        m[i][j] = min(replaceCost,removeCost,insertCost)

    return m[len1][len2]
```

表3-5は m の最終値を示す。

表3-5 すべての部分問題の結果

	0	1	2	3	4
	1	1	2	3	4
	2	1	2	2	3
	3	2	1	2	3
	4	3	2	2	2
	5	4	3	2	3

部分問題のコスト $m[3][2] = 1$ は、文字列「GCT」と「CT」との編集距離である。明らかに、最初の文字を削除するだけでよく、それがこのコストの正しさを示す。上のコードは最小編集距離をどのように計算するかしか示さない。実際に行う操作列を記録するには、$m[i][j]$ の最小値を計算する際に、3つの場合のどれが選ばれたのかを記録する追加情報を行列 $prev[i][j]$ に格納する必要がある。編集操作を回復するには、$prev[i][j]$ に記録された決定を用いて、$m[0][0]$ に到達するまで $m[len(s_1)][len(s_2)]$ から逆方向にたどっていく。改良した実装を**例3-4**に示す。

例3-4 動的計画法を用いて解いた最小編集距離とその操作列

```
REPLACE = 0
REMOVE  = 1
INSERT  = 2

def minEditDistance1(s1, s2):
    """変換s1 -> s2の最小編集距離とその操作を計算する。"""
    len1 = len(s1)
    len2 = len(s2)

# for i in 0 .. len1とfor j in 0 .. len2についてm[i][j] = 0となる2次元構造を作る
    m = [None] * (len1 + 1)
    op = [None] * (len1 + 1)
    for i in range(len1+1):
        m[i] = [0] * (len2+1)
        op[i] = [-1] * (len2+1)

    #水平方向と垂直方向に初期コストをセット
```

```
    for j in range(1, len2+1):
      m[0][j] = j
    for i in range(1, len1+1):
      m[i][0] = i

    #最良を計算する
    for i in range(1,len1+1):
      for j in range(1,len2+1):
        cost = 1
        if s1[i-1] == s2[j-1]: cost = 0

        replaceCost = m[i-1][j-1] + cost
        removeCost = m[i-1][j] + 1
        insertCost = m[i][j-1] + 1
        costs = [replaceCost,removeCost,insertCost]
        m[i][j] = min(costs)
        op[i][j] = costs.index(m[i][j])

ops = []
i = len1
j = len2
while i != 0 or j != 0:
  if op[i][j] == REMOVE or j == 0:
    ops.append('remove {}-th char {} of {}'.format(i,s1[i-1],s1))
    i = i-1
  elif op[i][j] == INSERT or i == 0:
    ops.append('insert {}-th char {} of {}'.format(j,s2[j-1],s2))
    j = j-1
  else:
    if m[i-1][j-1] < m[i][j]:
      ops.append('replace {}-th char of {} ({}) with {}'.format(i,s1,s1[i-1],s2[j-1]))
    i,j = i-1,j-1

return m[len1][len2], ops  *1
```

---

*1 訳注:例えば結果はminEditDistance1('GCTAC', 'CTCA')に対して次のようになる。
    3
    ['replace 5-th char of GCTAC (C) with A',
     'replace 4-th char of GCTAC (A) with C',
     'remove 1-th char G of GCTAC']

3.7　参考文献

Goldberg, David, "What Every Computer Scientist Should Know About Floating-Point Arithmetic." ACM Computing Surveys, March 1991, http://docs.sun.com/source/806-3568/ncg_goldberg.html.

Venners, Bill, "Floating Point Arithmetic: Floating-Point Support in the Java Virtual Machine." JavaWorld, 1996, http://www.artima.com/underthehood/floating.html.

4章
整列アルゴリズム

情報が前もってきちんと整列されていれば、多くの計算や作業が簡単になる。効率的な整列アルゴリズムの探究は、コンピュータサイエンスの初期に盛んに行われた。実際、アルゴリズムの初期の研究の多くは、当時のコンピュータではメモリに入りきらない大量のデータをどのように整列するかを扱っていた。最近のマシンは、50年前と比べて信じられないほど、高速かつ強力になっていて、今では一度にテラバイトのデータを処理できる。それほどまで大量のデータセットの整列は要求されないだろうが、多数のデータを整列する必要はよくあるだろう。本章では、最も重要な整列アルゴリズムを取り上げ、ベンチマーク結果を示して、状況に応じて最良の整列アルゴリズムを選択できるようにした。

4.0.1 用語

比較可能な要素の集まり (collection) A を整列対象とする。集まりの第 i 番目の要素を $A[i]$ または a_i と表記する。先頭の要素は、$A[0]$ と書く。$A[low, low+n)$ と表記した場合は n 個の要素 $A[low]$ … $A[low+n-1]$ からなる部分集まりを指し、$A[low, low+n]$ は、$n+1$ 個の要素 $A[low]$ … $A[low+n]$ からなる部分集まりを指す。

ある集まり A を整列(ソート)するとは、A の要素を、$A[i] < A[j]$ ならば $i < j$ であるという性質を満たすように並べ替えることである。重複要素は連続していなければならない。すなわち、$A[i] = A[j]$ ならば、$i < k < j$ かつ $A[i] \ne A[k]$ となるような k が存在してはならない。最後に、整列した集まり A は、元の集まり A の要素の置換 (permutation) となっていなければならない。

4.0.2 表現

整列対象は、コンピュータのメモリ（RAM、ランダムアクセスメモリ）に既に格納されていることもあれば、2次記憶と呼ばれるファイルシステム上のファイルの形のこともある。また、（テープライブラリや光ディスクジュークボックスなどの）3次記憶に一部保存（archive）されており、情報を取り出す際に余分な処理時間が必要なこともある。さらには、処理できるように（ハードディスクなどの）2次記憶にコピーを作る必要があるだろう。

RAMに格納された情報は、ポインタか値で取り出す。文字列「eagle」「cat」「ant」「dog」「ball」を整列したい場合を考えよう。図4-1に示すポインタを使った情報蓄積方式を用いると、（下側の四角で表した）情報の配列は、（楕円で囲まれた文字列で示した）実際の情報そのものを保持するのではなく、情報へのポインタを保持している。この方式によって、どれほど複雑なレコードでも格納して整列できる。

対照的に、値による情報蓄積方式では、n個の要素の集まりを固定サイズsのレコードブロックに詰め込むので、2次記憶や3次記憶に適している。図4-2は、図4-1と同じ情報を、それぞれきっちり$s=5$バイトの塊の集合からなる連続ブロックでどのように格納するかを示す。この例では文字列を扱っているが、構造化されたレコード形式の情報ならどのような集まりでも扱える。文字「¬」は、パディング文字で本来の文字列には含まれない。この方式では、長さがsの文字列はパディング文字を持たない[*1]。情報は連続しており、1次元配列$B[0, n*s)$と見なせる。$B[r*s+c]$がr番目の語のc番目の文字（ここで$c≧0$かつ$r≧0$とする）となり、集まりのi番目（ただし$i≧0$）の要素が部分配列$B[i*s, (i+1)*s)$となる。

[*1] 訳注：固定長の文字列表現なので、最大長ならパディング文字が入らないし、入れる必要もない。文字「¬」は、「文字がない」という符号と考えることも可能で、そのような考えを取れば、実は、固定長のどの位置にあってもよいという方式を考えることも可能である。編集作業用の文字列実装では、そういう処理もある。

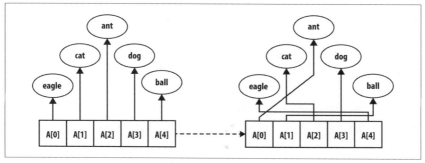

図 4-1　ポインタを使った情報蓄積方式による整列

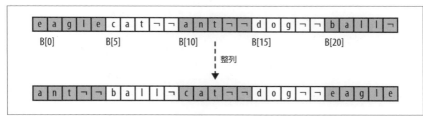

図 4-2　値による情報蓄積方式を使った整列

　通常、2次記憶へ書かれる情報は、値による方式で連続したバイトの集まりとして書かれる。本章のアルゴリズムは、ディスク上のファイル内でバイトを入れ替えるスワップ関数を実装しさえすれば、ディスク上の情報を整列させるプログラムとして使うこともできる。ただし、2次記憶にアクセスする入出力の時間が増加するので、結果として1次記憶の整列に比べて性能に大きな違いが現れる。特に2次記憶のデータに**マージソート**は適している。

　ポインタであれ値であれ、整列アルゴリズムは、(どちらの場合も、四角の箱にある)情報を更新して、$A[0, n)$ を並べ替える。本章では、値による情報蓄積方式の場合であっても、$A[i]$ 表記で i 番目の要素を表す。

4.0.3　比較可能な要素

　比較する集まりは、全順序 (total ordering) を満たす必要がある。すなわち、任意の2つの要素 p と q について、$p = q$, $p < q$, $p > q$ のいずれか1つだけが必ず成り立つ。整列によく使われる基本データ型には、整数、浮動小数点数、文字があ

る。文字列のような複合要素を整列させるには、辞書式順序を用いて、複合要素の整列を個別要素の基本データ型についての整列に帰着させる。例えば、英単語の「alphabet」は、「alternate」より小さいが「alligator」より大きいというのは、単語の文字を左から順に比較し、単語が終端するか、相手の文字列の対応する位置に異なる文字が出るまで比較を続ける（したがって「ant」は「anthem」より小さい）。

この順序付けの問題は、大文字（「A」は「a」より大きいか）、アクセント記号（「è」は「ê」より小さいか）、二重母音（「æ」は「a」より小さいか）などを考慮する場合には、とても複雑になってしまう。Unicode規格（http://www.unicode.org/versions/latest参照）では、UTF-16のような符号化において、文字を4バイトで表現することに注意する[*1]。Unicodeコンソーシアム（www.unicode.org）は、さまざまな言語や文化における順序付けを扱った（照合（collation）アルゴリズムと呼ばれる）整列標準を開発した（Davis and Whistler, 2008）。

本章のアルゴリズムでは、要素 p, q を比較して、$p = q$ なら0、$p < q$ なら負数、$p > q$ なら正数を返すcmpと呼ばれる比較関数があるものと仮定する。複合レコードが要素の場合、関数cmpは、要素のキーとなる値だけを比較する。例えば、欧米の空港では、出発便を目的地または出発時刻順に表示するが、便名は整列されていない。

4.0.4　安定整列

比較関数cmpが元の整列を行っていない集まりの中の2要素 a_i と a_j を等しいと判別したとき、整列させた集合でも、その相対順序を保つことが重要なことがある。すなわち、$i < j$ なら、a_i の最終的な位置は a_j の最終位置より左でなければならない。この性質を保証する整列アルゴリズムは、**安定**（stable）していると呼ばれる。例えば、**表4-1**の左4列は、（航空会社や目的地に関係なく）その日の便を出発時刻順に整列した、元々のフライト情報の集まりだ。これを、便を目的地のアルファベット順で並べる比較関数を使って安定整列し直すと、**表4-1**の右半分のような結果になる。

[*1]　訳注：正確には、4バイトを超える長さの文字符号化も含まれている。

表4-1 空港でのフライト情報の安定整列

目的地	会社名	便名	出発予定時刻(昇順)	目的地 (昇順)	会社名	便名	出発予定時刻
Buffalo	Air Trans	549	10:42 AM	Albany	Southwest	482	1:20 PM
Atlanta	Delta	1097	11:00 AM	Atlanta	Delta	1097	11:00 AM
Baltimore	Southwest	836	11:05 AM	Atlanta	Air Trans	872	11:15 AM
Atlanta	Air Trans	872	11:15 AM	Atlanta	Delta	28	12:00 PM
Atlanta	Delta	28	12:00 PM	Atlanta	Al Italia	3429	1:50 PM
Boston	Delta	1056	12:05 PM	Austin	Southwest	1045	1:05 PM
Baltimore	Southwest	216	12:20 PM	Baltimore	Southwest	836	11:05 AM
Austin	Southwest	1045	1:05 PM	Baltimore	Southwest	216	12:20 PM
Albany	Southwest	482	1:20 PM	Baltimore	Southwest	272	1:40 PM
Boston	Air Trans	515	1:21 PM	Boston	Delta	1056	12:05 PM
Baltimore	Southwest	272	1:40 PM	Boston	Air Trans	515	1:21 PM
Atlanta	Al Italia	3429	1:50 PM	Buffalo	Air Trans	549	10:42 AM

同じ目的地の全便が出発予定時刻でも整列されていることに気付くだろう。この集合では整列アルゴリズムが安定性を示している。非安定アルゴリズムは、元の集まりでの要素の位置関係に注意を払わない（相対順序を維持するかもしれないし、しないかもしれない）。

4.0.5 整列アルゴリズムの選択基準

どの整列アルゴリズムを使うか、あるいは実装するかという選択では、表4-2に挙げる質的評価基準を考慮する。

表4-2 整列アルゴリズムの選択基準

選択基準	整列アルゴリズム
要素数がわずか	挿入ソート
要素はほとんど整列済み	挿入ソート
最悪時が大事	ヒープソート
平均時の性能向上が目的	クイックソート
要素の元の集合は密である	バケツソート
書くコードは最小限に抑えたい	挿入ソート
安定整列が必要	マージソート

4.1 転置ソート

初期の整列アルゴリズムでは、集まりAの要素がしかるべき位置にないことを見つけては、Aの他の要素と転置（transpose、スワップswapとも言う）することによって、正しい位置に並べ替えたものだった。選択ソートや（悪名高い）バブルソートがこの種類に属する。この両者は、次に示す挿入ソートより性能が劣る。

4.1.1 挿入ソート

挿入ソート（Insertion Sort）はヘルパー関数 insert を繰り返し呼び出して $A[0, i]$ を正しく整列させる。最終的に、変数 i が右端の要素に達したところで、A 全体が整列する。

挿入ソート Insertion Sort	最良	平均	最悪
	$O(n)$	$O(n^2)$	

```
sort (A)
  for pos = 1 to n-1 do
    insert (A, pos, A[pos])
end

insert (A, pos, value)
  i = pos - 1
  while i >= 0 and A[i] > value do   ❶ valueより大きな要素を右にシフト
    A[i+1] = A[i]
    i = i-1
  A[i+1] = value   ❷ valueを適切な位置に挿入
end
```

図 4-3 は、サイズ $n = 16$ の小さな集まり A に、挿入ソートがどのように機能するかを示している。各行は、insert の呼び出しごとに A の状態がどうなるかを示す。

A の「上書き」整列は、添字を $pos = 1$ から $n - 1$ まで増やしながら、要素 $A[pos]$ を、整列済み領域 $A[0, pos]$ 内の正しい場所に置いていくことで行われる。次第に成長する整列済み領域は、図 4-3 では右端を太線で区切っている。灰色の要素は、挿入要素のために場所を空けて、右側に移動する。全体として、挿入ソートは、（1 要素を 1 コマずらす）移動を 60 回行う。

15	09	08	01	04	11	07	12	13	06	05	03	16	02	10	14

09	15	08	01	04	11	07	12	13	06	05	03	16	02	10	14
08	09	15	01	04	11	07	12	13	06	05	03	16	02	10	14
01	08	09	15	04	11	07	12	13	06	05	03	16	02	10	14
01	04	08	09	15	11	07	12	13	06	05	03	16	02	10	14
01	04	08	09	11	15	07	12	13	06	05	03	16	02	10	14
01	04	07	08	09	11	15	12	13	06	05	03	16	02	10	14
01	04	07	08	09	11	12	15	13	06	05	03	16	02	10	14
01	04	07	08	09	11	12	13	15	06	05	03	16	02	10	14
01	04	06	07	08	09	11	12	13	15	05	03	16	02	10	14
01	04	05	06	07	08	09	11	12	13	15	03	16	02	10	14
01	03	04	05	06	07	08	09	11	12	13	15	16	02	10	14
01	03	04	05	06	07	08	09	11	12	13	15	16	02	10	14
01	02	03	04	05	06	07	08	09	11	12	13	15	16	10	14
01	02	03	04	05	06	07	08	09	10	11	12	13	15	16	14
01	02	03	04	05	06	07	08	09	10	11	12	13	14	15	16

図4-3　小さい配列での挿入ソートの進展

4.1.2　文脈

挿入ソートは、要素数が少ないか、最初から集まりが「ほぼ整列」している場合に使う。配列が「十分小さい」かどうかは、ハードウェアによっても、プログラミング言語によっても異なる。実際には、比較される要素の型も重要になる。

4.1.3　解

情報がポインタで格納されている場合、**例4-1**のCプログラムは、比較関数cmpを使って、配列arを整列する。

例4-1　ポインタを使った値の挿入ソート

```
void sortPointers(void **ar, int n,
                  int(*cmp)(const void *,const void *)) {
  int j;
```

```
  for (j = 1; j < n; j++) {
    int i = j-1;
    void *value = ar[j];
    while (i >= 0 && cmp(ar[i], value)> 0) {
      ar[i+1] = ar[i];
      i--;
    }
    ar[i+1] = value;
  }
}
```

A が値で格納されている場合、サイズは s バイトの固定要素 n 個まで縮小できる。値操作には比較関数とともに値をある位置から別の位置へとコピーする手段が必要となる。**例4-2**は、memmoveを使って A の連続した要素を効率的に転送するCプログラムを示す。

例4-2　値を用いた挿入ソート

```
void sortValues (void *base, int n, int s,
                 int (*cmp)(const void *, const void *)) {
  int j;
  void *saved = malloc (s);
    for (j = 1; j < n; j++) {
    int i = j-1;
    void *value = base + j*s;
    while (i >= 0 && cmp (base + i*s, value) > 0) { i--; }

    /* 既に整列されていれば、移動は必要ない。そうでないなら、
     * 挿入する値を退避しておいて、大きなブロックを動かす。
     * それから、適切な位置に挿入する。 */
    if (++i == j) continue;

    memmove (saved, value, s);
    memmove (base+(i+1)*s, base+i*s, s*(j-i));
    memmove (base+i*s, saved, s);
  }
  free (saved);
}
```

挿入ソートは配列が整列済みの場合に最適性能を示し、逆順に整列されていた場合に最悪性能を示す。配列が既に「ほとんど整列」されているなら、要素の移動があまり必要ないので性能が良い。

挿入ソートは、余分なスペースをほとんど必要としない。要素1つ分のスペースを確保するだけでよい。値による格納方式の場合、ほとんどのプログラミング言語のライブラリで、メモリ転置を効率的に行うブロックメモリ移動関数が用意されている。

4.1.4 分析

挿入ソートは、最良時、要素は整列されていて、線形時間 $O(n)$ になる。これは、当たり前すぎること（既に整列されている要素を整列しようとすることは何回あるだろうか）に思えるかもしれないが、**挿入ソート**だけがこの振る舞いを示す比較整列アルゴリズムとなる。

多くの実世界のデータは、実は「部分整列」しているので、楽観主義者も現実主義者も効率的なアルゴリズムとして**挿入ソート**を推すかもしれない。重複データがあると整列時の要素入れ替え回数が減るので、**挿入ソート**の効率が向上する。

しかし、**挿入ソートは**残念ながら、n個の要素の値がすべて異なり、配列が「ランダム」な（データのすべての順列が同じ程度に起こる）データに対して効率が悪い。なぜなら、各要素は、本来の位置から平均して$n/3$離れたところにあるからだ。コードリポジトリのプログラム numTranspositions (Code/Chapter4/numTranspositions.c) は、12までの小さなnについて、このことを実験的に確認している。(Trivedi, 2001) も参照すること。そこで**挿入ソート**は、平均時および最悪時には、n個の要素それぞれがnの定数倍だけ位置を変更しなければならず、二乗の時間、$O(n^2)$かかる。

挿入ソートは、値によるデータの整列では効率が悪い。新しい値を入れる場所を空けるために移動するメモリ量が大きいためだ。**表4-3**は、値による**挿入ソート**の、何も考慮されていない単純な実装と**例4-2**のブロックメモリ移動を用いた実装とを比較した結果である。n個の要素を整列させるため10回無作為に試行した。この表は最良値と最悪値を棄却した残りの8回の平均を示している。個別の要素を入れ替えず、ブロックメモリ移動を用いると性能が向上する。それでも、配列のサイズが2倍になると、実行時間はほぼ4倍になり、**挿入ソート**の$O(n^2)$振る舞いが確認できる。大量メモリ移動 (bulk memory move) が改善しても、**挿入ソート**の性能は本質的に二乗時間であることに変わりはない。

表4-3 メモリ移動を用いた挿入ソートと単純挿入ソートの比較 (秒)

n	メモリ移動挿入ソート (B_n)	単純挿入ソート (S_n)
1,024	0.0039	0.0130
2,048	0.0153	0.0516
4,096	0.0612	0.2047
8,192	0.2473	0.8160
16,384	0.9913	3.2575
32,768	3.9549	13.0650
65,536	15.8722	52.2913
131,072	68.4009	209.2943

ポインタによる挿入ソートでは、要素の入れ替えはさらに効率的になる。コンパイラは、コストのかかるメモリアクセスを最小化するような最適コードを生成できる。

4.2 選択ソート

一般的な整列戦略の1つに、範囲 $A[0, n)$ から最大値を選択して、右端の要素 $A[n-1]$ と交換する方法がある。このプロセスを残りのより狭い範囲 $A[0, n-1)$ に繰り返し、A を整列する。**選択ソート** (Selection Sort) は3章の貪欲戦略の例である。例4-3にCによる実装を示す。

例4-3 選択ソートのCによる実装

```
static int selectMax (void **ar, int left, int right,
                      int (*cmp)(const void *,const void *)) {
  int maxPos = left;
  int i = left;
  while (++i <= right) {
    if (cmp(ar[i], ar[maxPos])> 0) {
      maxPos = i;
    }
  }

  return maxPos;
}

void sortPointers (void **ar, int n,
                   int(*cmp)(const void *,const void *)) {
  /* ar[0,i]から最大値を繰り返し選んでは、あるべき位置に入れ替える */
  int i;
  for (i = n-1; i >= 1; i--) {
    int maxPos = selectMax (ar, 0, i, cmp);
    if (maxPos != i) {
```

```
      void *tmp = ar[i];
      ar[i] = ar[maxPos];
      ar[maxPos] = tmp;
    }
  }
}
```

選択ソートは本章で述べる整列アルゴリズムの中で最も遅い。最良の場合（すなわち、配列が既に整列されている場合）でも二乗時間かかる。ほとんど同じ作業を一切学習せずに繰り返す。Aの最大要素maxの選択には、$n-1$回の比較が要り、2番目の最大要素の選択には$n-2$回の比較が必要なので、進歩が少ない。この比較の多くは、無駄になっている。なぜなら、要素が**2番目**より小さいなら、最大要素でないのだから、最大要素にはなり得ないし、maxの計算に関係しない。この性能が悪いアルゴリズムを詳しく述べるのはやめて、選択ソートの背後にある原則をさらに効果的に使えることを示す**ヒープソート**について次に述べよう。

4.3　ヒープソート

n要素の非整列配列Aの最大要素を見つけるには、少なくとも常に$n-1$回の比較が必要だが、直接比較する要素の個数を最小化できないものだろうか。例えば、スポーツのトーナメントでは、n個のチームから「ベスト」チームを決めるのに、優勝者は他の$n-1$チームすべてと試合をするわけではない。米国で最も有名なバスケットボールの試合の1つに、NCAAチャンピオンシップ・トーナメントがあるが、これは、本質的には全米64大学のチームが競う[*1]。最終的に優勝チームは、決勝戦に出るまでに5つのチームと試合をするので、6回勝たないといけない。$6 = \log(64)$というのは、偶然の一致などではない。この振る舞いを要素集合の整列化のためにどう使えばよいかを**ヒープソート**（Heap Sort）によって示す。

[*1] 訳注：（初版原注）実際には、トーナメントの開始前に1チームが脱落する「バイイン buy-in（プレイイン play-in）」ゲームを含めて65チームが出場する。

ヒープソート	最良	平均	最悪
Heap Sort		$\mathrm{O}(n \log n)$	

```
sort (A)
  buildHeap (A)
  for i = n-1 downto 1 do
    swap A[0] with A[i]
    heapify (A, 0, i)
end

buildHeap (A)
  for i = n/2-1 downto 0 do
    heapify (A, i, n)
end

# A[idx,max]が正しいヒープだということを再帰的に確実にする
heapify (A, idx, max)
  largest = idx      ❶ 親のA[idx]がどちらの子よりも小さくないと仮定する。
  left = 2*idx + 1
  right = 2*idx + 2

  if left < max and A[left] > A[idx] then
    largest = left   ❷ 左の子が親より大きい。
  if right < max and A[right] > A[largest] then
    largest = right  ❸ 右の子が親と左の兄弟より大きい。
  if largest ≠ idx then
    swap A[idx] and A[largest]
    heapify (A, largest, max)
end
```

図4-4は6つの値の配列でbuildHeapの実行を示す。

ヒープは、次の2つの性質を持つ二分木である。

形の特性

深さ$k > 0$の葉が存在する条件は、深さ$k - 1$において2^{k-1}個すべてのノードが存在することである。さらに、まだ全部が満たされていない階層では、ノードは、「左から右へ」追加されていく。根は深さ0だ。

ヒープに変換する無秩序な配列から始める。

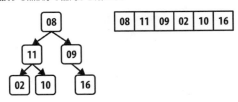

1. 最初の heapify (A, 2, 6) の呼び出しは 09 と 16 を入れ替える。

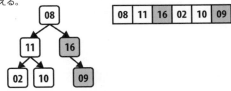

2. heapify (A, 1, 6) の呼び出しは 11 が子の両方 02 と 10 より大きいので変更しない。

3. heapify (A, 0, 6) の呼び出しはまず 08 と 16 を入れ替え、次に再帰的に (A, 2, 6) を呼び出し、08 と 09 を入れ替える。

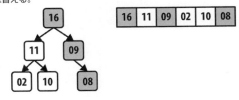

図4-4　ヒープソートの例

ヒープの特性

　子を持つノードの値は、2つの子のどちらの値よりも小さくはない。

　図4-5 (a) のヒープ例は、上の性質を満たしている。二分木の根は、木の最大要素を持つ。しかし、最小要素についてわかっているのは、葉であることだけだ。二分木のこの順序情報は、ノードが子と等しいか大きいということだが、**ヒープソート**は、形の特性を活用して、要素配列を効率的に整列する。

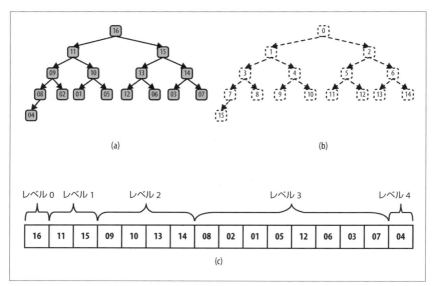

図4-5 (a)16の異なる要素のヒープ例 (b)要素のラベル (c)配列に格納されたヒープ

形の特性からヒープの構造が厳密に定まるので、構造情報を失うことなくヒープを配列Aに格納できる。**図4-5(b)**は、ヒープに整数（配列の添字）ラベルをどう割付けるかを示す。根のラベルは0になる。ラベルiのノードは、左の子のラベルが$2*i+1$、右の子のラベルが$2*i+2$となる（どちらも、子があった場合）。同様にして、根ではないノードiの親のラベルは、$\lfloor (i-1)/2 \rfloor$となる。このラベル付け方式を使えば、ノードの値をそのラベルの示す配列内の位置に格納することで、ヒープを配列に格納できる。**図4-5(c)**の配列はそのヒープを表す。配列Aの要素を、左から右へと読んでいくだけでヒープの木の深いところまで順に探索できる。

ヒープソートでは、配列Aをまず最初に、繰り返しheapifyを呼び出すbuildHeapを使ってヒープの形式に変換する。heapify(A, i, n)は配列Aを$A[i]$を根とした木構造が正当なヒープであることを保証するように更新する。**図4-6**は整列されていない配列をheapifyを呼び出してヒープに変換する詳細を示す。既に整列した配列へのbuildHeapの進捗も**図4-6**に示す。図中の番号を付けた行は、初期配列にheapifyを真ん中の$\lfloor (n/2) \rfloor - 1$から最左の添字0の要素まで実行した結果である。

明らかに、大きな数はヒープの中で「持ち上げ」られる（すなわち、Aの中で小さな要素と入れ替えられて左側に移動する）。**図4-6**の灰色の四角はheapifyでスワッ

プされた要素だが、それは**図4-3**の挿入ソートでスワップされた要素の全個数よりはるかに少ない。

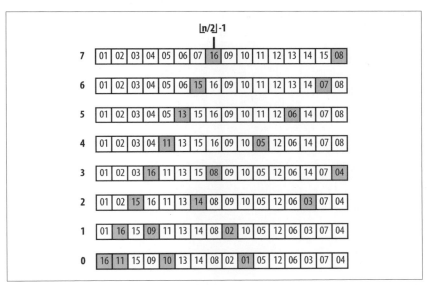

図4-6　整列されていた配列へのbuildHeapの処理

　ヒープソートは、サイズnの配列Aを2つの異なる部分配列$A[0, m)$と$A[m, n)$として扱うが、それぞれサイズがmのヒープと$n-m$要素の整列済み部分配列となる。繰り返し制御変数iが$n-1$から1へと下がってくるにつれて、**ヒープソート**は、ヒープの（$A[0]$にある）最大要素と$A[i]$とを入れ替えることで整列済み部分配列$A[i, n)$を左方向に成長させる。その後、heapifyを実行して$A[0, i)$を正しいヒープに再構成する。結果として得られる空でない部分配列$A[i, n)$は、整列されている。なぜなら$A[0, i)$で表現されるヒープの最大要素（$A[0]$）は、iが変化する間、常に整列済み部分配列$A[i, n)$のどの要素よりも小さいことが保証されているからだ[*1]。

＊1　訳注：この説明は、数学的帰納法を裏で使用する。最初にヒープの最大要素を右端に持ってきて作成した要素が1つの部分配列は整列済みと定義される。整列済みの部分配列に対して、ヒープの最大要素を最前列（左端）に継ぎ足した部分配列も、当然ながら整列済みになるので、以下同様にして整列済みであることが言える。

4.3.1 文脈

ヒープソートは、安定ソートではない。ヒープソートは、**クイックソート**が（ほとんど困惑させられるほど）うまくいかない状況の多くを回避できる。それでも、平均時の**クイックソート**は、ヒープソートより性能が良い。

4.3.2 解

Cによる実装例を**例4-4**に示す。

例4-4　Cによるヒープソート実装

```c
static void heapify (void **ar, int(*cmp)(const void *,const void *), int idx, int max) {
  int left = 2*idx + 1;
  int right = 2*idx + 2;
  int largest;
  /* A[idx], A[left], A[right]の最大要素を見つける */
  if (left < max && cmp (ar[left], ar[idx]) > 0) {
    largest = left;
  } else {
    largest = idx;
  }

  if (right < max && cmp(ar[right], ar[largest]) > 0) {
    largest = right;
  }

  /* 最大要素が親でなかったら入れ替えて、子についてもその操作を続ける。 */
  if (largest != idx) {
    void *tmp;
    tmp = ar[idx];
    ar[idx] = ar[largest];
    ar[largest] = tmp;

    heapify(ar, cmp, largest, max);
  }
}

static void buildHeap (void **ar,
                       int(*cmp)(const void *,const void *), int n) {
  int i;
  for (i = n/2-1; i>=0; i--) {
    heapify (ar, cmp, i, n);
  }
}
```

```
void sortPointers (void **ar, int n,
                   int(*cmp)(const void *,const void *)) {
  int i;
  buildHeap (ar, cmp, n);
  for (i = n-1; i >= 1; i--) {
    void *tmp;
    tmp = ar[0];
    ar[0] = ar[i];
    ar[i] = tmp;

    heapify (ar, cmp, 0, i);
  }
}
```

4.3.3 分析

ヒープソートの成功の鍵は関数heapifyである。buildHeapでは、heapifyは$\lfloor (n/2) \rfloor - 1$回呼ばれ、実際の整列化では、$n-1$回呼ばれるので、全部で$\lfloor (3*n/2) \rfloor - 2$回呼び出される。**形の特性**から、$n$をヒープ内の要素数とすると、ヒープの深さは常に$\lfloor \log n \rfloor$となる。すぐわかるように、これは、ヒープが正されるかヒープの末端に達するまで$\log n$回の再帰演算である。しかし、heapifyはヒープがいったん正されると停止する。結果として全部で$2*n$以下の比較しか必要ない (Cormen et al., 2009)。これはbuildHeapの振る舞いが$O(n)$であることを意味する。

4.3.4 変形

コードリポジトリには再帰を使わない**ヒープソート**の実装 (heapSort.c) があり、**表4-4**では、この再帰と非再帰の2種類の実装の1千回のランダム試行の、最良と最悪の結果を棄却したベンチマーク比較を示す。

表4-4 ヒープソートの通常版と非再帰版との性能比較 (秒)

n	非再帰ヒープソート	再帰ヒープソート
16,384	0.0048	0.0064
32,768	0.0113	0.0147
65,536	0.0263	0.0336
131,072	0.0762	0.0893
262,144	0.2586	0.2824
524,288	0.7251	0.7736
1,048,576	1.8603	1.9582
2,097,152	4.566	4.7426

n が小さいうちは、ヒープソートの再帰を省略したことにより目に見える改善があるが、n が増加するにつれて差異が少なくなる。

4.4 分割ベースのソート

分割統治戦略は、問題を元の問題のほぼ半分のサイズの2つの独立な部分問題に分けて解決する。この戦略を整列に次のように適用できる。集まり A で**中央値**（median）要素を見つけ、A の真ん中の要素と入れ替える。次に、$A[mid]$ より大きい左半分の要素を $A[mid]$ 以下の右半分の要素と入れ替える。これにより、元の配列は、ほぼ半分のサイズの2つの部分配列に分割され、このそれぞれを整列すれば元の集まり A が整列できる。

この方式の実装は、最初に集まりを整列しないで、どのように中央値要素を計算すればいいのかが明白ではないから、挑戦的である。判明したことは、A を2つの部分配列に分割するには、A のどの要素を選んでも構わないということだ。各回で「賢明に」選ぶなら、両方の部分配列が多かれ少なかれ同じサイズになり、効率的な実装が得られる。

関数 $p = partition\ (A,\ left,\ right,\ pivotIndex)$ があって、A の特別な**ピボット**値 $A[pivotIndex]$ を使って、A を次のような性質を満たすように変更して、A の位置 p を返すものとする。

- $A[p] = pivot$
- $A[left,\ p)$ のすべての要素が $pivot$ 以下である
- $A[p+1,\ right]$ のすべての要素が $pivot$ 以上である。

運がよければ、partitionが完了したときに、この2つの部分配列のサイズが多少の変動はあれ、おおよそ元の集まり A のサイズの半分になっている。partitionのC実装を**例4-5**に示す。

例4-5 与えられたピボット要素でのar[left, right]のpartition関数のC実装

```
/**
 * 線形時間で、ピボット要素pivot=ar[pivotIndex]について、
 * pivotを部分配列内の正しい位置store(これがこの関数で返される)に格納し、
 * すべてのar[left,store) <= pivotであり、かつ、
 * すべてのar[store+1,right] > pivotとなるように分割する。
 */
int partition (void **ar, int(*cmp)(const void *,const void *),
```

```
                    int left, int right, int pivotIndex) {
  int idx, store;
  void *pivot = ar[pivotIndex];

  /* ピボットを配列の終端に移す */
  void *tmp = ar[right];
  ar[right] = ar[pivotIndex];
  ar[pivotIndex] = tmp;

  /* すべてのpivot以下の値を配列の前方に移し、ピボットをその直後に置く。 */
  store = left;
  for (idx = left; idx < right; idx++) {
    if (cmp(ar[idx], pivot) <= 0) {
      tmp = ar[idx];
      ar[idx] = ar[store];
      ar[store] = tmp;
      store++;
    }
  }

  tmp = ar[right];
  ar[right] = ar[store];
  ar[store] = tmp;
  return store;
}
```

　C.A.R. Hoareが1960年に発表した**クイックソート**は、集まりから要素を（時にはランダムに、時には最左、時には中央から）選んで、配列を2つの部分配列に分割する。したがって、**クイックソート**には2つのステップがある。第一は、配列を分割し、第二に部分配列を再帰的に整列する。

クイックソート	最良	平均	最悪
Quicksort		$O(n \log n)$	$O(n^2)$

```
sort (A)
  quicksort (A, 0, n-1)
end

quicksort (A, left, right)
  if left < right then
    pi = partition (A, left, right)
    quicksort (A, left, pi-1)
    quicksort (A, pi+1, right)
end
```

　この疑似コードは、意図的にピボットを選ぶ戦略を明示していない。コード実装では、適当なピボットを選ぶ関数selectPivotIndexがあることを仮定している。本節では、**クイックソート**が$O(n \log n)$平均振る舞いをすることを証明するのに必要な高度な数学的解析ツールについては触れない。これに関する詳細は（Cormen et al., 2009）を参照。

　図4-7は、**クイックソート**の動作を示す。黒い四角は、選択されたピボットを示す。最初のピボットには「2」が選ばれるが、サイズが1とサイズが14の部分配列を作るので適切ではない。右の部分配列に対する**クイックソート**の次の再帰では、「12」がピボットに選ばれ、サイズが9と4との2つの部分配列ができる。ここで既に、配列の最後の4要素が最大の4要素になっていることからも分割方式の利点がわかる。ピボット選択が本質的にランダムなので、振る舞いは異なってくる。**図4-8**のような別の実行では、最初に選択されたピボットが問題をほぼ同じ大きさのタスクに分割している。

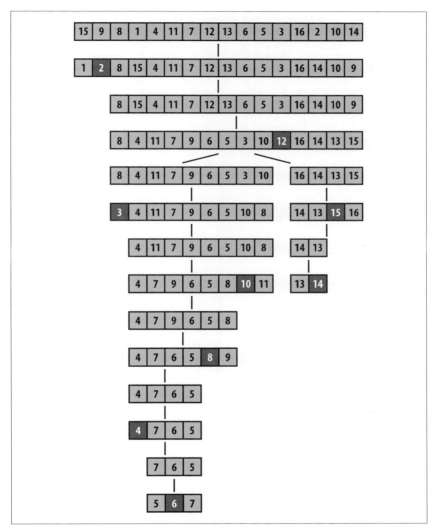

図4-7　クイックソートの実行例

4.4.1 文脈

クイックソートは、再帰の各段階でn個の要素の集まりを「空」と「最大」との集まりに分割する場合に最悪の二乗の振る舞いを示す。この場合、要素がないものと

$n-1$個の要素の2つの集まりに分割されている（ピボット要素が元のn個の最後の要素になっているので、要素を失っているわけではない）。

4.4.2 解

例4-6に示す**クイックソート**の実装は、整列する部分配列のサイズが前もって定めた最小サイズに達すると挿入ソートを用いるという標準的な最適化を含む。

例4-6　Cによるクイックソート実装

```c
/**
 * クイックソートによる配列の整列。要素比較には、比較関数 cmp が必要。
 */
void do_qsort (void **ar, int(*cmp)(const void *,const void *),
               int left, int right) {
  int pivotIndex;
  if (right <= left) { return; }

  /* 分割 */
  pivotIndex = selectPivotIndex (ar, left, right);
  pivotIndex = partition (ar, cmp, left, right, pivotIndex);

  if (pivotIndex-1-left <= minSize) {
    insertion (ar, cmp, left, pivotIndex-1);
  } else {
    do_qsort (ar, cmp, left, pivotIndex-1);
  }
  if (right-pivotIndex-1 <= minSize) {
    insertion (ar, cmp, pivotIndex+1, right);
  } else {
    do_qsort (ar, cmp, pivotIndex+1, right);
  }
}

/* ストレートに利用される時の Qsort */
void sortPointers (void **vals, int total_elems,
                   int(*cmp)(const void *,const void *)) {
  do_qsort (vals, cmp, 0, total_elems-1);
}
```

外部関数 selectPivotIndex(ar, left, right) が、配列を分割するピボット値を選ぶ。

4.4.3 分析

驚くべきことだが、ピボット選択にランダムアルゴリズムを使った**クイックソート**は他の整列アルゴリズムよりも優れた平均時性能を示す。さらに、**クイックソート**には、数多くの修正や最適化が研究されており、どの整列アルゴリズムよりも性能について研究されてきた。

理想的な場合、`partition`が元の配列を半分に分けて$O(n \log n)$性能を示す。実用上、**クイックソート**は、*pivot*がランダムに選ばれた場合に威力を発揮する。

最悪時は、ピボットとして最大値か最小値が選ばれた場合で、**クイックソート**は、配列の1要素を整列するために全要素を（線形時間で）調べなくてはいけない。この過程が$n-1$回繰り返されるので、結果的に、最悪時$O(n^2)$の振る舞いとなる。

4.4.4 変形

ほとんどのシステムで、整列に**クイックソート**が用意されている。Unixベースのシステムには、`qsort`という組み込みのライブラリ関数がある。オペレーティングシステムでは、通常の**クイックソート**アルゴリズムの最適化版を使用することが多い。よく参照される最適化には、Sedgewick (1978)とBentley and McIlroy (1993)の2つがある。Linuxのバージョンによっては、**ヒープソート**を使って`qsort`を実装しているのは教訓的だ。

最適化には次のようなものがある。

- 再帰処理を省くため、部分タスクを貯えるためのスタックを作る。
- 「3個の中央値」(median-of-three)戦略に基づいてピボットを選択する。
- 最小分割サイズを設定して、それ以下なら**挿入ソート**を使う。最小分割サイズは、計算機アーキテクチャや実装ごとに異なる。JDK 1.8では、閾値は7。
- 2つの部分問題の処理では、小さい問題を最初に処理して、再帰スタックの全体サイズを最小化する。

しかしながら、このような最適化のいずれも**クイックソート**の最悪時の振る舞いを克服しないことは認識しておくべきだ。最悪時に$O(n \log n)$性能を保証する唯一の方法は、その集合の実際の中央値への「妥当な近似」を見つけることを保証する関数を用いることである。Blum-Floyd-Pratt-Rivest-Tarjan (BFPRT)分割アルゴリズム (Blum et al., 1973)は、証明済みの線形時間アルゴリズムだが、理

論的な価値しか持たない。BFPRTの実装は、コードリポジトリ（Code/Sorting/PointerBased/selectKthWorstLinear.c）にある。

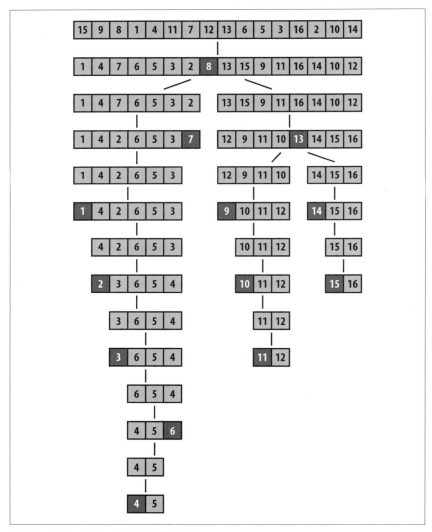

図4-8　クイックソートの異なる実行例

4.4.4.1 ピボット選択

部分配列 $A[\text{left, left} + n)$ からのピボット要素選択は、効率的な演算でなければならない。部分配列の n 個の要素すべてを調べることは効率的ではない。効率的な要素選択には、例えば次のような方法がある。

- 最初または最後を選ぶ。すなわち $A[\text{left}]$ または $A[\text{left} + n - 1]$
- $A[\text{left, left} + n - 1]$ の中の要素をランダムに選ぶ。
- k 個の中央値を選ぶ。すなわち $A[\text{left, left} + n - 1]$ の中の k 個の中央値。

実際には median-of-three (3要素中央値) が選ばれることが多い。Sedgewick は、この方式で性能が5%改善すると報告しているが、データの状況次第では、性能があまり変わらないことがある (Musser, 1997)。また、median-of-five (5要素中央値) も使われてきた。適切なピボットを見つけるためにこれ以上要素を増やして計算しても、余分な計算コスト上昇を招くだけで、効果的な改善になることはまずない。

4.4.4.2 分割処理

例4-5の partition では、選択したピボット値以下の値を持つ要素は、部分配列の前方に挿入される。この方式では、選択したピボットが配列中に多くの重複要素を持つと、再帰段階での部分配列のサイズが均等にならないかもしれない。最初の部分配列と2番目の部分配列とに、ピボット値に等しい要素を交互に入れれば釣り合いが取れる。

4.4.4.3 部分配列の処理

クイックソートは、より小さな2つの部分配列に対する**クイックソート**を再帰的に呼び出す。片方の再帰呼び出しの間、もう一方の再帰呼び出しの起動レコードは実行スタック上に積まれる。大きな部分配列が最初に処理される場合は、要素数に比例する数の起動レコードを同時にスタックに置くこともありうる (もっとも、最近のコンパイラでは、このようなオーバーヘッドを取り除くことができる)。スタックの深さを最小化するためには、小さな部分配列を最初に処理した方がよい。

再帰の深さが問題になることがあらかじめわかっている場合、**クイックソート**はふさわしい解法ではない。

4.4.4.4　小さな部分配列には、より単純な挿入ソート技法を用いる

　小さな配列では、挿入ソートの方がクイックソートより速いが、大きな配列に用いられた場合にも、クイックソートでは、最終的に多数の小さな部分配列内を整列する必要がある。クイックソートの再帰性能を改善するために幅広く使われる技法の1つとして、例4-6に示すように、大きな部分配列にだけクイックソートを呼び出して、小さな配列には挿入ソートを使うことが挙げられる。

　Sedgewick (1978) は、小さな部分配列にmedian-of-threeと挿入ソートを組み合わせ、純粋なクイックソートに比べて20～25％の速度向上を引き出した。

4.4.4.5　イントロソート

　小さな部分配列に対して、挿入ソートに切り替えるかどうかは、その部分配列のサイズに基づいて局所的に決める。Musser (1997) は、イントロソート (IntroSort) と呼ばれるクイックソートの変形を提案したが、これは、クイックソートの再帰の深さを監視して効率的な処理を保証する。クイックソートの再帰の深さが$\log(n)$を超えると、ヒープソートに切り替える。C++の標準テンプレートライブラリのSGI実装では、イントロソートをデフォルトの整列メカニズムとしている (http://www.sgi.com/tech/stl/sort.html)。

4.5　比較なしの整列

　本章の最後で、比較ベースの整列アルゴリズムが、n個の要素を$O(n \log n)$よりもよい性能で整列できないことを示す。驚くべきことに、もし、前もって要素について何らかのことがわかっていれば、要素をより迅速に整列する方法がある。例えば、要素の集まりを一様に分割する高速ハッシュ関数があれば、次のバケツソートアルゴリズムを用いて線形$O(n)$性能を達成できる。

4.6　バケツソート[*1]

　n個の要素の集合に対して、バケツソートでは、n個のバケツの順序付き集合を作って、入力要素を分割して放り込む。バケツソートは、このスペースを使って、処理時間を短縮する。n個の要素からなる入力集合を一様に分割して、このn個の

[*1]　訳注：原語はBucket Sort。ビンソート (Bin Sort) とも言う。訳語は「バケットソート」の方が多いかもしれない。

バケツに投げ込むハッシュ関数hash($A[i]$)があれば、**バケツソート**は、最悪時でも$O(n)$時間で整列できる。次の2つの性質が成り立てば、**バケツソート**を使う。

一様分布

入力データは、与えられた範囲内で一様に分布していなければならない。この分布を仮定することで、n個のバケツは、入力範囲を均等に分割するように生成される。

順序のついたハッシュ関数

バケツには順序がついていなければならない。すなわち、$i < j$ならば、バケツb_iに挿入された要素は、バケツb_jに挿入された要素よりも、小さくなければならない。

バケツソート Bucket Sort	最良	平均	最悪
		$O(n)$	

```
sort (A)
  n個のバケツBを作成
  for i = 0 to n-1 do   ❶ バケツのリストを作り、全要素を適切なバケツにハッシュする。
    k = hash(A[i])
    A[i]をk番目のバケツB[k]に追加
  extract (B, A)   ❷ すべてのバケツを処理して値をAに整列順に戻す。
end

extract (B, A)
  idx = 0
  for i = 0 to n-1 do
    insertionSort(B[i])   ❸ バケツに要素が複数あるなら、まず整列する。
    foreach element e in B[i]   ❹ 要素をAのしかるべき位置にコピーし戻す。
      A[idx++] = e
end
```

バケツソートは、例えば、任意の文字列の整列には、必要な性質を満たすハッシュ関数を作ることが一般には不可能なので、適していない。しかし、範囲$[0, 1)$にある一様に分布した浮動小数点数の集合の整列に使うことはできる。

すべての要素がバケツに入れられると、**バケツソート**は、それぞれのバケツ内の

値を、**挿入ソート**を用いて左から右へと整列する。そして元の配列に対して、左から右へと順にバケツから取り出した値を元の配列に戻して整列が完了する。実行例を**図4-9**に示す。

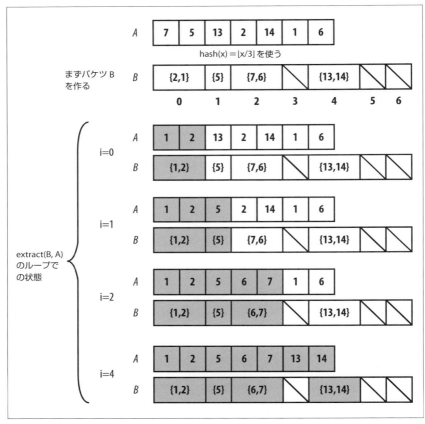

図4-9　バケツソートを示す簡単な例

4.6.1　解

例4-7に示す**バケツソート**のC実装では、バケツにハッシュされた要素は、リンク付きリストで格納する。関数numBucketsおよびhashは、入力集合に応じて外部から与えられる。

例4-7 Cによるバケツソートの実装

```c
extern int hash(void *elt);
extern int numBuckets(int numElements);

/* バケツ内の要素のリンク付きリスト */
typedef struct entry {
  void         *element;
  struct entry *next;
} ENTRY;

/* 各バケツでは、要素の個数と先頭要素へのポインタを保守する */
typedef struct {
  int size;
  ENTRY *head;
} BUCKET;

/* バケツの割り当てと割り当てたバケツの個数 */
static BUCKET *buckets = 0;
static int num = 0;

/* 1つずつ取り除いてarを上書きする */
void extract (BUCKET *buckets, int(*cmp)(const void *,const void *),
              void **ar, int n) {
  int i, low;
  int idx = 0;
  for (i = 0; i < num; i++) {
    ENTRY *ptr, *tmp;
    if (buckets[i].size == 0) continue; /* 空バケツ */

    ptr = buckets[i].head;
    if (buckets[i].size == 1) {
      ar[idx++] = ptr->element;
      free (ptr);
      buckets[i].size = 0;
      continue;
    }

    /* 要素をリンク付きリストから取り出して挿入ソートを行い、
     * 配列に戻す。リンク付きリストは解放する。 */
    low = idx;
    ar[idx++] = ptr->element;
    tmp = ptr;
    ptr = ptr->next;
    free (tmp);
```

```c
    while (ptr != NULL) {
      int i = idx-1;
      while (i >= low && cmp (ar[i], ptr->element) > 0) {
        ar[i+1] = ar[i];
        i--;
      }
      ar[i+1] = ptr->element;
      tmp = ptr;
      ptr = ptr->next;
      free(tmp);
      idx++;
    }
    buckets[i].size = 0;
  }
}

void sortPointers (void **ar, int n,
                   int(*cmp)(const void *,const void *)) {
  int i;
  num = numBuckets(n);
  buckets = (BUCKET *) calloc (num, sizeof (BUCKET));
  for (i = 0; i < n; i++) {
    int k = hash(ar[i]);

    /** 要素を挿入し、カウンタを増やす。 */
    ENTRY *e = (ENTRY *) calloc (1, sizeof (ENTRY));
    e->element = ar[i];
    if (buckets[k].head == NULL) {
      buckets[k].head = e;
    } else {
      e->next = buckets[k].head;
      buckets[k].head = e;
    }

    buckets[k].size++;
  }

  /* ソート、読み出し、arを上書き */
  extract (buckets, cmp, ar, n);

  free (buckets);
}
```

例4-8に、[0, 1)に一様分布した数に対する関数hashとnumBucketsの実装例を示す。

例4-8　範囲[0, 1)のための関数hashとnumBuckets

```
static int num;

/* 使うバケツの個数は、要素数に同じ。 */
int numBuckets(int numElements) {
  num = numElements;
  return numElements;
}

/**
 * 要素にバケツの番号を割り振るハッシュ関数。バケツ内で要素が順に並ぶように、
 * 要素の符号化を適宜調整する。数の範囲は[0, 1)なので、
 * バケツをサイズ1/numで再分割する。
 */
int hash(double *d) {
  int bucket = num*(*d);
  return bucket;
}
```

バケツには、固定サイズの配列を使っても構わないが、固定サイズの配列はバケツが満杯になったら再割り当ての必要がある。リンク付きリストの実装の方が、30〜40%高速となる。

4.6.2　分析

例4-7の関数sortPointersは、入力の各要素を、与えられた関数hashに基づき、対応するバケツに格納する。これはO(n)時間かかる。hashの設計要件から、$i < j$なら、バケツb_iのすべての要素が、バケツb_jのどの要素よりも小さいことがわかっている。

バケツから値を取り出し入力配列に書き戻すとき、バケツに複数の要素があれば挿入ソートを使う。バケツソートがO(n)の振る舞いをするには、各バケツの整列に必要な時間をすべて足し合わせてもO(n)であることを保証しなければならない。バケツb_iに割り当てられた要素の個数をn_iと定義しよう。n_iは（統計理論から）確率変数として扱える。そこで、n_iの期待値$E[n_i]$を考えよう。入力集合の各要素は、確率$p = 1/n$で求めたバケツに挿入される。各要素は、範囲 [0, 1) から一様に取り出されたと考えられるからだ。ゆえに、$E[n_i] = n*p = n*(1/n) = 1$であり、偏差は、$\mathrm{Var}[n_i] = n*p*(1 - p) = (1 - 1/n)$となる。偏差を考えておくことは重要である。というのも、バケツは空の場合も、複数要素が入っている場合もあり、要素が多す

ぎるバケツがないことを確かめる必要があるからだ。再度、統計理論に戻って、確率変数に対する次の式を使う。

$$E[n_i^2] = Var[n_i] + E^2[n_i]$$

この式から、n_i^2 の期待値が計算できる。**挿入ソート**が最悪時 $O(n^2)$ であり、n_i^2 がこの挿入ソートのコスト決定要因なので重要だ。計算は、$E[n_i^2] = (1 - 1/n) + 1 = (2 - 1/n)$ となり、$E[n_i^2]$ が定数とみなせることがわかる。これは、n 個のバケツすべてで挿入ソートを行う時間を足し合わせても、全体性能の期待値が $O(n)$ に留まることを意味する。

4.6.3 変形

ハッシュソート (Hash Sort) では、n 個のバケツを作る代わりに、十分大きな数 k のバケツを作り、要素を分割する。ハッシュソートは、k が大きくなると性能が向上する。重要なのは、$a_i \leq a_j$ ならば hash$(a_i) \leq$ hash(a_j) という性質を満たし、各要素 e に対して整数を返すハッシュ関数 hash(e) である。

例4-9で定義するハッシュ関数 hash(e) は、英小文字だけからなる要素について機能する。文字列の最初の3文字を値（基底が26）に変換する。「abcdefgh」という文字列については、最初の3文字（「abc」）を抽出して、値 0*676 + 1*26 + 2 = 28 に変換する。そこで、この文字列は、ラベルが28のバケツに入る。

例4-9 ハッシュソートの関数hashとnumBuckets

```
/* 使用するバケツの個数 */
int numBuckets(int numElements) {
  return 26*26*26;
}

/**
 * 要素からバケツの番号を決めるハッシュ関数。バケツ内で要素が順に並ぶように、
 * 要素の符号化を適宜調整する。
 */
int hash(void *elt) {
  return (((char*)elt)[0] - 'a')*676 +
         (((char*)elt)[1] - 'a')*26 +
         (((char*)elt)[2] - 'a');
}
```

さまざまなサイズのバケツと入力集合に対するハッシュソートの性能を**表4-5**に示す。`pivotIndex`の選択にmedian-of-three方式を用いた**クイックソート**の整列時間を比較のために示す。

表4-5 バケツのさまざまな個数に関するハッシュソートの性能例をクイックソートと比較する (秒)

n	バケツ26個	バケツ676個	バケツ17,576個	クイックソート
16	0.000005	0.000010	0.000120	0.000004
32	0.000006	0.000012	0.000146	0.000005
64	0.000011	0.000016	0.000181	0.000009
128	0.000017	0.000022	0.000228	0.000016
256	0.000033	0.000034	0.000249	0.000033
512	0.000074	0.000061	0.000278	0.000070
1,024	0.000183	0.000113	0.000332	0.000156
2,048	0.000521	0.000228	0.000424	0.000339
4,096	0.0016	0.000478	0.000646	0.000740
8,192	0.0058	0.0011	0.0011	0.0016
16,384	0.0224	0.0026	0.0020	0.0035
32,768	0.0944	0.0069	0.0040	0.0076
65,536	0.4113	0.0226	0.0108	0.0168
131,072	1.7654	0.0871	0.0360	0.0422

17,576個のバケツを用いたとき、要素数が$n > 8{,}192$の場合に、ハッシュソートは**クイックソート**より速い (この傾向はnの増加とともに続く)。しかし、バケツが676個しかないときは、$n > 32{,}768$になると (平均すると1つのバケツに48要素)、挿入ソートの実行に伴うコストからハッシュソートの速度低下は避けられない。実際、わずか26個のバケツでは、nが256を超えると、問題のサイズが2倍になると時間が4倍になる。これはバケツが少なすぎると性能が$O(n^2)$になることを示す。

4.7 外部ストレージのある整列

これまでの本章の整列アルゴリズムは、余分なストレージを必要とせず、その場で整列するものだった。ここでは、**マージソート**を取り上げる。マージソートは最悪時$O(n)$の余分なストレージだけで$O(n \log n)$の振る舞いをする。また、外部のファイルに格納されたデータも効率的に整列する。

4.7.1 マージソート

集まりAを整列するために、全体を大きさが等しい2つの小さな集まりに分けて、それぞれを整列する。最終段階では、これら2つの整列済みの集まりを併合 (merge) して、元のサイズnの1つの集まりに戻す。この方式では実装を工夫しないと、下

に示すように、あまりにもストレージを使いすぎてしまう。

```
sort (A)
  if A の要素数が 2 より少ない then
    return A
  else if A の要素数が 2 then
    Aの要素を入れ替える if A が整列済みでない
    return A

  sub1 = sort(Aの左半分)
  sub2 = sort(Aの右半分)

  sub1 と sub2 を併合して新しい配列 B を作る
  return B
end
```

マージソート Merge Sort	最良	平均	最悪
		$O(n \log n)$	

```
sort (A)
  copy = Aのコピー     ❶ 全要素を完全コピーする。
  mergeSort (copy, A, 0, n)
end

mergeSort (A, result, start, end)   ❷ A[start, end]をresult[start, end]に入れる。
  if end - start < 2 then return
  if end - start = 2 then
    if 整列していないならresultの要素を入れ替える
    return

  mid = (start + end)/2;
  mergeSort(result, A, start, mid);   ❸ result[start,mid]を整列して、A[start,mid]
  mergeSort(result, A, mid, end);        に入れる。

  Aの左半分と右半分をマージしてresultに入れる  ❹ Aの整列済み部分配列を併合して
end                                              resultに戻す。
```

sortの再帰呼び出しのたびに、配列のサイズと等しいスペース$O(n)$が必要で、再帰呼び出しが$O(\log n)$起こりうるので、この素朴な実装の要求空間は$O(n \log n)$となる。幸いなことに、次に示すように、$O(n)$ストレージしか使わない方式がある。

4.7.2　入出力

整列出力は元の集まり A の場所に返される。内部ストレージcopyは破棄される。

4.7.3　解

マージソートは、左および右の整列済み部分配列を、2つの添字 i と j とで左（および右）要素上を走査しながら、$A[i]$ と $A[j]$ のうちより小さい方を本来の位置 $result[idx]$ にコピーすることを繰り返して併合を行う。3つの場合を考えなければならない。

- 右側の要素がなくなる（$j \geq end$）、この場合残りの要素は左側から取られる。
- 左側の要素がなくなる（$i \geq mid$）、この場合残りの要素は右側から取られる。
- 左右に要素がある。$A[i] < A[j]$ なら $A[i]$ を挿入、さもなくば $A[j]$ を挿入。

forループが完了すると、resultには、元の $A[start, end)$ の併合（かつ整列）した要素がある。例4-10にPythonによる実装を示す。

例4-10　Pythonによるマージソート実装

```python
def sort (A):
    """ Aをその場でマージソート """
    copy = list(A)
    mergesort_array (copy, A, 0, len(A))

def mergesort_array(A, result, start, end):
    """ 与えられた範囲のメモリで配列のマージソート """
    if end - start < 2:
        return
    if end - start == 2:
        if result[start] > result[start+1]:
            result[start],result[start+1] = result[start+1],result[start]
        return

    mid = (end + start) // 2
    mergesort_array(result, A, start, mid)
    mergesort_array(result, A, mid, end)

    # Aの左側と右側をマージする
    i = start
    j = mid
    idx = start
    while idx < end:
```

```
if j >= end or (i < mid and A[i] < A[j]):
  result[idx] = A[i]
  i += 1
else:
  result[idx] = A[j]
  j += 1

idx += 1
```

4.7.4 分析

マージソートは、範囲 $A[start, end]$ の左半分と右半分とを再帰的に整列し、適切に順序付けた要素をresultで参照されている配列へ格納して、「併合」段階を $O(n)$ 時間で終える。

mergesort_array(array1, array2, start, end)関数は、$array1[start, end]$ を $array2[start, end]$ の整列したもので上書きする。再帰の基底において、2要素だけなら $array2[start, end]$ が $array1[start, end]$ と全く同じ要素になっている。だから、$array2$ の要素を直接操作できる。これは、$array2$ が最初に $array1$ の完全なコピーになっているからだ。$array1$ の要素が3個以上なら、再帰呼び出しで、配列参照をスワップして、$array2[start, mid]$ を整列したもので $array1[start, mid]$ を上書きし、$array2[mid, end]$ を整列したもので $array1[mid, end]$ を上書きする。$array1[start, end]$ の整列した半分ずつの配列は、併合されて整列配列 $array2[start, end]$ になる。この分析は高度なもので、このアルゴリズムの鍵となる。さらに、最後の併合ステップが $O(n)$ 演算しか必要なくて、全体性能が $O(n \log n)$ で収まることを保証する。copyだけがアルゴリズムで使う余分なスペースなので、全体の空間計算量は $O(n)$ となる。

4.7.5 変形

あらゆる整列アルゴリズムの中で、マージソートは、外部データで作業できるように最も変換しやすい。例4-11は、データのメモリマッピングを用いて、2進符号化された整数からなるファイルを効率的に整列するJava実装である。この整列アルゴリズムでは、要素がすべて同じサイズであることが必要で、任意の文字列や可変長要素に適用できるようにするのは難しい。

例4-11 Javaによる外部マージソート実装

```java
public static void mergesort (File A) throws IOException {
  File copy = File.createTempFile("Mergesort", ".bin");
  copyFile(A, copy);

  RandomAccessFile src = new RandomAccessFile(A, "rw");
  RandomAccessFile dest = new RandomAccessFile(copy, "rw");
  FileChannel srcC = src.getChannel();
  FileChannel destC = dest.getChannel();
  MappedByteBuffer srcMap = srcC.map(FileChannel.MapMode.READ_WRITE,
                                     0, src.length());
  MappedByteBuffer destMap = destC.map(FileChannel.MapMode.READ_WRITE,
                                       0, dest.length());

  mergesort (destMap, srcMap, 0, (int) A.length());

  // 次の2つの呼び出しは、Windowsだけで必要
  closeDirectBuffer(srcMap);
  closeDirectBuffer(destMap);
  src.close();
  dest.close();
  copy.deleteOnExit();
}

static void mergesort(MappedByteBuffer A, MappedByteBuffer result,
                      int start, int end) throws IOException {
  if (end - start < 8) {
    return;
  }

  if (end - start == 8) {
    result.position(start);
    int left = result.getInt();
    int right = result.getInt();
    if (left > right) {
      result.position(start);
      result.putInt(right);
      result.putInt(left);
    }
    return;
  }
  int mid = (end + start)/8*4;
  mergesort(result, A, start, mid);
  mergesort(result, A, mid, end);
```

```
result.position(start);
for (int i = start, j = mid, idx=start; idx < end; idx += 4) {
  int Ai = A.getInt(i);
  int Aj = 0;
  if (j < end) { Aj = A.getInt(j); }
  if (j >= end || (i < mid && Ai < Aj)) {
    result.putInt(Ai);
    i += 4;
  } else {
    result.putInt(Aj);
    j += 4;
  }
}
}
```

構造は、マージソート実装と同じものだが、ファイルシステムで格納されたデータを効率的に処理するために、メモリマップを使用する。Windowsでは、MappedByteBufferデータを適切に閉じられないという問題がある。コードリポジトリ（MergeSortFileMapped.java）には、この問題に対処する回避メソッドcloseDirectBuffer(MappedByteBuffer)が含まれている。

4.8 整列ベンチマーク結果

異なるデータに対して適切なアルゴリズムを選ぶためには、入力データの性質を把握しておく必要がある。本章で示したアルゴリズムを比較するために、いくつかベンチマーク用のデータセットを作成した。当然ながら、結果表の値そのものは、実行した特定のハードウェアに依存しているので、それほど重要でない。むしろ、対応するデータセットでのアルゴリズムの相対的な性能に注意すべきである。

ランダム文字列

本章では、英字アルファベットの置換である26文字の文字列に対する各整列アルゴリズムの性能を示す。このような文字列は全部で$n!$個、ざっと$4.03*10^{26}$個もあるので、用いたデータセットにはほとんど重複がない。また、比較しなければならない文字数も同じではないため、要素比較のコストは、一定ではない。

倍精度浮動小数点数

ほとんどのオペレーティングシステムで使用可能な疑似乱数を用いて、範囲 [0, 1) の乱数の集合を生成できる。サンプルデータセットには、基本的に重複データはなく、2要素の比較のコストは、定数となる。これらのデータセットの結果は本文には含まれないが、コードリポジトリにある。

整列アルゴリズムに与えられる入力データには前処理をして、次のような性質を満たすことが (すべてが同時に満たされるわけではないが) 可能である。

整列済み

入力要素は、前もって昇順 (これが最終目的) または降順に整列できる。

キラー3要素中央値

Musser (1997) は、**クイックソート**でピボット探索に3要素中央値を使う際に、必ず $O(n^2)$ の比較を必要とするような特定の順序を発見した。

ほぼ整列済み

整列済みデータの集合に対して、入れ替える要素対を k 個、入れ替えを行う距離 d (0なら、どの対も入れ替える) を選ぶことができる。これにより、元々の入力集合にほどよく合致するような入力集合を構成することができる。

この後で示す表では、最下行の性能順に、アルゴリズムを左から右へと並べている。表4-6から表4-8までの結果を求めるために、100回試行を行い、最良と最悪の結果を棄却した。残りの98回の平均を表に示している。「クイックソートBFPRT[4] MINSIZE = 4」という列は、分割値の選択に4個のグループによるBFPRTを使い、対象部分配列の大きさが4以下になると**挿入ソート**に切り替えるという**クイックソート**の実装を示す。

3要素中央値を用いた**クイックソート**の性能はすぐに低下するので、表4-8は、10回しか試行しなかった。

表4-6　アルファベットの26文字のランダムな順列に対する性能結果（秒）

n	ハッシュソート(バケツ17,576個)	クイックソート3要素中央値	マージソート	ヒープソート	クイックソートBFPRT[4] MINSIZE=4
4,096	0.000631	0.000741	0.000824	0.0013	0.0028
8,192	0.0011	0.0016	0.0018	0.0029	0.0062
16,384	0.0020	0.0035	0.0039	0.0064	0.0138
32,768	0.0040	0.0077	0.0084	0.0147	0.0313
65,536	0.0107	0.0168	0.0183	0.0336	0.0703
131,072	0.0359	0.0420	0.0444	0.0893	0.1777

表4-7　整列済みのアルファベット26文字に対する性能結果（秒）

n	挿入ソート	マージソート	クイックソート3要素中央値	ハッシュソート(バケツ17,576個)	ヒープソート	クイックソートBFPRT[4] MINSIZE=4
4,096	0.000029	0.000434	0.00039	0.000552	0.0012	0.0016
8,192	0.000058	0.000932	0.000841	0.001	0.0026	0.0035
16,384	0.000116	0.002	0.0018	0.0019	0.0056	0.0077
32,768	0.000237	0.0041	0.0039	0.0038	0.0123	0.0168
65,536	0.000707	0.0086	0.0085	0.0092	0.0269	0.0364
131,072	0.0025	0.0189	0.0198	0.0247	0.0655	0.0834

表4-8　キラー中央値データに対する性能結果（秒）

n	マージソート	ハッシュソート(バケツ17,576個)	ヒープソート	クイックソートBFPRT[4] MINSIZE=4	クイックソート3要素中央値
4,096	0.000505	0.000569	0.0012	0.0023	0.0212
8,192	0.0011	0.0010	0.0026	0.0050	0.0841
16,384	0.0023	0.0019	0.0057	0.0108	0.3344
32,768	0.0047	0.0038	0.0123	0.0233	1.3455
65,536	0.0099	0.0091	0.0269	0.0506	5.4027
131,072	0.0224	0.0283	0.0687	0.1151	38.0950

4.9　分析技法

　整列アルゴリズムの分析では、（2章で論じたように）アルゴリズムの最良、最悪、平均の性能を説明しなければならない。平均時の性能は、正確に定式化することが最も困難で、高度な数学技法と評価を用いる。さらに、入力が部分的に整列されている可能性についても理解しておく必要がある。たとえ、アルゴリズムが平均時に望ましいコストの結果であっても、実装がとても面倒だったりして非現実的なこともある。本章の整列アルゴリズムを理論的振る舞いと実際の振る舞いとの両方の観点から分析する。

　コンピュータサイエンスの基本的結果として、要素を比較して整列するどのよう

なアルゴリズムでも、平均時および最悪時に$O(n \log n)$よりよい性能を出すことはできないことが知られている。その証明を簡単に説明すると、n個の要素の順列は$n!$通りある。2つの要素を比べて整列するアルゴリズムは、二分決定木に対応する。木の葉は、順列の1つに対応する。また、どの順列にも、対応する木の葉が少なくとも1つ存在する。木の根から葉に至る経路の節点列が、比較の順番を示す。木の**高さ**は、根から葉に至る最長経路の節点の個数に等しい。例えば、図4-10では、どの場合にも5回比較すればよいので、木の高さが5となる（もっとも、4回の比較だけで済む場合が4つある）。

木の内部節点が比較$a_i \leq a_j$を表し、木の葉が$n!$通りの順列の1つを表すような二分決定木を構築する。n個の要素の整列は、根から始めて、各節点の比較文を実行する。比較の結果が真なら左の子へ、偽なら右の子へとたどる。図4-10は、4要素の木の例を示す。

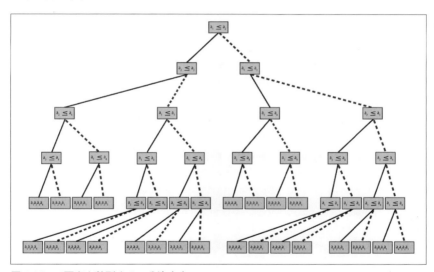

図4-10　4要素を整列する二分決定木

色々な二分決定木が構築できるだろうが、どのようなn個の要素を比較する二分決定木に対しても、最小の高さhが存在すると断言できる。すなわち、根から葉までにh回の比較が必要な葉が必ずある。すべての非終端節点が左右両方の子を持つ、高さhの完全二分木を考えよう。この木には、全部で$n = 2^h - 1$個の節点があり、高さは$h = \log (n + 1)$である。木が完全なら、不釣り合いな可能性もあるが、

必ず $h \geq \lceil \log(n+1) \rceil$ [*1] となる。$n!$個の葉を持つ二分決定木は、少なくとも全体で $n!$個の節点を持つことが既に示された。そのような二分決定木の高さを決定するには、$h = \lceil \log(n!) \rceil$ という計算さえすればよい。ここで、対数の $\log(a*b) = \log(a) + \log(b)$ および $\log(x^y) = y*\log(x)$ という性質を利用する。

$$\begin{aligned} h &= \log(n!) = \log(n*(n-1)*(n-2)*\cdots*2*1) \\ &> \log(n*(n-1)*(n-2)*\cdots*n/2) \\ &> \log((n/2)^{n/2}) = (n/2)*\log(n/2) = (n/2)*(\log(n)-1) \end{aligned}$$

したがって、$h > (n/2)*(\log(n)-1)$ となる。これは、何を意味するだろうか。n個の要素を整列するとき、根から葉への経路で長さhのものが少なくとも1つあるはずだ。比較による整列アルゴリズムでは、n個の要素を整列するための比較回数が少なくともh回になり、hが関数$f(n)$で計算される。ここでは、$f(n)=(1/2)*n*\log(n)-n/2$ となり、どのような整列アルゴリズムでも、整列には $O(n \log n)$ 回の比較が必要となる。

4.10 参考文献

Bentley, Jon Louis and M. Douglas McIlroy, "Engineering a Sort Function," Software—Practice and Experience, 23(11): 1249-1265, 1993, http://onlinelibrary.wiley.com/doi/10.1002/spe.4380231105. http://cs.fit.edu/~pkc/classes/writing/samples/bentley93engineering.pdf にもある。

Blum, Manuel, Robert Floyd, Vaughan Pratt, Ronald Rivest, and Robert Tarjan, "Time bounds for selection." Journal of Computer and System Sciences, 7(4):448-461, 1973. http://dx.doi.org/10.1016/S0022-0000(73)80033-9.

Cormen, Thomas H., Charles E. Leiserson, Ronald L. Rivest, and Clifford Stein, Introduction to Algorithms, Third Edition. MIT Press, 2009. (邦題『アルゴリズムイントロダクション第3版』総合版、近代科学社、2013)。

Davis, Mark and Ken Whistler, "Unicode Collation Algorithm, Unicode Technical Standard #10," June 2015, http://unicode.org/reports/tr10/.

Gilreath, William, "Hash sort: A linear time complexity multiple-dimensional sort algorithm." Proceedings of First Southern Symposium on Computing, December 1998, http://arxiv.org/abs/cs/0408040.pdf

---

[*1] 訳注：$\lceil x \rceil$ は $\lfloor x \rfloor$ の反対で切り上げを示す。x以上の最小の整数。

Musser, David, "Introspective sorting and selection algorithms." Software—Practice and Experience, 27(8): 983-993, 1997. https://www.researchgate.net/publication/2476873_Introspective_Sorting_and_Selection_Algorithms にもある。

Sedgewick, Robert, "Implementing Quicksort Programs." Communications ACM, 21(10): 847-857, 1978. http://dx.doi.org/10.1145/359619.359631 www.csie.ntu.edu.tw/~b93076/p847-sedgewick.pdf にもある。

Trivedi, Kishor Shridharbhai, Probability and Statistics with Reliability, Queueing, and Computer Science Applications, Second Edition. Wiley-Interscience Publishing, 2001.

5章
探索

複数の要素からなる集まりCに対して、2つの基本的な問いがある。

存在

Cの中に探している要素tがあるか。集まりCに対して、その集まりの中に、要素tが含まれているかを調べたいとする。このような質問の答えが**true**になるのは、探索しているtに合致する要素が集まりの中にあるときで、答えが**false**になるのは、合致する要素がないときである。

関連照合

目標のキー値kの関連情報を集まりCの中から返す。通常、キーには、「値」と呼ばれる複合構造が関連している。照合とは、その値を取り出したり置き換えたりすることだ。

本章のアルゴリズムでは、このような探索クエリをより効率的に処理するために、データを構造化する方式について述べる。例えば、4章で述べた整列アルゴリズムを用いて、集まりCを整列する。後で述べるように、整列で質問効率は改善されるのだが、集まりを整列した状態に保守することは、特に頻繁に要素の追加削除がある場合には、手間がかかる。

結局のところ、性能は、アルゴリズムがクエリ処理にどれだけの要素を検査するかで決まる。次のようなガイドラインを用いて、最良のアルゴリズムを選ぶべきだ。

少数の集まり（Small collections）

逐次探索は最も単純な実装で、多くのプログラミング言語で基本要素として実装される。集まりが**イテレータ**を介して逐次アクセスしかできないときには、**逐次探索**を使う。

メモリ制限 (Restricted memory)
集まりが変化しない配列で、メモリを保全したいなら二分探索を使う。

動的メンバーシップ (Dynamic membership)
集まりの要素が頻繁に変更されるなら、データ構造保守に伴うコストを分散できるので、ハッシュに基いた探索と二分探索木を考える。

整列アクセス (Sorted access)
動的メンバーシップと集まりの要素を整列順に処理する能力とが必要なら二分探索木を使う。

前もって探索クエリを扱うためアルゴリズムがデータを構造化するのに必要となる、前処理を考慮しておくのを忘れないように。個別の質問の性能を向上させることだけでなく、動的なアクセスや複数の質問に対しても集まりの構造を保守するための全体コストが最小になるような、適切な構造を選ぶ。

探索対象値を含む全体集合Uが存在することを仮定する。集まりCの要素は、Uから選ばれ、探索する目標要素tも、Uの要素である。tがキー値と考えられる場合には、Uを取り得るキー値の集合、すなわち$k \in U$と考え、集まりCに含まれる要素はより複雑なものと考える。Cには、重複値の存在が許されており、(重複を許さない) 集合としては扱えない、とする。

集まりの任意の要素に添字でアクセスできるなら、集まりを配列Aと呼び、i番目の要素を表すのに表記法$A[i]$を使う。慣例で、集まりUに存在しない要素を表すのに、値null[*1]を使う。この値は、探索で返すべき要素が、集まりの中になかった場合に役立つ。一般に、集まりの中からnullを探すことはできないと仮定する。

5.1 逐次探索

逐次探索 (Sequential Search) は、線形探索とも呼ばれ、探索アルゴリズムの中で最も単純なものである。これは、集まりCの中の目標値tを力任せで見つける。集まりの中の先頭要素から始めて、次々と要素を調べて、合致する要素が見つかるか、集まりの中の要素が尽きるまで、しらみつぶしに調べていく。

探索する集まりの中の要素を取り出す方法が何かなければならない。取り出す順

[*1] 訳注：nilを同じように使うこともある。

序は重要ではない。集まりCの要素がSQL文で使うデータベース・カーソルのようにCから要素を1つずつ取り出す読み取り専用のイテレータによってしか得られないこともある。本章では添字を使うアクセス方式も含めて示す。

逐次探索 Sequential Search	最良	平均	最悪
	$O(1)$		$O(n)$

```
search (A,t)
  for i=0 to n-1 do   ❶ 位置 0 から n-1 まで、各要素に順にアクセスする。
    if A[i] = t then
      return true
  return false
end

search (C,t)
  iter = C.begin()
  while iter ≠ C.end() do   ❷ イテレータは、要素が尽きるまで続ける。
    e = iter.next()   ❸ 各要素は、イテレータにより1つずつ取り出される。
    if e = t then
      return true
  return false
end
```

5.1.1 入出力

入力は、要素数が$n > 0$の集まりCと、探索する目標値tからなる。探索は、tがCの中にあれば、trueを返し、そうでないとfalseを返す。

5.1.2 文脈

集まりは整列していてもよいし、していなくてもよい。その集まりのある要素を頻繁に探す必要が生じたとする。集まりについての情報が他にないので、**逐次探索**で力任せに処理する。集まりに対して、一度に1つずつ要素を返すイテレータ（iterator、反復子）しかない場合には、**逐次探索**だけが利用可能な探索アルゴリズムとなる。

集まりが整列されておらず、リンク付きリスト構造の場合、要素の挿入は、リストの末尾または先頭に追加すればよいので、定数時間の操作となる。配列構造の集

まりへの要素の頻繁な挿入は、動的配列管理を必要とする。これは、使用するプログラミング言語が提供していることもあるが、そうでなければプログラマが自分で注意する必要がある。どちらの場合も、要素を見つける期待時間は、$O(n)$ であり、要素の削除には、少なくとも $O(n)$ の手間がかかる。

探索する要素の型について、**逐次探索**は制限が最も少ない。唯一の要件は、集まり中の任意の要素が探索目標の要素に合致しているかどうかを調べる関数が存在しなければいけないことだ。この機能は、要素そのものに与えられていることが多い。

5.1.3 解

逐次探索の実装は、自明であることが多い。例5-1に集まりを逐次探索するPythonコードを示す。

例5-1 Pythonによる逐次探索

```python
def sequentialSearch(collection, t):
  for e in collection:
    if e == t:
      return True
  return False
```

コードはまったく単純だ。この関数は、集まりcollectionと探索目標 t とを引数に取る。集まりは、リストを含めPythonの**イテラブル**なオブジェクトなら何でもよい。探索される要素は、演算子 == を使って比較する。例5-2にJavaで書き換えたコードを示す。ジェネリッククラス SequentialSearch は、型引数 T を取り、これは、集まりの要素の型を指定する。このコードが正しく動くためには、T は、正当なメソッド equals(Object o) を提供しなければならない。

例5-2 Javaによる逐次探索

```java
public class SequentialSearch<T> {
  /** 力任せの逐次探索アルゴリズムを適用して、(型Tの)配列から目標要素を探索する。 */
  public boolean sequentialSearch (T[] collection, T t) {
    for (T item : collection) {
      if (item.equals(t)) {
        return true;
      }
    }
    return false;
  }
```

```java
/** 力任せの逐次探索アルゴリズムを適用して、
 *  (型Tの)イテレータ処理可能な集まりから目標要素を探索する。 */
public boolean sequentialSearch (Iterable<T> collection, T t) {
  Iterator<T> iter = collection.iterator();
  while (iter.hasNext()) {
    if (iter.next().equals(t)) {
      return true;
    }
  }
  return false;
}
```

5.1.4 分析

　探索要素が集まりの中にあり、要素が見つかる確率がどの添字でも等しい(イテレータで取り出される場合には、どの位置でも等しい)場合には、**逐次探索**は平均すると$n/2 + 1/2$個の要素を(2章「アルゴリズムの数学」で示したように)調べる。すなわち、ほぼ半分の要素を調べ、$O(n)$性能ということだ。最良時は、探索要素が集まりの先頭にあり、$O(1)$性能となる。このアルゴリズムは、平均時および最悪時に線形時間かかる。集まりのサイズが2倍になると、探索に要する時間もほぼ2倍になるはずだ。

　逐次探索の動作を示すために、範囲$[1, n]$にあるn個の整数の整列した集まりを作った。集まりは整列されているのだが、探索コードはこの情報を使っていない。100回の試行を行った。各試行では、ランダムに選んだ目標値tの探索を1000回実行した。tが見つかる確率はpであるように調整する。この1000回の探索のうち、1000*p回は要素tが集まりの中から見つかることが保証されている(実際、探索が失敗するのは、tが負の数の場合である)。各試行について、これら1000回の探索の実行時間を合計し、最良値と最悪値とを棄却した。pの4つの値に対して残りの98回の試行の平均を**表5-1**に示す。集まりのサイズが倍になると、実行時間がほぼ倍になっていることに注意すること。また、各nに対して、目標値tが集まりの中に存在しない最終列で結果が一番悪くなっていることも確認してほしい。

表5-1　逐次探索の性能（秒）

n	p = 1.0	p = 0.5	p = 0.25	p = 0.0
4,096	0.0057	0.0087	0.0101	0.0116
8,192	0.0114	0.0173	0.0202	0.0232
16,384	0.0229	0.0347	0.0405	0.0464
32,768	0.0462	0.0697	0.0812	0.0926
65,536	0.0927	0.1391	0.1620	0.1853
131,072	0.1860	0.2786	0.3245	0.3705

5.2　二分探索

二分探索（Binary Search）は、要素が既に整列した集まりを探索することで、逐次探索よりも優れた性能をもたらす。二分探索は、探索要素が見つかるか、集まりには探索要素がないと決まるまで、整列した要素を半分に分割していく。

二分探索 Binary Search	最良	平均	最悪
	$O(1)$	$O(\log n)$	

```
search (A,t)
  low = 0
  high = n-1
  while low ≦ high do      ❶ 探す範囲が残っている間は繰り返す。
    mid = (low + high)/2   ❷ 整数算術を使って中点を計算する。
    if t < A[mid] then
      high = mid - 1
    else if t > A[mid] then
      low = mid + 1
    else
      return true
  return false             ❸「変形」のページでこの時点でのmidの最終値に基づく
end                          「探索か挿入」演算を論じる。
```

5.2.1　入出力

二分探索の入力は、添字付き、全順序の集まりAである。2つの添字iとjについて、各要素$A[i] < A[j]$の必要十分条件は、$i < j$である。要素（または、要素へのポインタ）を保持し、キー値の順序を保全できるデータ構造を構成する。二分探索の出力は、trueかfalseとなる。

5.2.2 文脈

探索の対象が整列済みの集まりであれば、最悪時、対数個数の比較（probe）が必要なことが示される。

さまざまな種類のデータ構造が**二分探索**をサポートする。集まりが変化しないなら、要素を配列に貯えることができる。これによって、集まりの中を探索することが容易になる。しかし、集まりに要素の追加削除が必要になると、この方式は、効率が悪い。その場合に使える構造は複数あり、一番よく知られているのは二分探索木である。これは、「5.5　二分探索木」の項目で論じる。

5.2.3 解

例5-3のJavaコードは、整列済みの要素の集まりである配列を任意の基底型Tをパラメータとした二分探索の実装である。Javaは、メソッドcompareToを含むインタフェースjava.util.Comparable<T>を提供する。このインタフェースを正しく実装したクラスは、インスタンスが全順序であることを保証する。

例5-3　Javaによる二分探索の実装

```
package algs.model.search;
/**
 * 型をパラメータにした、前もって整列した配列の二分探索
 *
 * @param T 探索対象の集まりの要素はこの型に属する。
 *          パラメータTは、Comparableを実装しなければならない。
 */
public class BinarySearch<T extends Comparable<T>> {

  /* 集まりからnullでない目標を探す。見つけた場合は真を返す */。
  public boolean search(T[] collection, T target) {
    if (target == null) { return false; }

    int low = 0, high = collection.length - 1;
    while (low <= high) {
      int ix = (low + high)/2;
      int rc = target.compareTo(collection[ix]);
      if (rc < 0) {          // targetはcollection[i]より小さい
        high = ix - 1;
      } else if (rc > 0) { // targetはcollection[i]より大きい
        low = ix + 1;
      } else {               // 要素が見つかった
        return true;
```

```
      }
    }
    return false;
  }
}
```

　この実装では、low, high, ixという3つの変数を使う。lowは、探索される現在の部分配列の最小の添字を指す。highは、同じ部分配列の最大の添字を指す。ixは、部分配列の中央を指す。このコードの性能は、何回ループを実行するかによって決まる。

　二分探索は、少々の複雑さを代償にして大きな性能上の利点を得ている。集まりが、配列のようなメモリ上の単純なデータ構造に貯えられていない場合は、さらに複雑になる。集まりが大きいときは、ディスク上のファイルのような二次記憶に貯える必要が生じる。そのような場合には、i番目の要素は、ファイル中のオフセット位置によってアクセスされる。二次記憶を用いると、要素を探索するのにかかる時間は、記憶装置へのアクセスコストに支配されてしまう。したがって、二分探索の変形である他の解の方が適当かもしれない。

5.2.4　分析

　二分探索は、ループの実行のたびに、問題のサイズをほぼ半分にする。サイズがnの集まりを半分に分ける回数の最大値は、$1 + \lfloor \log (n) \rfloor$となる。2つの要素が（インタフェースComparableで可能なように）等しい、小さい、大きい、のいずれかを1つの演算で決定するなら、$1 + \lfloor \log (n) \rfloor$回の比較で済み、$O(\log n)$に分類される性能となる。

　メモリサイズn（nは4,096から524,288の範囲）の集まりに貯えられている要素を確率p（1.0、0.5、0.0でサンプルされている）で見つけられるような524,288探索を100回試行した。各試行で最良と最悪を取り除いた98回の試行の平均を**表5-2**に示す。

表5-2　二分探索を逐次探索と比較した524,288探索のメモリ上の実行（秒）

n	逐次探索時間			二分探索時間		
	$p = 1.0$	$p = 0.5$	$p = 0.0$	$p = 1.0$	$p = 0.5$	$p = 0.0$
4,096	3.0237	4.5324	6.0414	0.0379	0.0294	0.0208
8,192	6.0405	9.0587	12.0762	0.0410	0.0318	0.0225
16,384	12.0742	18.1086	24.1426	0.0441	0.0342	0.0243
32,768	24.1466	36.2124	48.2805	0.0473	0.0366	0.0261
65,536	48.2762	72.4129	96.5523	0.0508	0.0395	0.0282
131,072	*	*	*	0.0553	0.0427	0.0300
262,144	*	*	*	0.0617	0.0473	0.0328
524,288	*	*	*	0.0679	0.0516	0.0355

　これらの試行は、$p = 1.0$の場合に集まりの各要素が等確率で探索対象となるよう設計されている。そうでないと、結果に歪みが生じてしまうからだ。逐次探索も二分探索もともに入力は、範囲 $[0, n)$ の整列済み整数の配列である。集まりの中にあるとわかっている探索目標を524,288個生成する（$p = 1.0$）ために、n個の数値それぞれを524,288/n回繰り返し利用した。

　表5-3は、ローカルディスクに貯えられた集まりに対して524,288探索を行った時間を示す。探索目標は、必ず集まりの中にある（すなわち$p = 1.0$）か、それとも絶対にない（すなわち集まり$[0, n)$において−1を探す）かのどちらかである。データは、整数が昇順に並んだ単純なファイルであり、各整数は4バイトに収められている。表5-3の結果は、表5-2に比べて400倍も遅いので、性能コストがディスクアクセスに支配されていることは明らかだ。サイズnが倍になると、探索性能が一定の値だけ増えるのに注意。これは、**二分探索の性能が**O($\log n$)**であることを明示している**。

表5-3　524,288探索の二次記憶での二分探索の性能（秒）

n	p = 1.0	p = 0.0
4,096	1.2286	1.2954
8,192	1.3287	1.4015
16,384	1.4417	1.5080
32,768	6.7070	1.6170
65,536	13.2027	12.0399
131,072	19.2609	17.2848
262,144	24.9942	22.7568
524,288	30.3821	28.0204

5.2.5 変形

「探索(して見つからなかったら)挿入」という操作を行う場合は、配列の添字が非負であることに注目する。次に示すPythonの例では、メソッド bs_contains が、整列配列の中に目標要素targetがないときは、負数pを返す。bs_insertからわかるように、値$-(p+1)$が、targetを挿入する添字の位置を示す。当然ながら、これより添字の大きい要素は右へ移されて、新たな要素のために場所を空ける。

例5-4 Pythonの探索挿入

```python
def bs_contains(ordered, target):
    """ targetの添字か挿入位置-(p+1)を返す"""
    low = 0
    high = len(ordered)-1
    while low <= high:
        mid = (low + high) // 2
        if target == ordered[mid]:
            return mid
        elif target < ordered[mid]:
            high = mid-1
        else:
            low = mid+1

    return -(low + 1)

def bs_insert(ordered, target):
    """存在しなければ、targetを適切な位置に挿入する"""
    idx = bs_contains(ordered, target)
    if idx < 0:
        ordered.insert(-(idx + 1), target)
```

整列配列での挿入削除は、配列のサイズが大きくなると、配列の全要素が正しい値を保持するようにしなければならないので、非効率となる。挿入の際には、配列を(物理的または論理的に)拡大して、平均して全体の半分の要素を1つ後方に移動する必要がある。削除では、配列を縮小して、半分の要素を添字1つ前方に移動する。

5.3 ハッシュに基づいた探索

　これまで述べた探索は、要素が少ない集まり（逐次探索）か、整列済みの集まり（二分探索）に適したものだった。必ずしも整列されていない、もっと大きな集まりを扱う強力な技法が必要だ。最もよく使われるのは、**ハッシュ関数**を使って、探索対象の要素の1つ以上の特性をハッシュ表の添字に変換する方法である。**ハッシュに基づいた探索**は、本章で記述された他の探索アルゴリズムよりも平均時性能に優れる。アルゴリズムの本が多数、ハッシュ表の項目（Cormen et al., 2009の11章）で、ハッシュに基づいた探索を論じている。ハッシュ表について説明しているデータ構造の本にも掲載されている。

　ハッシュに基づいた探索では、まずn個の要素からなる集まりCを、b個の区画（bin）を持つ配列のハッシュ表Hに読み込む。この前処理は$O(n)$性能だが、その後の探索性能を向上させる。**ハッシュ関数**という概念がそれを可能にする。

　ハッシュ関数は、各要素C_iを整数値h_iにマップする確定関数である。とりあえず、$0 \leq h_i < b$と仮定する。ハッシュ表に要素をロードすると、要素C_iは、区画$H[h_i]$に挿入される。全要素がハッシュ表に格納されると、要素tの探索は、区画$H[\mathrm{hash}(t)]$内の探索に帰着する。

　ハッシュ関数は、2要素C_iとC_jが等しければ、$hash(C_i) = hash(C_j)$ということしか保証しない。Cの（異なる）複数の要素が同じハッシュ値をとることも起こりうる。これは**衝突**（collision）と呼ばれ、衝突を扱う戦略がハッシュ表には必要となる。普通の解決策は、ハッシュ区画にリンク付きリストを（多くのリストには1つしか要素がないものだが）格納して、衝突した要素がすべてハッシュ表に収まるようにすることである。リストは線形探索するしかないが、高々数個しか要素がないなら迅速だ。次の疑似コードに、衝突のリンク付きリスト解法を示す。

ハッシュに基づいた探索	最良	平均	最悪
Hash-Based Search		O(1)	O(n)

```
loadTable (size, C)
  H = new array of 与えられたサイズ
  foreach e in C do
    h = hash(e)
    if H[h]が空 then    ❶ 値を空区画に挿入するときには、リンク付きリストを作る。
      H[h] = new Linked List
    eをH[h]に追加
  return A
end

search (H, t)
  h = hash(t)
  list = H[h]
  if listが空 then
    return false
  if listがtを含む then    ❷ 小さなリストには逐次探索を使う。
    return true
  return false
end
```

ハッシュに基づいた探索の一般的パターンを簡単な例を使って**図5-1**に示す。構成要素は、次の3つとなる。

- 可能なハッシュ値集合を定義する集合U。各要素$e \in C$は、ハッシュ値$h \in U$に対応する。
- 元の集まりCのn個の要素を貯えるb個の区画があるハッシュ表H。
- すべての要素eに対して整数値hを計算するハッシュ関数hash。ただし、$0 \leq h < b$。

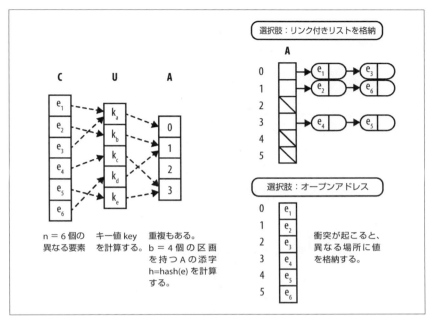

図5-1　ハッシュの一般的な方式

　配列とリンク付きリストを使って情報をメモリに格納する。

　ハッシュに基づいた探索には、課題が2つある。ハッシュ関数の設計と、衝突をどう扱うかである。ハッシュ関数の選択が適切でないと、一次記憶でのキーの配置が偏ってしまう。キーの配置が偏ると、2つの問題が起こる。ハッシュ表の多くの区画が使われないままでスペースの無駄が生じること、もう1つは、多くのキーが同じ区画で衝突することによる性能の低下である。

5.3.1　入出力

　二分探索とは異なり、ハッシュに基づいた探索は元の集まりCが整列されていなくても構わない。実際、Cが整列されていても、ハッシュ表Hに要素を挿入するハッシュ法ではH内でその順序を保持しようとはしない。

　ハッシュに基づいた探索の入力は、計算したハッシュ表Hと探索の目標要素tとなる。アルゴリズムは、$H[h]$（$h = hash(t)$とする）のリンク付きリストにtが存在すればtrueを返す。$H[h]$のリンク付きリストにtが存在しなければfalseを返し、Hに

(すなわち元のCにも) tが存在しないことを示す。

5.3.2 文脈

213,557語の整列した英単語の配列[*1]があるとする。もし二分探索を用いるなら、この配列で単語を見つけるには平均で約18回 (log (213557) = 17.70であるから) の文字列比較が必要となる。**ハッシュに基づいた探索**では、文字列比較の回数は、集まりのサイズではなく、リンク付きリストの長さに依存する。

ハッシュ関数をまず定義する必要がある。目的は、できる限り多くの異なる値を生成することだが、それらすべてが異なる必要はない。ハッシュの研究は何十年と行われており、効果的なハッシュ関数について述べた論文は多数あるが、用途は探索に限らない。例えば、暗号学において、ある種のハッシュ関数が本質的役割を担う。探索においては、ハッシュ関数は衝突が少なくて、計算が速いものが求められる。

よく使われるのは、元の文字列の中の文字から値を生成するものである。例えば、

$$hashCode(s) = s[0]*31^{(len-1)} + s[1]*31^{(len-2)} + \cdots + s[len-1]$$

のような関数である。ここで、$s[i]$ は、i番目の文字 (値としては、ASCIIで0から255の間)、lenは文字列sの長さを表す。この関数の計算は、**例5-5** (Open JDKソースコード[*2]から持ってきた) のJavaコードに示されるように単純である。charsが文字列を定義する文字配列である。クラス java.lang.String のメソッド hashCode() は、計算値が範囲 $[0, b)$ となることを保証されていないので、厳密にはハッシュ関数と言えない。

例5-5　Javaによる hashCode の例

```
public int hashCode() {
  int h = hash;
  if (h == 0) {
    for (int i = 0; i < chars.length; i++) {
      h = 31*h + chars[i];
    }
    hash = h;
  }
  return h;
}
```

[*1] 訳注：http://www.wordlist.com
[*2] 原注：http://openjdk.java.net

効率のために、メソッド hashCode は、再計算を避けるために計算したハッシュ値をキャッシュしている（すなわち、hash が 0 のときにのみ値を計算する）。この関数は、Java の int 型が 32 ビットの情報しか貯えられないために非常に大きな整数のときには負数を返すことに注意する。要素の整数値区画を計算するために、$hash(s)$ を次のように定義する。

$$hash(s) = abs(hashCode(s)) \% b$$

ここで、abs は絶対値関数、% は、$key(s)$ を b で割ったときの余りを返すモジュロ演算子（modulo operator）である。これによって、計算した整数値が $[0, b)$ の範囲にあることが保証される。

ハッシュ関数の選択は、**ハッシュに基づいた探索**の実装の最初の決定にすぎない。ストレージをどうするかが、もう1つの設計上の課題となる。一次記憶 H は、各区画に要素を貯えてリンク付きリストのサイズを短くできるだけ十分大きさがなければならない。H を $b = n$ 個の区画を持ち、ハッシュ関数が単語集合の文字列に対して、$[0, n)$ の範囲の整数を対応させる1対1関数にすればよいと考えるかもしれないが、通常はそうはうまくいかない。代わりに、できる限り空の区画が少ないハッシュ表を作るよう心がけるしかない。ハッシュ関数によりキーが均等に分散されるなら、配列のサイズを元の集まりと同じぐらい大きくすることで、それなりの成功を期待できる。

H のサイズには、% 剰余演算子を用いて効果的に区画が計算できる素数が本来は選ばれる。実用上の選択としては、$2^k - 1$ でよい。もっとも、この値は素数とは限らない。

ハッシュ表に貯えられる要素は、メモリサイズに直に影響する。各区画にリンク付きリストの文字列要素が格納されるので、リストの要素は、ヒープ上のオブジェクトへのポインタである。各リストには、リストの先頭要素と末尾要素へのポインタが余分に必要となる。さらに、Java JDK のクラス LinkedList を用いる場合には、実装を柔軟にする目的で追加されたフィールドとクラスが多数付随する。もっと単純なリンク付きリストのクラスを実装して、必要な機能だけ提供することもできる。しかし、その場合は、**ハッシュに基づいた探索**の実装時に、追加作業が必要となるだろう。

経験のある読者は、ここで、この問題における基本ハッシュ関数とハッシュ表の

利用の仕方に疑問を持つだろう。単語表は固定で変化しそうにないので、**完全ハッシュ関数**を作ると性能を向上できる。完全ハッシュ関数では、特定のキー集合に対して、衝突が起こらないことを保証できる。この選択肢については、「**5.3.5　変形**」で取り扱う。とりあえず、完全ハッシュ関数抜きで、問題を解いてみよう。

　この問題に対する最初の試行には、区画数が $b = 2^{18} - 1 = 262{,}143$ の1次ハッシュ表 H を選ぶ。単語表には、213,557語の単語がある。ハッシュ関数が完全に文字列を配分できるなら、衝突がなくて、約4万個の区画が空く。しかし、実際はそういかない。**表5-4**に、262,143個の区画を持つハッシュ表上の、今回の単語表に対するJavaのクラスStringのハッシュ値の分布を示す。hash(s)=abs(hashCode(s))%b だということを思い出そう。すぐわかるように、どの区画にも8つ以上の文字列はない。空でない区画での保持文字列の個数は、平均して1.46となる。各行に、区画に割り当てられた文字列の個数とその区画数とが示されている。表の区画のほぼ半数に当たる(116,186)区画には、文字列がない。このハッシュ関数は、ポインタのサイズが4バイトと仮定すると、500KBのメモリを無駄にしている。このハッシュ関数がかなり優れたハッシュ関数であって、もっとよい分布を得るには、ずっと複雑な計算が必要であると聞かされると読者は驚くかもしれない。

　念のために付け加えると、同じhashCode値を持つ文字列対は、5つしかない(例えば、「hypoplankton」と「unheavenly」とは、hashCode値を計算すると427,589,249になる)。長いリンク付きリストは、ハッシュ値を b より小さくする剰余演算子により作られたものだ。

表5-4　b=262,143の場合のJavaのメソッドString.hashCode()によるハッシュ値の分布。

区画に入った要素数	区画の個数
0	116,186
1	94,319
2	38,637
3	10,517
4	2,066
5	362
6	53
7	3

　クラスLinkedListを用いる場合には、ポインタのサイズを4バイトとして、H の空でない要素ごとにメモリ12バイトが必要となる。また、各文字列要素を

`ListElement`に貯えるため、追加の12バイトが必要となる。213,557語という前述の例では、正味の文字列用ストレージを上回る5,005,488バイトのメモリが必要となる。その内訳は次のようになる。

- 基本となるハッシュ表のサイズ 1,048,572バイト
- 116,186個のリンク付きリストのサイズ 1,394,232 バイト
- 213,557個のリスト要素のサイズ 2,562,684 バイト

JDKのクラス`String`を用いるなら、文字列を貯えるのにもオーバーヘッドがかかる。各文字列が12バイト余分に使うので、さらに213,557*12 = 2,562,684バイトが余分に必要となる。この例で選んだアルゴリズムは、7,568,172バイトのメモリを必要とする。この例で用いた単語表の文字列の実際の文字数は、2,099,075にすぎない。したがって、このアルゴリズムは、文字列の文字数のほぼ3.6（= 5,005,488/2,099,07）倍のスペースを必要とする。

このオーバーヘッドの大半は、JDKのクラスを使うことによる。メモリ使用量を減らすことのできるもっと複雑な実装と比較して、単純さとクラスの再利用をエンジニアリング上のトレードオフとして秤にかけなければならない。しかし、メモリが十分あるなら、衝突をあまり起こさない妥当なハッシュ関数とすぐに使えるリンク付きリストの実装という点で、JDKを用いるのは十分実用的だ。

実装に影響する肝心の点は、集まりが静的か動的かだ。この例では、単語表の大きさが固定で前もってわかっていた。しかし、要素の追加削除が頻繁に起こる動的な集まりでは、そのような操作に最適化したデータ構造をハッシュ表に選ばなければならない。この例での衝突処理は、リンク付きリストへの挿入が定数時間で、要素の削除がリストの長さに比例するので、問題なく動く。ハッシュ関数が要素を均等に分布させるなら、個々のリストは短くなる。

5.3.3 解

ハッシュ関数の他に**ハッシュに基づいた探索**の解には2つの要素が必要となる。第一は、ハッシュ表を作る部分。**例5-6**は、リンク付きリストを用いて、表に要素を保持する方法を示す。`Iterator`を用いて入力要素を集まりCから取り出す。

例5-6　ハッシュ表の作成

```
public void load (Iterator<V> it) {
  table = (LinkedList<V>[]) new LinkedList[tableSize];

  // イテレータから値を取り出し、求める区画hを見つける。
  // 既存のリストに追加するか、新しくリストを作って値を追加する。
  while (it.hasNext()) {
    V v = it.next();

    int h = hashMethod.hash (v);
    if (table[h] == null) {
      table[h] = new LinkedList<V>();
    }
    table[h].add(v);
    count++;
  }
}
```

　listTableはtableSize個の区画からなり、それぞれが型LinkedList<V>で要素を格納している。

　第二の要素である表による要素探索は自明だろう。例5-7にコードを示す。ハッシュ関数がハッシュ表の添字を返したなら、その区画が空かどうかを調べればよい。空ならfalseを返して、文字列が集まり中になかったことを示す。空でない場合は、その区画のリンク付きリストを探して、探索する文字列があるかないかを決定する。

例5-7　要素の探索

```
public boolean search (V v){
  int h = hashMethod.hash(v);
  LinkedList<V> list = (LinkedList<V>) listTable[h];
  if (list == null) { return false; }
  return list.contains(v);
}

int hash(V v){
  int h = v.hashCode();
  if (h < 0) { h = 0 - h; }
  return h % tableSize;
}
```

　ハッシュ関数内で、得られた添字が範囲 [0, *tableSize*) にあることを保証していることに注意。クラスStringの関数hashCodeで、整数の算術演算がオーバーフロー

して、負数を返す場合にも対処している。剰余演算子（%）は、負数を与えられたときに負数を返すので、この処理は必須である（すなわち、Javaでは式-5%3の値は−2になる）。例えば、Stringオブジェクトに対してJDKのメソッドhashCodeを使うと、文字列「aaaaaa」に対する値は、−1,425,372,064となる。

5.3.4 分析

ハッシュ関数がほぼ均等に要素を分散する限り、**ハッシュに基づいた探索**は優れた性能を示す。要素を探索する平均時間は、定数、すなわちO(1)となる。探索では、Hでのハッシュ照合の後、衝突した短いリストを線形探索する。ハッシュ表での要素探索のステップは、次の通り。

- ハッシュ値の計算
- ハッシュ値を添字として表の要素を取り出す
- 衝突があったときに、指定された値を見つける

すべての**ハッシュに基づいた探索**アルゴリズムで、最初の2つは共通だが、3つ目の衝突処理には複数の方式がある。

ハッシュ値計算のコストは、上限が定数で抑えられる。本節の単語例では、ハッシュ値計算は、文字列長に比例する。有限個の単語の集まりでは、T_kを最長文字列のハッシュ値を計算する時間とすると、どのハッシュ値の計算でもt_k時間あればよい。したがって、ハッシュ値計算は定数時間演算となる。

第2の部分も定数時間で行われる。ハッシュ表が二次記憶に貯えられていると、要素の位置と、装置の位置決めにかかる時間に変動があるかもしれないが、それも定数上限で抑えられる。

計算の第3部分も定数上限を持つことが示されれば、**ハッシュに基づいた探索**の実行時間性能は定数となる。ハッシュ表に対して負荷率（load factor）αを、ある区画$H[h]$のリンク付きリストにある要素の平均個数と定義する。より厳密には、$\alpha = n/b$、bはハッシュ表の区画の数、nはハッシュ表に貯えられている要素の数とする。**表5-5**は、bの増加とともに作成したハッシュ表の実際の負荷率がどうなるかを示す。リンク付きリストの最大長は徐々に低下するが、bが十分大きくなると単一要素を含む区画の個数が急激に増えることに注意すること。最終行では、要素の81%が単一要素の区画にハッシュされて、区画の要素の平均個数が1桁になる。最初の要素数に関係なく、十分大きなbを選ぶことによって、すべての区画に（平均で）少

数の固定個数の要素が格納されることを保証できる。これは、ハッシュ表での要素探索が、もはやハッシュ表の要素数に依存せず、固定コストのならしO(1)性能[*1]を示すことを意味する。

表5-5　サンプルコードで作られたハッシュ表の統計値

b	負荷率	リンク付きリストの最小長	リンク付きリストの最大長	単一要素を持つ区画の数
4,095	52.15	27	82	0
8,191	26.07	9	46	0
16,383	13.04	2	28	0
32,767	6.52	0	19	349
65,535	3.26	0	13	8,190
131,071	1.63	0	10	41,858
262,143	0.815	0	7	94,319
524,287	0.41	0	7	142,530
1,048,575	0.20	0	5	173,962

表5-6は、さまざまなサイズのハッシュ表について、JDKにあるクラスjava.util.Hashtableを用いて例5-7のコードの性能を比較している。$p = 1.0$というラベルのついた試行では、213,557個の単語のすべてを目標値に用いているので、それらは必ずハッシュ表にある。$p = 0.0$の試行では、単語の末尾の文字を*に変えているので、目標の単語はすべてハッシュ表に存在しない。どちらの場合も探索語のサイズをそのままにしてあり、ハッシュ計算コストが同じである。

両者を100回試行して、最良と最悪の結果を棄却した残りの98回の平均を表5-6に示す。これらの結果を理解するために、ハッシュ表の統計データも表5-5に示した。

表5-6　さまざまなハッシュ表サイズに対する探索時間（ミリ秒）

b	例5-7のハッシュ表		デフォルト容量のjava.util.Hashtable	
	$p = 1.0$	$p = 0.0$	$p = 1.0$	$p = 0.0$
4,095	200.53	373.24	82.11	38.37
8,191	140.47	234.68	71.45	28.44
16,383	109.61	160.48	70.64	28.66
32,767	91.56	112.89	71.15	28.33
65,535	80.96	84.38	70.36	28.33
131,071	75.47	60.17	71.24	28.28
262,143	74.09	43.18	70.06	28.43
524,287	75.00	33.05	69.33	28.26
1,048,575	76.68	29.02	72.24	27.37

[*1] 訳注：ならし（amortized）O(1)性能。amortizedは償却という会計用語。全体としてO(1)性能とみなせること。

負荷率が下がると、リンク付きリストの平均長も下がり、性能が上がることがわかる。実際、$b = 1,045,875$では、どのリンク付きリストも5個以上の要素を持たない。一般に、ハッシュ表は、すべてのリンク付きリストの要素が少ないように十分大きく取ることができるので、探索性能はO(1)と考えられる。しかし、これは（いつものことだが）十分なメモリがあり、要素をハッシュ表の全区画に分散させる適切なハッシュ関数があるという条件下でのことにすぎない。

クラスjava.util.Hashtableは、例5-7のサンプルコードよりも性能が良いが、ハッシュ表のサイズが増えるにつれて差が小さくなる。理由は、java.util.Hashtableが要素のリストを処理するのに最適化されていることにある。さらに、java.util.Hashtableは、負荷率が大きくなりすぎると、ハッシュ表全体を「再ハッシュ（rehash）」するようになっている。この再ハッシュ戦略については、「5.3.5 変形」節で論じる。これは、ハッシュ表構築のコストを増やすが、探索性能を向上させる。もし、この「再ハッシュ」機能を封じると、java.util.Hashtableの探索性能は、我々の実装例とあまり変わらない。

表5-7は、java.util.Hashtableがハッシュ表を作る際に再ハッシュが行われた回数と、ハッシュ表構築の実行時間（ミリ秒）を示す。前述したように、単語表からハッシュ表を作る。100回の試行の後に、最良と最悪の性能を示したものを棄却して、残りの98回の平均を示している。このjava.util.Hashtableクラスは、ハッシュ表構築時に余分な計算を行って、探索性能を向上させている（よく行われるトレードオフ）。表5-7の第3、5列では、再ハッシュが生じたことによるコストがはっきりと現れている。また、最下段の2つの行では、再ハッシュがないので、列3, 5,

表5-7 ハッシュ表構築の時間比較（ミリ秒）

b	我々のハッシュ表	JDKハッシュ表 (α=0.75)		JDKハッシュ表 (α=4.0)		再ハッシュのないJDKハッシュ表 (α=n/b)
	構築時間	構築時間	再ハッシュ回数	構築時間	再ハッシュ回数	構築時間
4,095	403.61	42.44	7	35.30	4	104.41
8,191	222.39	41.96	6	35.49	3	70.74
16,383	135.26	41.99	5	34.90	2	50.90
32,767	92.80	41.28	4	33.62	1	36.34
65,535	66.74	41.34	3	29.16	0	28.82
131,071	47.53	39.61	2	23.60	0	22.91
262,143	36.27	36.06	1	21.14	0	21.06
524,287	31.60	21.37	0	22.51	0	22.37
1,048,575	31.67	25.46	0	26.91	0	27.12

7の結果がほぼ同じになっている。ハッシュ表構築時の再ハッシュは、要素連鎖の平均長を短くすることによって、全体性能を向上させる。

5.3.5 変形

ハッシュに基づいた探索のよくある変形は、衝突の扱いを区画に1つの要素しか含まないように制限する修正である。ハッシュした全要素をリンク付きリストに入れる代わりに、**オープンアドレス**（open addressing）という、衝突した要素を「ハッシュ表Hの空いている区画に入れる」技法を使うことができる。この手法を図5-2に示す。オープンアドレスは、衝突用リストをなくすことによりストレージのオーバーヘッドを減らすことができる。

オープンアドレスを使って要素を挿入するには、まずeが含まれる目標の区画$h_k = hash(e)$を計算する。もし$H[h_k]$が空なら、標準的アルゴリズムと同様に$H[h_k] = e$とする。空でないなら、次のような**探査戦略**を用いてHを探査して、最初に見つけた空区画にeを入れる。

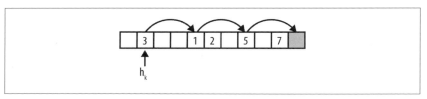

図5-2　オープンアドレス

線形探査法（Linear Probing）
$h_k = (h_k + c*i) \% b$で、他の区画を繰り返し探査する。ここで、cは整数オフセット、iは配列Hへの連続探査の回数。$c = 1$とすることが多い。この戦略ではHの要素が塊になる。

二乗探査法（Quadratic Probing）
$h_k = (h_k + c_1*i + c_2*i^2) \% b$で、他の区画を繰り返し探査する。ここで、$c_1$と$c_2$は定数である。この方式では、要素の塊を防ぐ。実用上役立つのは、$c_1 = c_2 = 1/2$である。

二重ハッシュ（Double Hashing）
線形探査法と似ているが、cは定数ではなく、第2ハッシュ関数で決める。

この余分な計算は塊になるのを防ぐためである。

すべての場合で、b 回の探査で空区画が見つからないと、挿入要求は失敗する。

図 5-2 は、ハッシュ表の例で、$c = 3$ の線形探査法を $b = 11$ 区画で行っている。5 要素含むのでハッシュ表の負荷率 $\alpha = 0.45$ である。この図は、ハッシュ値が $h_k = 1$ の要素 e を追加しようとしたときの振る舞いを示している。区画 $H[1]$ は既に（値 3 により）占有されており、他の区画を探査する。$i = 3$ 回繰り返して空区画が見つかり、e を $H[10]$ に挿入する。

b 個の区画だけ探索すると仮定すると、挿入の最悪時性能は $O(b)$ となるが、十分負荷率が低く塊がなければ探査は固定回数しか必要ないはずだ。**図 5-3** は期待探査回数を示す。詳細は（Knuth, 1997）参照。

$$\frac{1 + \left(\dfrac{1}{1-\alpha}\right)}{2} \qquad \frac{1 + \left(\dfrac{1}{1-\alpha}\right)^2}{2}$$

探索成功時　　　　　　　　　　探索失敗時

図 5-3　探索での期待探査回数

オープンアドレスを使用するハッシュ表から要素を削除すると問題が生じる。図 5-2 で、値 3, 1, 5 のすべてが $h_k = 1$ となり、ハッシュ表にこの順序で挿入されたと仮定しよう。値 5 の探索は、ハッシュ表の 3 回の探査の後で、位置 $H[7]$ で見つかるので、成功する。ハッシュ表から値 1 を取り除いて区画 $H[4]$ をクリアすると、もはや 5 を見つけることができない。探査が見つかった空区画で止まるからだ。オープンアドレスで削除をサポートするには、削除時に区画をマークして、探索関数をそれに従って修正する必要がある。

オープンアドレスのコードを**例 5-8** に示す。このクラスは、ユーザが範囲 $[0, b)$ の正しいインデックスを生成するハッシュ関数とオープンアドレスの探査関数とを提供するものと仮定している。他に代わるものとしては、デフォルトで Python の組み込み hash メソッドがある。この実装は、要素の削除を可能にしており、リストに deleted を格納してオープンアドレスの連鎖が潰れないようにしている。この実装では、集まりを set として扱い、ハッシュ表内では一意なメンバーしか許容しない。

例5-8　オープンアドレスハッシュ表のPython実装

```python
class Hashtable:
  def __init__(self, b=1009, hashFunction=None, probeFunction=None):
    """b個の区画、ハッシュ関数と探査関数を与えて初期化する"""
    self.b = b
    self.bins = [None] * b
    self.deleted = [False] * b

    if hashFunction:
      self.hashFunction = hashFunction
    else:
      self.hashFunction = lambda value, size: hash(value) % size

    if probeFunction:
      self.probeFunction = probeFunction
    else:
      self.probeFunction = lambda hk, size, i : (hk + 37) % size

  def add(self, value):
    """
    要素をハッシュ表に追加。self.b回試して失敗すると-self.bを返す。
    成功すると探査数を返す。

    削除と記されたのを区画に追加し、
    以前削除されたものを適切に扱う。
    """
    hk = self.hashFunction(value, self.b)

    ctr = 1
    while ctr <= self.b:
      if self.bins[hk] is None or self.deleted[hk]:
        self.bins[hk] = value
        self.deleted[hk] = False
        return ctr

      # 既にあるか？あれば直ちに終了する。
      if self.bins[hk] == value and not self.deleted[hk]:
        return ctr

      hk = self.probeFunction(hk, self.b, ctr)
      ctr += 1

    return -self.b
```

例5-8は、オープンアドレスで、空区画またはdeletedとマークされた区画へ要素がどのように追加されるかも示す。最悪時性能がO(b)であることを保証するよう

にカウンタを保守する。呼び出し元は、addが正の数を返せば成功したと決定できる。probeFunctionがb回の探査で空区画を見つけられないと、負数を返す。**例5-9**のdeleteコードは、ハッシュ表に値があるかどうかを調べるコードとほぼ同じである。containsメソッド（ここには掲載していないコードリポジトリのhashtable.pyにある）にはself.deleted[hk] = Trueとマークするコードがない。このコードが、probeFunctionを使ってどのように次に探査する区画を見つけるかを注意する。

例5-9　オープンアドレスdeleteメソッド

```
def delete(self, value):
  """既存のチェインを壊さずにハッシュ表から値を削除する"""
  hk = self.hashFunction(value, self.b)

  ctr = 1
  while ctr <= self.b:
    if self.bins[hk] is None:
      return -ctr

    if self.bins[hk] == value and not self.deleted[hk]:
      self.deleted[hk] = True
      return ctr

    hk = self.probeFunction(hk, self.b, ctr)
    ctr += 1

  return -self.b
```

オープンアドレスの性能をハッシュ表で要素を見つけるのに何回探査するかという観点で調べてみよう。前と同じ213,557語のリストを用いて成功した探索と成功しなかった探索の両方を**図5-4**に示す。区画数が、224,234（使用率95.2%）から、639,757（使用率33.4%）に増えると、探査回数が劇的に減ることがわかる。**図5-4**の上側は、成功探索の平均（および最悪）探査回数を、下側は不成功の探索の場合を示す。簡単にまとめると、オープンアドレスは、全体のストレージ使用量を削減するが、最悪時には、はるかに多数の探査を要する。さらに、線形探査法では、塊化のために探査最大回数が膨れ上がってしまう。

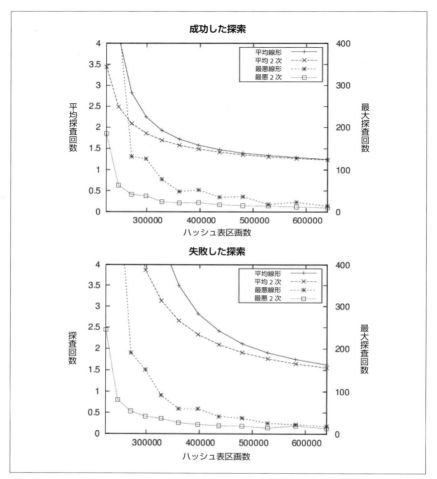

図5-4　オープンアドレスの性能

　ハッシュ表の負荷率を計算すると、探索と挿入の期待性能がわかる。負荷率が高すぎると、要素を見つけるまでの探査回数がバケツのリンク付きリストでもオープンアドレスの区画連鎖でも多くなりすぎる。ハッシュ表は、「再ハッシュ」というプロセスを用いて、区画数を増やし、その使用状況を再構成して、負荷率を減らすことができるが、これは、$O(n)$演算というコストがかかる。よく使われるのは、区画数を2倍にして1つ加える（ハッシュ表は通常奇数個の区画を含むから）方式だ。区

画が増えれば、ハッシュ表の既存の要素すべては新たな構造に再ハッシュして挿入される。これは、将来の探索コストを削減する高価な操作なので、最低限に抑えないと、ハッシュ表のならしO(1)性能が達成できない。

ハッシュ表の要素が均等に配分できていないことを発見したら、再ハッシュをすべきだろう。これは、ハッシュ表の負荷率がその値を超えたら再ハッシュを行うような閾値を設定すればできる。クラス`java.util.Hashtable`のデフォルトの負荷率の閾値は0.75である。この閾値を十分大きくすると、ハッシュ表の再ハッシュは決して起こらない。

これらの例では、文字列の固定集合からハッシュ表を作った。このような特殊な場合には、**完全ハッシュ法**(perfect hashing)を用いて、最適性能を実現できる。完全ハッシュには2つのハッシュ関数を用いる。標準的な関数`hash()`が1次ハッシュ表Hへのマップに用いられる。各区画$H[i]$は、より小さな二次ハッシュ表S_iを指し、これにはハッシュ関数`hash`$_i$が付随する。区画$H[i]$にk個のキーがハッシュされるならば、S_iはk^2個の区画を持つ。これは、メモリを無駄遣いしているようだが、最初のハッシュ関数の選択が賢明であれば、これまで述べた変形と同じ程度のオーバーヘッドで済む。適切なハッシュ関数を選択すれば、二次ハッシュ表で衝突がないことが保証される。これは、定数性能O(1)のアルゴリズムを意味する。

完全ハッシュの詳細な分析は、(Cormen et al., 2009)にある。Doug Schmidt (1990)が完全ハッシュの生成に関する優れた論文を書いている。各種のプログラミング言語で書かれた完全ハッシュ関数の生成器もダウンロード可能である。CとC++のGPERFは、http://www.gnu.org/software/gperf/からダウンロードでき、JavaのJPERFは、http://www.anarres.org/projects/jperf/からダウンロードできる[*1]。

5.4　ブルームフィルタ

ハッシュに基づいた探索は、集まりCからの値集合全部をハッシュ表Hにリンク付きリストであれ、オープンアドレスであれ、格納する。どちらの場合もより多くの要素がハッシュ表に追加されるにつれて、ストレージ量(この場合は区画数)を同時に増やさない限り、要素を見つけるまでの時間が増えていく。実際、これが本章

[*1] 訳注：Wikipediaの「ハッシュ関数」という項目の「完全ハッシュ関数」という見出しでは、GNU gperfが上がっていた。

の他のすべてのアルゴリズムでも予期される振る舞いであり、集まりに要素があるか探すときに、比較回数を減らすのに必要な空間量との間で、納得できるトレードオフを探すしかないものだ。

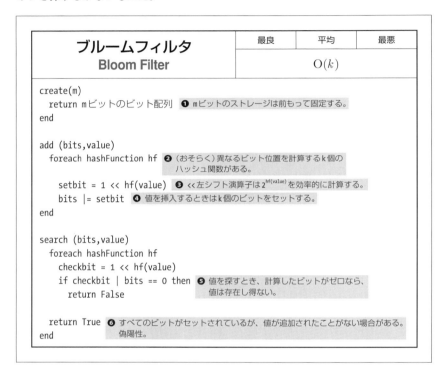

ブルームフィルタは、これらに代わる**ビット配列構造**Bを提供する。これは、CからBに要素を追加するときにも、あるいは要素がBに**追加済み**でないかを調べるときにも**定数性能**を保証する。素晴らしいことに、この振る舞いは、Bに追加された要素の個数に独立なのだ。ただし、注意が必要だ。ブルームフィルタでは、要素があるか調べたときに、Cにその要素がないにもかかわらずあると、すなわち **偽陽性**（false positive）を返すことがあることだ。ブルームフィルタは、ある要素がBに追加されなかったことは正しく決定できるので、決して**偽陰性**（false negative）を返すことはない。

図5-5では、uとvという2つの値がビット配列Bに挿入されている。図の上の表は、$k=3$ハッシュ関数で計算されたビット位置を示す。ブルームフィルタは、第3

の値wがBに挿入されたことがないことを、k個のビット値の1つが0（この場合はビット6）ということから、迅速に示すことができる。しかし、値xについては、値は挿入されたことがないのに、その計算したk個すべてのビット値が1なので、偽陽性を返す。

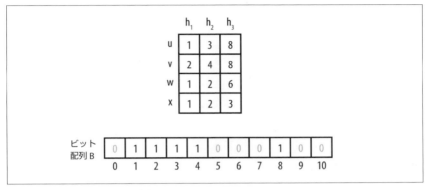

図5-5　ブルームフィルタの例

5.4.1 入出力

ブルームフィルタは、ハッシュに基づいた探索のように値を処理する。まず、すべてが0に初期化されたmビットのビット配列から始める。値が挿入されるときに、このビット配列の中の（異なる）ビット位置を計算するk個のハッシュ関数がある。

ブルームフィルタは、目標要素tがビット配列に挿入されたことがなく、したがって、集まりCに存在しないことを示すことができると false を返す。また、目標要素tがビット配列に挿入されたことがなくても **偽陽性** として true を返すことがある。

5.4.2 文脈

ブルームフィルタは、メモリ使用は効率的だが、偽陽性が受け入れられる場合だけ役立つ。ブルームフィルタを使って、失敗することが保証されているものを取り除き、高価な探索の回数を減らすことができる。例えば、ブルームフィルタを使って、ディスクのストレージに高価な探索を行うかどうか確かめることができる。

5.4.3 解

ブルームフィルタは、mビットストレージを必要とする。例5-10の実装では、Pythonのどれほど大きな「bignum」値[*1]でも扱える能力を使用する。

例5-10　Pythonブルームフィルタ

```python
class bloomFilter:
  def __init__(self, size = 1000, hashFunctions=None):
    """
    size個のビット(デフォルトは1000)と関連ハッシュ関数でブルームフィルタを作る。
    """
    self.bits = 0
    self.size = size
    if hashFunctions is None:
      self.k = 1
      self.hashFunctions = [lambda e, size : hash(e) % size]
    else:
      self.k = len(hashFunctions)
      self.hashFunctions = hashFunctions

  def add(self, value):
    """ブルームフィルタに値を挿入する"""
    for hf in self.hashFunctions:
      self.bits |= 1<<hf(value, self.size)

  def __contains__(self, value):
    """
    値があるかどうか決定する。値が存在しなくても偽陽性を返すことがある
    しかし、偽陰性は決して返さない(すなわち、要素があればtrueを返す)。
    """
    for hf in self.hashFunctions:
      if self.bits & 1<<hf(value, self.size) == 0:
        return False

    # あるかもしれない
    return True
```

この実装は、k個のハッシュ関数の存在を仮定している。それぞれが、挿入される値とビット配列のサイズを取る。値が追加されるたびに、ハッシュ関数で計算さ

[*1] 訳注：Pythonの正式文書でbignumという用語が使われているわけではない。訳者は、Lispでこの言葉を知った。Wikipediaでは、任意精度(arbitrary-precision)演算という用語を使用する。bigIntegerという呼び名もある。

れた個別ビット位置に基づいて、kビットがビット配列にセットされる。このコードは、ビット単位のシフト演算<<を用いて、1を適切なビット位置にシフトする。そして、ビット単位のor演算（|）を用いてビット値をセットする。値が追加されたのかどうかを決定するには、このハッシュ関数から得た同じkビットをビット単位and演算（&）を用いて調べる。いずれかのビット位置が0なら、値が追加されていないことがわかるので、Falseを返す。しかし、このkビット位置がすべて1にセットされているなら、値が追加された「かもしれない」（偽陽性）とだけ言える。

5.4.4 分析

ブルームフィルタに必要な全ストレージは、mビットに固定されており、これは追加格納される値の個数にかかわらず増えることがない。さらに、アルゴリズムは、固定個数k個の探査しか必要としないので、それぞれの挿入と探索を$O(k)$時間で処理できる。これは定数と考えてよい。こういった理由から、このアルゴリズムは、本章の他のアルゴリズムの代替と考えることができる。ビット配列に挿入される値のために、計算されたビットをうまく分配する効果的ハッシュ関数を設計するのは、挑戦的だ。ビット配列のサイズは定数だが、偽陽性率を減らすには、十分大きい必要がある。最後に、他の値の処理を壊す可能性があるので、フィルタから要素を取り除くことはできない。

ブルームフィルタが使える理由は、k個のハッシュ関数が一様にランダムと仮定するなら、予測可能な偽陽性率p^kを持つからだ（Bloom、1970）。その値のそこそこ正確な値は、

$$p^k = \frac{\left(1-\left(1-\frac{1}{m}\right)^{kn}\right)^k}{2}$$

となり、ここでnは既に追加された値の個数である（Bose他、2008）。ここで、偽陽性率を次のように実験で計算した。

1. 213,557語のリストから（全体の1%の）2,135語を無作為に取り除き、残りの211,42語をブルームフィルタに挿入する。
2. 存在しない2,135語を探すことによって偽陽性を数える。
3. （2文字から10文字の）ランダムに生成した文字列による2,135語を探して、偽陽性を数える。

値が 100,000 から 2,000,000（10,000 ステップ）の m について試行した。$k = 3$ ハッシュ関数を用いた。結果を図5-6に示す。

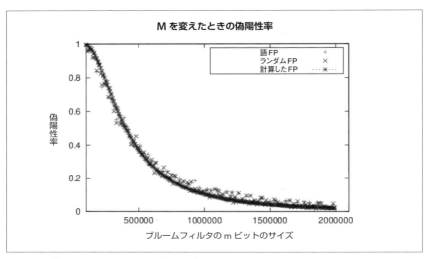

図5-6　ブルームフィルタによる偽陽性率の例

前もって偽陽性率をある小さな値より小さくしたいとわかっているなら、挿入する要素数 n を推定した後で、k と m とを設定する必要がある。文献では、$(1 - (1 - 1/m)^{kn})$ を $1/2$ に近い値にすることを勧めている。例えば、単語表に対して偽陽性率を 10% より小さいと保証するには、m を少なくとも 1,120,000、すなわち全体で 131,250 バイトに設定する必要がある。

5.5　二分探索木

既に述べたように、メモリ上の配列の**二分探索**は効率的だ。しかし、探索の元の集まりが頻繁に変化するようだと、整列済み配列では探索の効率性が大幅に低下する。動的な集まりに対して、妥当な探索性能を維持するためには、異なるデータ構造を採用する必要がある。**ハッシュに基づいた探索**は動的な集まりを扱えるが、リソース使用の効率性の観点からハッシュ表のサイズを小さくしすぎてしまう。要素の個数については前もって何もわからないので、ハッシュ表の適切なサイズが選べないのだ。またハッシュ表では要素を整列順に取り出すことができない。

別の戦略として、**探索木**を使って動的集合を格納できる。探索木は、メモリ上で

も二次記憶に置かれたときにも性能が出て、ハッシュ表ではできないような、ある範囲の要素を整列して返すことが可能である。探索木で最もよく使われるのは、**二分探索木** (binary search tree：BST) で、**図5-7**に示すような**節点** (node) で構成される。各節点は、集まりの1つの値を保持し、高々2つの子節点、leftとrightへの参照を格納する。

次のような場合に二分探索木を使う。

- データを昇順（または降順）に走査しなければならない。
- データセットのサイズが未知であり、実装はメモリに格納できる限りは、どのようなサイズでも扱えないといけない。
- データセットは高度に動的であり、集まりの生存期間において多くの挿入削除が予期される。

5.5.1 入出力

探索木を使うアルゴリズムの入出力は、**二分探索**と同じである。探索木に貯えられる集まりCの各要素eは、キーkとして使われる1つ以上のプロパティを持つ必要がある。キーは全体Uを構成し、完全に順序付けられなければならない。すなわち、2つのキー値k_iとk_jについて、$k_i = k_j, k_i > k_j, k_i < k_j$のいずれかが成り立つ。

集まりの値が（文字列や整数のような）基本型なら、値そのものがキー値になりうる。さもなければ、キー値を含む構造体への参照となる。

5.5.2 文脈

二分探索木BSTは、**キー**と呼ばれる順序値を持つ節点の空でない集まりである。頂点の**根** (root node) は、BSTの他のすべての節点の**先祖** (ancestor) である。各節点nは、2つの節点n_{left}とn_{right}を参照する可能性があり、それぞれ、二分探索木$left$と$right$の根となる。BSTは、**二分探索木の性質** (binary-search-tree property) を保証する。すなわち、節点nのキーをkとすれば、$left$のすべてのキーがkより小さく、$right$のすべてのキーがk以上であるということを保証する。もし、n_{left}とn_{right}の両方の参照がnullなら、nは葉 (leaf node) である。**図5-7**に、各節点が識別用の整数キーを持つ単純なBSTの例を示す。根は値7で、値1, 6, 10, 17を持つ4葉がある。**図5-7**で木の中からキーを見つけるには、根から出発して、高々4つの節点を調べればよい。

BSTは、**平衡がとれている**とは限らない。要素が追加されると、分岐によって短くなったり、長くなったりすることがある。これは、長い分岐において最適でない探索時間をもたらす。最悪時には、BSTの構造が**退化**してリストと同じ基本性質を示す。**図5-7**と同じ節点が、**図5-8**のように配置された場合を考えよう。この構造はBSTの厳密な定義に適合しているが、この構造では、各節点の右部分木が空なので、実質的にリンク付きリストである。

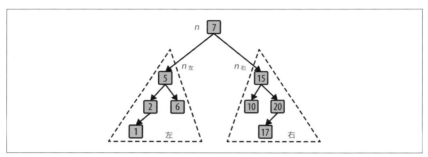

図5-7　単純な二分探索木

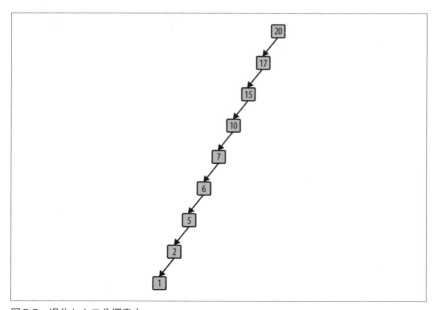

図5-8　退化した二分探索木

いくつかの枝の長さが他と比べて著しく長かったり短かったりするような偏った（skewed）木にならないように平衡を取る必要がある。値の追加削除をサポートする平衡 AVL 木の完全な解を次に示す。

5.5.3 解

Python での最初の実装を BST に値を追加するのに必要な add メソッドとともに例 5-11 に示す。このメソッドは再帰的で、正しい位置に新しい節点を追加できる空いている場所が見つかるまで分岐を根から下へたどる。

例 5-11　Python の二分探索木クラス定義

```python
class BinaryNode:
  def __init__(self, value = None):
    """二分節点を作る"""
    self.value = value
    self.left = None
    self.right = None

  def add(self, val):
    """この値を含む新しい節点を BST に追加する"""
    if val <= self.value:
      if self.left:
        self.left.add(val)
      else:
        self.left = BinaryNode(val)
    else:
      if self.right:
        self.right.add(val)
      else:
        self.right = BinaryNode(val)

class BinaryTree:
  def __init__(self):
    """空の BST を作る"""
    self.root = None

  def add(self, value):
    """BST のしかるべき位置に値を挿入する"""
    if self.root is None:
      self.root = BinaryNode(value)
    else:
      self.root.add(value)
```

空のBSTに値を追加すると、根が作られる。その後、挿入値がBSTの適切な場所にある`BinaryNode`オブジェクトに格納される。BSTには、同じvalueを持つノードが2つ以上あり得るが、(Java Collections Frameworkと同様に)重複値を持たない集まりに制限したいなら、コードを修正して重複キーの挿入を防げばよい。現時点では、BSTに重複キーがあってもよいと仮定する。

この構造の下で、BST内で目標値を非再帰的に探索する`BinaryTree`クラスの`contains(value)`メソッドは、**例5-12**に示すようになる。再帰関数呼び出しを行う代わりに、これは単純に目標が見つかるか、目標はBSTにないと決定するまで、*left*または*right*のポインタを走査する。

例5-12　BinaryTreeのcontainsメソッド

```python
def __contains__(self, target):
    """ BSTに目標値があるか調べる"""
    node = self.root
    while node:
        if target < node.value:
            node = node.left
        elif target > node.value:
            node = node.right
        else:
            return True
    return False
```

この実装の効率は、BSTが**平衡**しているかどうかに依存する。平衡木なら、探索する集まりのサイズがwhileループに入るたびに半分になり、$O(\log n)$振る舞いの結果になる。しかし、**図5-8**のような退化した二分木なら、性能は$O(n)$になる。最適性能を確保するには、追加(および削除)のたびに、BSTを平衡させる必要がある。

(発明者Adelson-VelskiiとLandisの名をとった) AVL木は、1962年に発明された最初の**自己平衡**BSTである。AVL節点の**高さ**(height)という概念を定義しよう。葉の高さは、子がないので0とする。非葉の高さは、2つの子節点の高さのうち最大のものより1大きいとする。一貫性のために、存在しない子節点の高さを−1とする。

AVL木では、すべての節点にAVL特性、すなわち、任意の節点の**高度差**(height difference)が-1, 0, 1のいずれかであることを保証する。高度差は、*height*(*left*) − *height*(*right*)、すなわち、左部分木の高さから右部分木の高さを引いたものと定

義する。AVLは、木に値が挿入削除された後にこの特性を保持しなければならない。そのためには、節点の高さを計算するcomputeHeightと、高度差を計算するheightDifferenceという2つのヘルパー関数が必要となる。

図5-9は、BSTに値50, 30, 10がこの順に挿入されたときに何が起こるかを示している。明らかに、木は結果的に、**AVL特性**を満たさない。根の左部分木の高さが1、右部分木が存在しないので−1で、高度差が2になるためである。30の節点を「掴んで」、それを軸にして、木を右回転（時計回り）して30を根にし、**図5-10**に示すような平衡木を作るとする。これだと、節点50の高さだけが2から0へ変わり、**AVL特性**が回復される。

この**右回転**演算は、非平衡BSTの部分木の構造を変える。想像がつくように、同様の**左回転**演算がある。

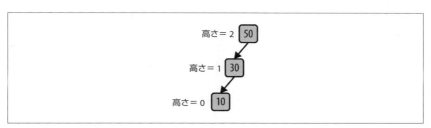

図5-9　非平衡AVL木

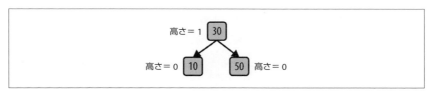

図5-10　平衡AVL木

この木に、さらに他の節点が存在し、いずれもそれぞれが平衡していてAVL特性を満たしていたらどうだろうか。**図5-11**では、灰色の三角形は、可能な部分木を表す。それぞれの位置でラベルがつけられており、30Rは、節点30の右部分木を表す。根だけがAVL特性を満たさない。節点10の高さをkと仮定して木内部のそれぞれの高さが計算されている。

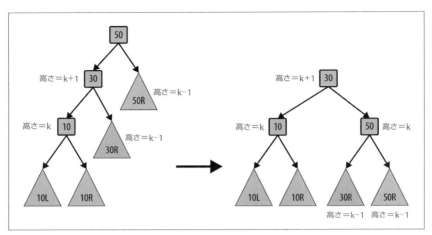

図5-11　平衡AVL木とその部分木

修正BSTは**二分探索特性**をいまだに保証している。部分木30Rのすべてのキー値は、30より大きい[1]。他の部分木は、互いの相対位置を変えていないので、二分探索特性を保証したままである。最終的に、値30は50より小さいので、新たな根は正当となる。

空AVL木に3つの値を追加したと考えよう。**図5-12**に4つの異なる挿入順序とその結果の非平衡木を示す。左-左の場合、**右回転**演算で木を平衡できる。同様に、右-右の場合、**左回転**演算で木を平衡できる。しかし、左-右の場合、単純に**右回転**したのでは、「中間」節点10が木の根になれない。値が他の2つより小さいからだ。

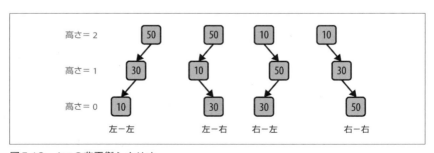

図5-12　4つの非平衡シナリオ

---

[1] 訳注：厳密には、30より大きく50以下。

この問題はまず10の子節点で左回転を行って、木を左－左の場合にして、それから既に述べた右回転ステップを行うことで解決できる。**図5-13**に、より大きな木の場合を示す。**左回転**演算の後の木は、**右回転**を示した元の木と同じである。右－左の場合をどう扱うかについても同様の議論ができる。

例5-13に示す再帰add演算は、**例5-11**と同じ構造だが、値を新たに追加した葉として挿入後、平衡を取り直す必要があることが異なる。BinaryNode add演算は、自身を根とするBSTに新たな値を追加して、BinaryNodeオブジェクトを返すが、**それがそのBSTの新たな根となる**。これは、回転演算が新たな節点をBSTの根の位置に移動するかもしれないからだ。BSTが再帰構造であることから、回転がどこでも起こり得ることに注意しよう。この理由により、addの内部の再帰呼び出しは、self.left = self.addToSubTree(self.left, val) という形を取る。val を self.left を根とする部分木に追加した後で、その部分木が平衡をとって新たな節点を根とするかもしれないし、その場合には、その新節点をselfの左の子にしなければならない。addは最後に、高さを計算して、再帰が元々の木の根にまで伝播して戻れるようにする。

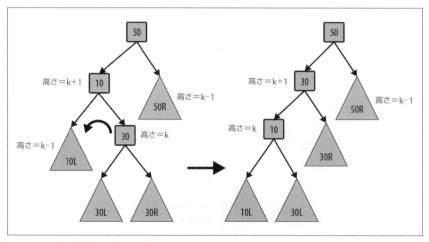

図5-13　左－右シナリオで平衡に戻す

例5-13　BinaryTreeとBinaryNodeでのaddメソッド

```
class BinaryTree:
  def add(self, value):
```

```python
        """ BSTのしかるべき位置に値を挿入する """
        if self.root is None:
            self.root = BinaryNode(value)
        else:
            self.root = self.root.add(value)

class BinaryNode:
    def __init__(self, value = None):
        """ 二分木節点を作る """
        self.value = value
        self.left = None
        self.right = None
        self.height = 0

    def computeHeight (self):
        """ BSTの節点の高さを子から計算する """
        height = -1
        if self.left:
            height = max(height, self.left.height)
        if self.right:
            height = max(height, self.right.height)

        self.height = height + 1

    def heightDifference(self):
        """ BSTの節点の子の高度差を計算する """
        leftTarget = 0
        rightTarget = 0
        if self.left:
            leftTarget = 1 + self.left.height
        if self.right:
            rightTarget = 1 + self.right.height
        return leftTarget - rightTarget

    def add(self, val):
        """ この値を含む新しい節点をBSTに追加する """
        newRoot = self
        if val <= self.value:
            self.left = self.addToSubTree(self.left, val)
            if self.heightDifference() == 2:
                if val <= self.left.value:
                    newRoot = self.rotateRight()
                else:
                    newRoot = self.rotateLeftRight()
        else:
```

```
      self.right = self.addToSubTree(self.right, val)
      if self.heightDifference() == -2:
        if val > self.right.value:
          newRoot = self.rotateLeft()
        else:
          newRoot = self.rotateRightLeft()

    newRoot.computeHeight()
    return newRoot

  def addToSubTree(self, parent, val):
    """親の部分木（もしあれば）にvalを追加し、回転によって変更された場合に
    根を返す"""
    if parent is None:
      return BinaryNode(val)

    parent = parent.add(val)
    return parent
```

例5-13に示すaddの簡潔な実装は、振る舞いが美しい。再帰形式で、イテレーションのたびに2つの再帰関数のどちらかを選択する。このメソッドは、状況に応じて左か右へ再帰的に木を走査して、最後にaddToSubTreeがvalを空部分木（すなわち、parentがNone）に追加して止まる。この再帰停止は、新たに追加された値が常にBSTの葉であることを保証する。この操作が完了すると、次の再帰呼び出しが終了して、addはAVL特性を保守するために回転が必要かどうかを決定する。この回転は、木の深いところ（すなわち、葉に近いところ）で始まり、根へと遡る。木は平衡しているので、回転の回数は$O(\log n)$で抑えられている。各回転メソッドのステップ数は固定されており、**AVL特性**を保守する余分のコストは$O(\log n)$で抑えられる。例5-14には、rotateRightとrotateRightLeftの演算を示す。

例5-14　rotateRightとrotateRightLeftメソッド

```
  def rotateRight(self):
    """与えられた節点で右回転する"""
    newRoot = self.left
    grandson = newRoot.right
    self.left = grandson
    newRoot.right = self

    self.computeHeight()
    return newRoot
```

```python
  def rotateRightLeft(self):
    """与えられた節点で右回転してから左回転する"""
    child = self.right
    newRoot = child.left
    grand1 = newRoot.left
    grand2 = newRoot.right
    child.left = grand2
    self.right = grand1

    newRoot.left = self
    newRoot.right = child

    child.computeHeight()
    self.computeHeight()
    return newRoot
```

完全を期すために、**例5-15**にrotateLeftメソッドとrotateLeftRightメソッドを掲載する。

例5-15　rotateLeftとrotateLeftRightメソッド

```python
  def rotateLeft(self):
    """与えられた節点で左回転する"""
    newRoot = self.right
    grandson = newRoot.left
    self.right = grandson
    newRoot.left = self

    self.computeHeight()
    return newRoot

  def rotateLeftRight(self):
    """与えられた節点で左回転してから右回転する"""
    child = self.left
    newRoot = child.right
    grand1 = newRoot.left
    grand2 = newRoot.right
    child.right = grand2
    self.left = grand1

    newRoot.left = child
    newRoot.right = self

    child.computeHeight()
```

```
self.computeHeight()
return newRoot
```

BSTの動的振る舞いを完成させるには、要素を効率的に削除する必要がある。BSTから値を取り除くとき、**二分探索木特性**を維持しなければならない。取り除く値を持つ目標節点に左の子がなければ、単に右の子節点を「持ち上げ」、入れ替えればよい。そうでなければ、左の子を根とする部分木の最大値を持つ節点を探す。その最大値を目標節点と入れ替える。左部分木の最大値の節点には、右の子がないので、左の子があれば、それを**図5-14**に示すように持ち上げれば削除できることに注意。**例5-16**に必要なメソッドを示す。

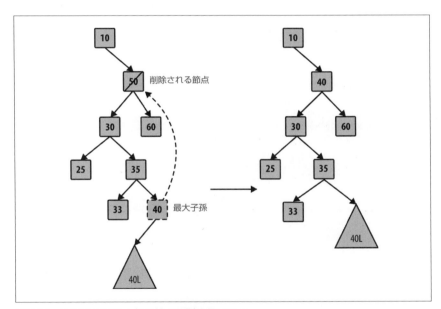

図5-14　左部分木で最大値を持つ子孫を見つける

例5-16　BinaryNodeのremoveとremoveFromParentメソッド

```python
def removeFromParent(self, parent, val):
    """ 削除のヘルパーメソッド。子を持つ節点の削除で正しい振る舞いを保証する """
    if parent:
        return parent.remove(val)
    return None
```

```python
def remove(self, val):
    """二分木からvalを削除。BinaryTreeのremoveメソッドとともに使う"""
    newRoot = self
    if val == self.value:
        if self.left is None:
            return self.right

        child = self.left
        while child.right:
            child = child.right

        childKey = child.value;
        self.left = self.removeFromParent(self.left, childKey)
        self.value = childKey;

        if self.heightDifference() == -2:
            if self.right.heightDifference() <= 0:
                newRoot = self.rotateLeft()
            else:
                newRoot = self.rotateRightLeft()
    elif val < self.value:
        self.left = self.removeFromParent(self.left, val)
        if self.heightDifference() == -2:
            if self.right.heightDifference() <= 0:
                newRoot = self.rotateLeft()
            else:
                newRoot = self.rotateRightLeft()
    else:
        self.right = self.removeFromParent(self.right, val)
        if self.heightDifference() == 2:
            if self.left.heightDifference() >= 0:
                newRoot = self.rotateRight()
            else:
                newRoot = self.rotateLeftRight()

    newRoot.computeHeight()
    return newRoot
```

removeコードは、addと同様の構造を持つ。再帰呼び出しで取り除く値を持つ節点を見つけると、左部分木に入れ替える最大値を持つ子孫があるかどうか調べる。再帰呼び出しから戻るたびに、回転が必要かどうかチェックしていることに注意。木の深さは、$O(\log n)$で抑えられており、各回転メソッドが定数時間で実行されるので、全体の削除実行時間は$O(\log n)$で抑えられる。

BSTで予期される最後のロジックは、その内容を整列順にイテレーションする機能だ。この機能は、ハッシュ表では歯が立たない。そのためにBinaryTreeとBinaryNodeに必要な変更を例5-17に示す。

例5-17　間順走査のサポート[*1]

```
class BinaryTree:
  def __iter__(self):
    """木の要素を間順走査"""
    if self.root:
      return self.root.inorder()

class BinaryNode:
  def inorder(self):
    """与えられた接点を根とする木の間順走査"""
    if self.left:
      for n in self.left.inorder():
        yield n

    yield self.value

    if self.right:
      for n in self.right.inorder():
        yield n
```

　この実装を使って、BinaryTreeの値を整列順に出力できる。例5-18は、10個の整数を(降順に)空の二分木に追加して、整列順に出力する。

例5-18　二分木の値によるイテレーション

```
bt = BinaryTree()
for i in range(10, 0, -1):
  bt.add(i)
for v in bt:
  print (v)
```

[*1]　訳注：ここで間順走査 (in order traversal) という用語を説明せずに用いているが、これは深さ優先探索を行う際の戦略の1つである。間順走査は、まず(あれば)左の子、次に自分、最後に(あれば)右の子、という順に走査する。その他に、自身を最初に走査する前順走査 (pre order traversal)、自身を最後に走査する後順走査 (post order traversal) がある。

5.5.4 分析

平衡AVL木の探索の平均時性能は、**二分探索**と同じであり、$O(\log n)$となる。探索では回転が決して生じないことに注意する。

自己平衡二分木は、単純な二分探索木よりも挿入削除にずっと複雑なコードを必要とする。回転メソッドを調べれば、いずれも固定個数の演算なので、定数時間の振る舞いとして扱うことができる。平衡AVL木の高さは、回転により常に$O(\log n)$なので、要素の挿入削除に際しても、$O(\log n)$より多くの回転が行われることは決してない。そこで、挿入削除が$O(\log n)$時間だと確信を持てる。実行時性能の利得という点でのトレードオフは常に検討の価値があるが、AVL木の各節点に**高さ情報**を追加で格納すると、ストレージの要求が増える。

5.5.5 変形

二分木の自然な拡張は、n分木であり、各節点が2つ以上の値を持ち、3つ以上の子を持つ。そのような木でよく使われるものがB木で、関係データベースの実装で優れた性能を示す。B木の完全な分析は、(Cormen et al., 2009) にあり、例を含めたオンラインのチュートリアル (http://www.bluerwhite.org/btree/) もある。

もう1つの自己平衡二分木として初版で紹介した**赤黒木** (red-black tree) がある。赤黒木は近似的に平衡しており、どの分岐も他の分岐の倍以上の高さにならないことが保証される。実装をリポジトリの`JavaCode.src.algs.model.tree.BalancedTree`クラスで提供する。詳細は (Cormen et al., 2009) にある。

5.6 参考文献

Adel'son-Vel'skii, G. M., and E. M. Landis, "An algorithm for the organization of information," Soviet Mathematics Doklady, 3:1259-1263, 1962.

Bloom, B. "Space/time trade-offs in hash coding with allowable errors", Communications of the ACM, 13(7):422-426, 1970.
http://dx.doi.org/10.1145/362686.362692. http://dmod.eu/deca/ft_gateway.cfm.pdfにもある。

Bose, P., Guo, H., Kranakis, E., Maheshwari, A., Morin, P., Morrison, J., Smid, M., and Tang, Y., "On the false-positive rate of Bloom filters". Information Processing Letters 108, 210-213, 2008. http://dx.doi.org/10.1016/j.ipl.2008.05.018
http://people.scs.carleton.ca/~kranakis/Papers/TR-07-07.pdfにもある。

Cormen, Thomas H., Charles E. Leiserson, Ronald L. Rivest, and Clifford Stein, Introduction to Algorithms, Third Edition. McGraw-Hill, 2009. (邦題『アルゴリズムイントロダクション第3版』総合版、近代科学社、2013)

Hester, J.H. and D.S. Hirschberg, "Self-Organizing Linear Search," ACM Computing Surveys, 17 (3): 295-312, 1985. http://dx.doi.org/10.1145/5505.5507 https://www.ics.uci.edu/~dan/pubs/searchsurv.pdf にもある。

Knuth, Donald, The Art of Computer Programming, Volume 3: Sorting and Searching, Third Edition. Addison-Wesley, 1997. (邦題『The Art of Computer Programming Volume 3』KADOKAWA)

Schmidt, Douglas C., "GPERF: A Perfect Hash Function Generator," Proceedings of the Second C++ Conference: 87-102, 1990. http://www.cs.wustl.edu/~schmidt/PDF/gperf.pdf

6章
グラフアルゴリズム

　グラフは、複雑な構造を持った情報を表すための基本的な構造だ。**図6-1**の画像はいずれもグラフの例である。

　本章では、グラフを表現する一般的な方法と、よく使われる関連アルゴリズムとを検討する。本質的に、グラフは、**節点**（vertex）と呼ばれる要素の集合と、**辺**（edge）と呼ばれる要素間の関係で構成される。本章では、この用語を一貫して使う。他に、同じものを「ノード」および「リンク」という用語で表すことがある。本章では、単純グラフ（simple graph）だけを考慮する。これは、(a)節点が自分自身への辺、すなわちループ（self edge）を持たず、(b)同じ2節点間に多重辺を持たないグラフのことを指す。

　グラフの構造は辺によって定義される。そのため、多くの問題がグラフ内の2つの節点の間の最短経路問題に帰着する。ここで**経路**（path）の長さは、経路を構成する辺の長さの総和として求められる。辺には**重み**（weight）と呼ばれる数値が付随することも、（一方通行の道路のように）特定の方向が指定されている**有向**（directed）のこともある。**単一始点最短経路**アルゴリズムでは、特定の節点sが与えられ、そこから他のすべての節点への最短経路を計算する。**全対最短経路**アルゴリズムでは、すべての節点対(u, v)について最短経路を計算する。

　問題によっては、その背景にあるグラフ構造をより深く理解することが求められる。例えば、無向重み付きグラフの最小被覆木（MST）は、(a)元の全節点がMST内においても連結されており、(b)辺の重みの総和がMSTにおいて最小になる、という条件を満たす辺の集合である。**プリム法**を使ってこの問題をどのように効率的に解くかを示す。

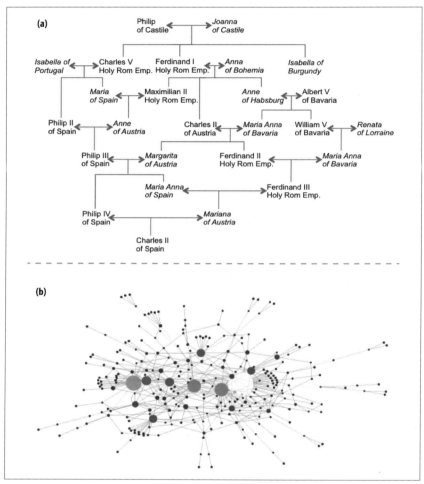

図6-1 (a) カルロス2世(スペイン、1661－1700)の家系図[*1] (b) 肝臓がんに関係する分子ネットワーク

[*1] 訳注:カルロス2世はハプスブルク家最後のスペイン国王。近親結婚による先天性疾患で有名で、この家系図がそれを示している。

6.1 グラフ

グラフ $G = (V, E)$ は、節点集合 V と各節点対上の辺集合 E によって定義される。普通のグラフには、次の3種類がある。

無向、重みなしグラフ（Undirected, unweighted graph）
関係の方向を気にせず節点対 (u, v) の関係をモデル化する。対称的な情報を扱うのに役立つ。例えば、社会的ネットワークをモデル化したグラフでは、アリスがボブの友達なら、ボブはアリスの友達だ。

有向グラフ（Directed graph）
節点対 (u, v) の関係が、(v, u) の関係とは異なるモデル。ただし (v, u) が存在するかどうかは問わない。例えば、運転指示を与えるプログラムは、交通違反をしないように一方通行の街路の情報を格納しなければならない。

重み付きグラフ（Weighted graph）
節点対 (u, v) の関係に**重み**（weight）と呼ばれる数値が伴うモデル。値として数でないものが使われても構わない。例えば、町 A と B との間の辺は、分単位の推定運転時間、あるいは町を結ぶ通り、または高速道路の名前を格納している。

最も高度に構造化されたグラフである有向重み付きグラフは、節点の非空集合 $\{v_0, v_1, \cdots, v_{n-1}\}$、互いに異なる節点間の有向辺（すべての対で各方向に高々1つの辺がある）の集合、および各辺の正の重みを定義する。アプリケーションによっては、この重みが正でなくても構わない（例えば、負の重みは利益ではなく損失を意味する）が、その場合には、意味をきちんと述べるように配慮する。

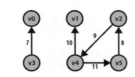

図6-2　有向重み付きグラフの例

図6-2の有向重み付きグラフを考えよう。これは、6節点、5辺で構成される。このグラフを貯えるのに、図6-3に示すように隣接リスト（adjacency list）を用いる。節点v_iは、リンク付きリストを持ち、各リストには、v_iの隣接節点と辺の重みが貯えられている。つまり、この基盤構造はグラフの節点の1次元配列となる。

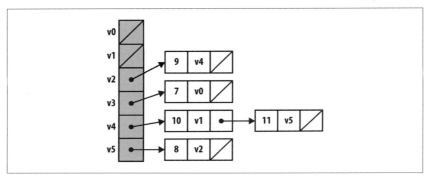

図6-3　有向重み付きグラフの隣接リスト表現

図6-4に、有向重み付きグラフを、整数を要素とする$n \times n$の隣接行列（adjacency matrix）Aに貯える方式を示す。行列要素$A[i][j]$に、v_iからv_jへの辺の重みを貯える。v_iからv_jへの辺がない場合には、$A[i][j]$に特別な値、例えば、0、-1、$-\infty$を格納する。同様に、隣接リストと隣接行列は（たとえば、値1を使って辺を表すことで）重みなしグラフを表すことができる。隣接行列では、辺(v_i, v_j)が存在するかどうかは定数時間しかかからないが、隣接リストではv_iのリストの辺の個数に依存する。対照的に、隣接行列ではより多くの空間が必要で、また、辺の個数に比例する時間ですべての接続辺（incident edge）を検出する能力を失う。その代わり、すべての存在し得る辺を調べなければならない。これは、節点数が多くなると非常に高価になる。**密グラフ**（dense graph）では、ほとんどすべての存在し得る辺が存在するので、そのようなときは、隣接行列表現を使うのが良いだろう。

$0 \leq i < k-1$について、$k-1$個の辺(v_i, v_{i+1})をつなげたk個の節点の経路を$<v_0, v_1, \cdots, v_{k-1}>$と記述する（有向グラフの場合は辺の向きも考慮する必要がある）。たとえば図6-2で、経路$<v_4, v_5, v_2, v_4, v_1>$は実際に存在する。このグラフには**閉路**（cycle）、すなわち、その中に同じ節点を何度も含む経路がある。閉路は通常、最小形で表す。グラフのどの節点対にも経路が存在するなら、グラフは連結（connected）されている、と呼ばれる。

	v0	v1	v2	v3	v4	v5
v0	0	0	0	0	0	0
v1	0	0	0	0	0	0
v2	0	0	0	0	9	0
v3	7	0	0	0	0	0
v4	0	10	0	0	0	11
v5	0	0	8	0	0	0

図6-4　有向重み付きグラフの隣接行列表現

　隣接リストを使って無向グラフを貯える場合、同じ辺(u, v)が2度、uとvとの両方のリンク付きリストに現れる。したがって、隣接リストでの無向グラフのストレージ使用量は、同じ個数の節点と辺を持つ有向グラフの2倍になる。しかし、こうすることで、節点uの近傍を探すのにかかる時間が実際の近傍点の個数に比例した時間で済む。隣接行列を使って無向グラフを貯える場合には、$A[i][j]=A[j][i]$となる。

6.1.1　データ構造の設計

　有向（および無向）グラフを貯えるC++のGraphクラスを、C++標準テンプレートライブラリ（STL）のコアクラスによる隣接リスト表現を用いて実装する。具体的にはlistの配列を保持し、1つのlistが1節点に対応する。各節点uのlistには、オブジェクトIntegerPairが貯えられ、重みwの辺(u, v)を表す。

　グラフの操作は、いくつかの種類に分けられる。

作成（Create）
グラフは、有向であれ無向であれ、最初にn個の節点の集合から構築される。グラフが無向なら、辺(u, v)の追加に際して、辺(v, u)も追加する。

検査（Inspect）
グラフが有向かどうか、ある節点から出ている辺はどれか、ある辺が実際に存在するかどうか、あるいは辺の重みはどれだけかなどを知ることができる。必要であれば、グラフ内の任意の節点に対して、隣接辺（およ

びその重さ）を返すイテレータを構築して利用できる。

更新（Update）

グラフに辺を追加（あるいは削除）できる。グラフに節点を追加（あるいは削除）もできるが、本章のアルゴリズムは節点の追加削除を必要としない。

グラフを探索する方法についての議論から始める。一般的な2つの探索戦略は、**深さ優先探索**と**幅優先探索**である。

6.2　深さ優先探索

図6-5の左の迷路を考えよう。何度か練習すれば、子供でも始点sから目的tへの経路をすぐに見つけられるようになる。この問題を解く1つの考え方は、とりあえず進めるだけ進めば、目的地からそう離れてはいないところにいるだろう、という考え方だ。すなわち、分岐でランダムに方向を選んでは、その方向へ進むことを繰り返す、という方法だ。どこから来たかをマークしておき、行き止まりに達するか、既に来たことのあるところに行くしかない状態に陥ったら、後戻りしてこれまで試したことのない経路がある分岐を探し、そこから再開する。図6-5の右側につけた番号は、この方法で解いた際の分岐点を示す。この例の場合には、迷路のすべての場所が訪問されている。

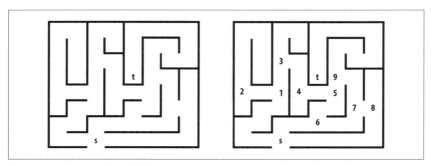

図6-5　sからtへの小さい迷路

図6-5の迷路をグラフで表現することができる。節点は、迷路の分岐点（各節点には図6-5の右側の番号を付けた）と「行き止まり」とで作られる。辺は、節点の間に、迷路での分岐のない直接の道があるときだけ作られる。図6-5の迷路の無向グラフ

による表現を図6-6に示す。各節点は、一意な番号を持つ。

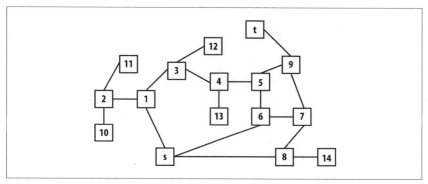

図6-6　図6-5の迷路のグラフ表現

　迷路問題を解くには、図6-6のグラフ $G = (V, E)$ で、節点 s から節点 t への経路を見つければよい。この例では、すべての辺が無向だが、もし迷路の道に方向制限が付いていた場合には、有向グラフになる。

　深さ優先探索の核心となるのは、これまでに訪問していない節点 u を訪問する再帰操作 dfsVisit(u) である。dfsVisit(u) は、進捗を記録するために、節点を次の3色で色分けする。

白
　　節点はまだ訪問されていない。

灰色
　　訪問済みだが、未訪問の隣接節点があるかもしれない。

黒
　　節点自身および全隣接節点が訪問済み。

深さ優先探索 Depth-First Search	最良	平均	最悪
		$O(V + E)$	

```
depthFirstSearch (G,s)
  foreach v in V do
    pred[v] = -1
    color[v] = White    ❶ 最初は全節点が未訪問の白である。
  dfsVisit(s)
end

dfsVisit(u)
  color[u] = Gray
  foreach uの隣接節点v do
    if color[v] = White then   ❷ 未訪問隣接節点を見つけ、その方向に進む。
      pred[v] = u
      dfsVisit(v)
  color[u] = Black    ❸ すべての隣接点を訪問したら、この訪問は終了。
end
```

　最初は、すべての節点が白で、いまだ訪問されていないことを表す。深さ優先探索は、始点sで`dfsVisit`を呼び出す。`dfsVisit(u)`は、節点uをまず灰色にして、次にuのすべての未訪問隣接節点（すなわち、白色の節点）で再帰的に`dfsVisit`を呼び出す。すべての隣接節点に対する再帰呼び出しが完了するとuを黒にして、関数`dfsVisit(u)`は呼び出し元に戻る。再帰的`dfsVisit`の戻りの際には、深さ優先探索が（灰色の）前の節点に戻り、その節点に未訪問隣接節点があるならそれを調べる。図6-7では、小さなグラフでこの進捗状態を示す例が載っている。

　有向無向を問わず、深さ優先探索は、sからグラフ探索を始め、sから到達可能なすべての節点を調べる。深さ優先探索は、グラフの辺をたどることで、グラフの本質的に複雑な構造を明らかにする。深さ優先探索は、各節点vについて1つ前の節点を`pred[v]`で格納することで、始点sからvへの経路を復元できるようにしている。

　この情報は、トポロジーソートや強連結成分発見などを含めた深さ優先探索に基づくさまざまなアルゴリズムに役立つ。

　図6-6のグラフにおいて、隣接節点が昇順にリストされていると仮定する。探索中の情報の経過を図6-8に示す。グラフの節点の色は、5番目の節点（この場合は13）の色が黒になったときのものである。グラフの一部（すなわち、黒色の節点）は、

探索済みで再度訪問されることはない。白の節点はまだ訪問されておらず、灰色の節点は、現在、dfsVisitが再帰訪問していることに注意する。

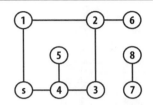

sから開始してdfsVisitは再帰的に節点（1-5）を訪問し、白の隣接節点がないもの（すなわち5）を見つけるまで灰色にマークする。

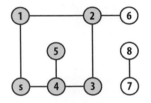

各dfsVisitが終了すると、最初は見逃された未訪問節点（すなわち、6が2の白隣接節点だった）が探索される。完了した節点は黒になる。

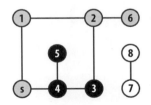

グラフが連結でないと、いくつかの節点が白のままになる。

図6-7　深さ優先探索の例

　深さ優先探索はグラフ全体を見る能力がない。たとえば、目標tへ向かう方向とは違う方向なのに、盲目的に節点＜5, 6, 7, 8＞を探索してしまう。深さ優先探索が完了すると、pred[]の値を使って、各節点から元の始点sへの経路を生成することができる。

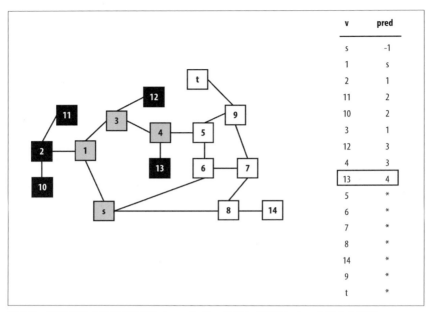

図6-8 無向グラフの例で計算したpred。5つの節点が黒色になった時点の様子。

ただし、この経路は最短ではないかもしれない。実際、この**深さ優先探索**が完了したとき、sからtへの経路は7節点の$<s, 1, 3, 4, 5, 9, t>$となるが、より短い5節点の経路$<s, 6, 5, 9, t>$が存在する。なお「最短経路」とは、sとtとの間での分岐決定点の個数が最小の経路を指す。

6.2.1 入出力

入力は、グラフ$G = (V, E)$および始点$s \in V$。

深さ優先探索は、深さ優先順序においてvの前の（predecessor）節点を表すpred[v]配列を生成する。

6.2.2 文脈

深さ優先探索では、グラフの走査中、各節点に色（白、灰色、黒）を貯えるだけでよい。したがって、**深さ優先探索**はsから始めるグラフ探索において、情報蓄積のオーバーヘッドが$O(n)$しかかからない。

深さ優先探索では、グラフとは別の配列に処理情報を貯えることもできる。グラ

フの深さ優先探索の唯一の要件は、与えられた節点の隣接節点を反復処理する手段があるということだけだ。この機能があれば複雑な情報の深さ優先探索を容易に行うことができる。というのも、dfsVisitは、元のグラフの構造を読み込むだけだからだ。

6.2.3 解

例6-1にC++による解の例を示す。節点の色情報が、メソッドdfsVisitの内部でしか使われないことに注意する。

例6-1　深さ優先探索の実装

```
// グラフの節点uを訪問し情報を更新する
void dfsVisit (Graph const &graph, int u,            /* 入力 */
        vector<int> &pred, vector<vertexColor> &color) { /* 出力 */
  color[u] = Gray;

  // uの全隣接点を処理する
  for (VertexList::const_iterator ci = graph.begin(u);
       ci != graph.end(u); ++ci) {
    int v = ci->first;

    // 未訪問節点を直ちに探索してpred[]を記録する
    // 再帰呼び出しが終わると、隣接節点に後戻りする。
    if (color[v] == White) {
      pred[v] = u;
      dfsVisit (graph, v, pred, color);
    }
  }

  color[u] = Black; // 隣接点は既に終わり、この節点も終わった
}

/**
 * 節点sから深さ優先探索を行い、pred[u]、つまり、深さ優先探索森における
 * uの1つ前の節点を計算する。
 */
void dfsSearch (Graph const &graph, int s, /* 入力 */
        vector<int> &pred) {               /* 出力 */
  // 配列pred[]を初期化する。すべての節点を白に変更し未訪問にする。
  const int n = graph.numVertices();
  vector<vertexColor> color (n, White);
  pred.assign(n, -1);
```

```
  // 始点から探索を始める。
  dfsVisit (graph, s, pred, color);
}
```

6.2.4 分析

再帰関数dfsVisitは、グラフの各節点に対して一度だけ呼ばれる。dfsVisitの中では、すべての隣接節点を調べねばならない。すなわち、有向グラフでは、辺はいずれも一度たどられるだけだが、無向グラフでは、一度たどられた後に（逆方向から）もう一度チェックされることになる。どちらも、全体の性能コストは、$O(V + E)$となる。

6.2.5 変形

元のグラフが非連結なら、sからの経路がない節点がいくつかあるだろう。これらの節点は未訪問のままになる。変形の中には、dfsSearchメソッド内で未訪問節点に対してdfsVisitを追加実行し、すべての節点の処理を保証するものもある。これが行われると、pred[ ]値は、深さ優先木探索結果の深さ優先森を記録する。この森で木の根を見つけるには、pred[ ]を走査して、pred[r]値が−1の節点rを見つけることになる。

6.3 幅優先探索

幅優先探索は、グラフ探索で深さ優先探索とは異なる方式を取る。幅優先探索では、始点sからk辺だけ離れたグラフ$G = (V, E)$のすべての節点を、$k + 1$辺だけ離れたどの節点よりも先に訪問する。この処理は、sから到達可能な節点がなくなるまで続けられる。幅優先探索では、sから到達不能なGの節点を訪問しない。アルゴリズムは、有向グラフでも無向グラフでも機能する。

幅優先探索は、グラフで節点sから目標節点への最短経路を見つけることが保証されている。ただし、その処理では多数の節点を評価する可能性がある。深さ優先探索は、できる限り処理を進めようとするので、幅優先探索より早く経路が見つかることがあるが、最短経路であるとは限らない。

図6-7と同じ小さなグラフで幅優先探索の途中経過を図6-9に示す。グラフの灰色の節点がキューに含まれている節点であることに注意すること。繰り返し処理のたびに、1つの節点がキューから取り出され、未訪問隣接節点がキューに追加される。

6.3 幅優先探索

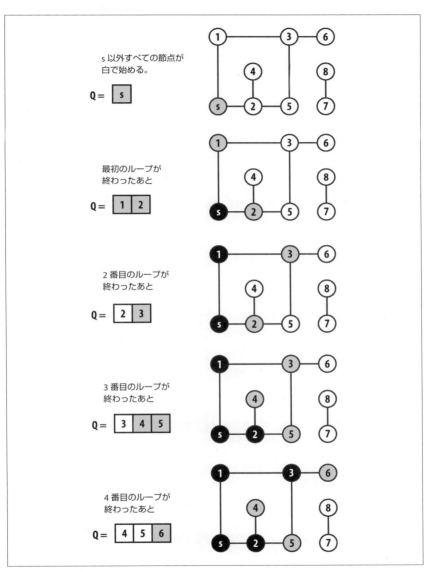

図6-9　幅優先探索の例

幅優先探索は、進行に後戻りを必要としない。深さ優先探索と同様に、節点を白、灰色、黒に色分けして進捗を記録する。実際、同じ色と定義を使う。深さ優先探索と直接比較するために、前に図6-6で用いた同じグラフについて、図6-10では、5番目の節点（節点2）を黒にしたときのスナップショットを取った。図に示した時点では、探索が始節点s、sから1辺離れた節点$\{1, 6, 8\}$と、2辺離れた節点2を黒にしたところである。

sから2辺離れた節点のうち残っている$\{3, 5, 7, 14\}$は、すべてキューQに入っていて処理待ちである。sから3辺離れた節点の中でも、節点$\{11, 10\}$は訪問済みであるがキューの最後尾に入っている。キューの全節点が活動状態であることを反映して灰色になっていることに注意する。

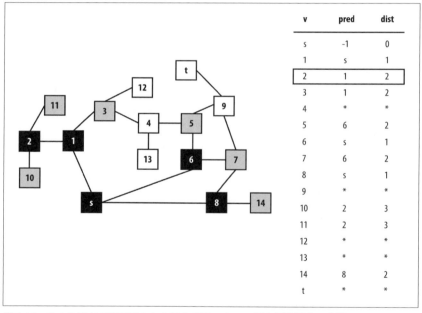

図6-10　5つの節点が黒に塗られた後のグラフ上での深さ優先探索の進捗

6.3.1　入出力

入力は、グラフ $G = (V, E)$ および出発位置を表す始点 $s \in V$。

幅優先探索は、2つの配列を計算して出力する。dist[v]からは、sからvへの最短経路の辺の数がわかる。pred[v]からは、幅優先探索順序に基づいたvの1つ前の節点がわかる。pred[ ]の値は、幅優先木探索の結果を符号化したものとなっている。元のグラフが非連結なら、sからの到達不能な全節点wは、pred[w]の値として−1をとる。

6.3.2　文脈

幅優先探索は、処理中の節点をキューに貯えるので、$O(V)$ 性能のストレージとなる。7章で述べるように「その場で（on the fly）」節点が生成されるグラフの最短経路を見つけることが保証されている。実際、生成された幅優先木中の経路はすべて、始点sからの辺数が最小、という意味で最短経路になる。

6.3.3　解

例6-2に、C++による実装例を示す。幅優先探索は、その状態をキューに貯えるので、再帰関数呼び出しはない。

例6-2　幅優先探索の実装

```
/**
 * 節点sからグラフの幅優先探索を行い、グラフの全節点に対しBFS距離
 * とpred節点を計算する
 */
void bfs_search (Graph const &graph, int s,            /* 入力 */
                 vector<int> &dist, vector<int> &pred) /* 出力 */
{
  // distとpredとを初期化して、節点を未訪問の白にする。
  // sから始めるが、まだ隣接節点を訪問していないので、灰色にする。
  const int n = graph.numVertices();
  pred.assign(n, -1);
  dist.assign(n, numeric_limits<int>::max());
  vector<vertexColor> color (n, White);

  dist[s] = 0;
  color[s] = Gray;

  queue<int> q;
```

```
  q.push(s);
  while (!q.empty()) {
    int u = q.front();

    // uの隣接節点を調べて探索候補を増やす。
    for (VertexList::const_iterator ci = graph.begin(u);
         ci != graph.end(u); ++ci) {
      int v = ci->first;
      if (color[v] == White) {
        dist[v] = dist[u]+1;
        pred[v] = u;
        color[v] = Gray;
        q.push(v);
      }
    }

    q.pop();
    color[u] = Black;
  }
}
```

6.3.4 分析

幅優先探索は、初期化ですべての節点の情報を更新するので、初期化のコストは$O(V)$となる。節点が最初に訪問され（灰色になり）、キューに追加されるが、同じ節点が2度追加されることはない。キューは、定数時間で要素を追加削除できるので、キューの管理コストは、$O(V)$となる。最終的に、節点は1回だけデキュー（dequeue）[*1]され、その隣接節点が探索される。したがって、ループの総実行回数も辺の総数$O(E)$で抑えられるので、全体性能は、$O(V + E)$となる。

[*1] 訳注：キューに要素を追加する操作は、エンキュー（enqueue）、取り出す操作は、デキュー（dequeue）と呼ばれる。

幅優先探索 Breadth-First Search	最良	平均	最悪
		$O(V + E)$	

```
breadthFirstSearch (G, s)
  foreach v in V do
    pred[v] = -1
    dist[v] = ∞
    color[v] = White    ❶ 最初はすべての節点が未訪問の白である。
  color[s] = Gray
  dist[s] = 0
  Q = empty Queue       ❷ 訪問した灰色の節点の集まりをキューに保持する。
  enqueue (Q, s)

  while Q 空でない do
    u = head(Q)
    foreach uの隣接節点v do
      if color[v] = White then
        dist[v] = dist[u] + 1
        pred[v] = u
        color[v] = Gray
        enqueue (Q, v)
    dequeue (Q)
    color[u] = Black    ❸ すべての隣接点を訪問したら、この節点は完了。
end
```

6.4 単一始点最短経路

ヴァーモント州のサンジョンズベリー（Saint Johnsbury）からテキサス州のウェイコ（Waco）に自家用飛行機で最短経路を行きたいとしよう。また、各空港間の距離がわかっているとする。この問題を解くアルゴリズムで一番よく知られているのは**ダイクストラ法**（Dijkstra's algorithm）[*1]である。これによって、サンジョンズベリーから他のすべての空港への最短経路を探すことができる。ただし、この例の場合には、ウェイコへの経路がわかったところで処理を止めれば十分だ。

この例では、経路の距離を最小にしている。他の応用としては、距離でなく時間

[*1] 訳注：エドガー・ダイクストラ（Edsgar Dijkstra、1930-2002）は、オランダの高名な計算機科学者。プログラム作りについて、数学的なアプローチを唱えた。構造化プログラミングのためにGoto文の排除を唱えた。多くのアルゴリズムを開発した。

（例：ネットワーク上でパケットをできるだけ速く送り届ける）や、コスト（例：サンジョンズベリーからウェイコへ一番安く行く経路を探す）を最小化する問題もあるだろう。これらの問題も、最短経路問題と同様に解くことができる。

ダイクストラ法は、**優先度付きキュー**（PQ）というデータ構造を使う。PQは、要素の集まりを保持し、各要素には**優先度**という整数が付随して、要素の重要度を表す。PQには、要素xを優先度pで挿入できる。pの値が低いほど要素の重要性が高いことを表す。PQの基本操作は、PQの優先度値が最も低い要素（言い換えると、最も重要な要素）を返すgetMinである。他にもdecreasePriorityという操作が使えることもある。これは、PQの中で特定の要素を探し出して、要素自体はそのままで、その優先度値を下げる（重要度を上げる）操作である。

ダイクストラ法 Dijkstra's Algorithm	最良	平均	最悪
	\multicolumn{3}{c}{$O((V+E)*\log V)$}		

```
singleSourceShortest (G, s)
  PQ = 空の Priority Queue
  foreach v in V do
    dist[v] = ∞          ❶ 最初は全節点が到達不能と考える。
    pred[v] = -1

  dist[s] = 0
  foreach v in V do      ❷ 最短経路距離を優先度として全節点をPQに入れる。
    insert (v, dist[v]) into PQ

  while PQ が空でない do
    u = getMin(PQ)       ❸ 始点への最短距離の節点を取り出す。
    foreach uの隣接節点v do
      w = 辺(u, v)の重み
      newLen = dist[u] + w
      if newLen < dist[v] then   ❹ sからvへのより短い経路が見つかったら、記録
                                    してPQを更新する。
        decreasePriority (PQ, v, newLen)
        dist[v] = newLen
        pred[v] = u
  end
```

始点sは前もってわかっており、dist[v]は、s以外の全節点で∞となる。dist[s] = 0となるこれらの節点は、優先度付きキューPQにdist[v]に等しい優先度で挿

入される。したがって、最初にPQから取り出される節点がsになる。**ダイクストラ法**では、繰り返しのたびに、PQの中の未訪問節点でsに最も近い節点が1つ取り出される。PQの節点は、**図6-11**に示すように訪問節点の情報で、より近い距離に更新される可能性がある。V回の反復後、dist[v]は$v \in V$の全節点でsからの最短距離を示す。

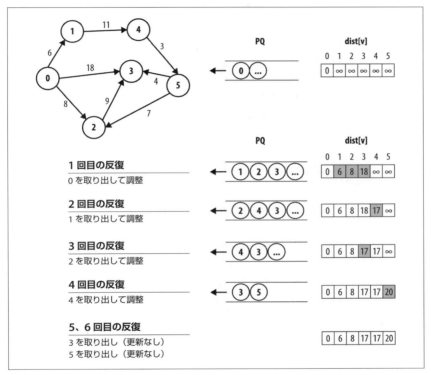

図6-11　ダイクストラ法の例

ダイクストラ法は、概念的には、節点集合Sを貪欲にひたすら拡張していくものである。このSは、すべての$v \in S$についてsからvへの（S内の節点のみを経由するときの）最短距離がわかっている集合である。最初、Sは集合$\{s\}$である。**図6-12**に示すようにSを拡張するため、**ダイクストラ法**は、まず節点$v \in V - S$（すなわち、**図6-12**で影の部分の外側にある節点）のうちsへの距離が最小であるような節点を見つける。その後、vの辺をたどって、他の節点への最短経路があるかどうかを調

べる。例えば、v_2 を処理した後で、このアルゴリズムは、s から v_3 が、経路 $<s, v_2, v_3>$ によって距離17となることを見つける。S が V に等しくなるところまで大きくなると、アルゴリズムは完了する。**図6-12**に最終結果を示す。

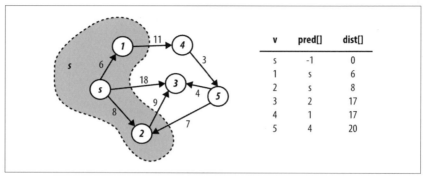

図6-12　ダイクストラ法は集合Sを拡張する

6.4.1　入出力

入力は、有向重み付きグラフ $G = (V, E)$ および始点 $s \in V$。各辺 $e = (u, v)$ には、非負重みが付随する。

ダイクストラ法は、2つの配列を計算して生成する。主要結果は、始点 s からグラフの各節点への最小距離を表す値の配列 `dist[]` である。第2の結果は、始点 s からグラフの各節点に至る実際の最短経路の再計算に使われる配列 `pred[]` である。

辺の重みは非負（0以上）である。この仮定が成り立たないなら、`dist[]` は不正な結果を含んでしまう。より問題なのは、すべての重みの和が0より小さい閉路が存在するなら、**ダイクストラ法**は永遠にループする可能性があることだ。

6.4.2　解

ダイクストラ法の実行中、`dist[v]` は、集合 S 内の訪問済み節点のみを経由するときの s から v への最短経路の長さの最大値を表す[*1]。各 $v \in S$ に対して、`dist[v]` は解

[*1] 訳注：ここの概念はややわかりにくい。`dist[v]` は $v \in V-S$ に対しては最短距離の候補を表しているのみで、より短い距離が発見されると書き換えられる。例えば**図6-11**で最初 `dist[3]` は∞だが、これは s から v への最短距離が（到達できるかどうかも含めて）まったくわからないので∞が与えられている。一方、3回目の反復後に節点 $4 (\in S)$ から節点3への経路が発見されるので、その時点でわかっている節点4経由の最短距離が書き込まれるが、これは他の最短距離によって書き換えられる可能性があるという意味で、取りうる最短距離の最大値である。

を示す。幸いなことに、**ダイクストラ法**は、S自身を計算して、保持することはしない。最初に、Vの節点をすべて含む集合を構築して、そこから1度に1つ節点を取り除いて dist[v] の値を計算する。便宜上、この単調縮小する集合を $V\text{-}S$ として参照する。**ダイクストラ法**は、すべての節点が、訪問されたか、あるいは始点 s から到達不可能のどちらかがわかった時点で停止する。

例6-3に示すC++による実装では、**二分ヒープ**に集合 $V\text{-}S$ の節点を優先度付きキューとして貯える。その理由は、定数時間で、**最小優先度**の節点を見つけられるからである（優先度は、sからその節点への距離で決められる）。さらに、sからvへの新たな最短経路を見つけると、dist[v] の値が更新され、ヒープを修正する必要がある。幸い、二分ヒープで表現された優先度付きキューに対する演算 decreaseKey は、最悪時でも $O(\log q)$ 時間で実行できる。ここで、qは二分ヒープにある節点の個数で、常に節点の総数n以下となる。

例6-3　ダイクストラ法の実装

```
/** 有向重み付きグラフが与えられたときに、すべての節点について
 *  最短距離を計算して、1つ前の節点を記録する */
void singleSourceShortest(Graph const &g, int s, /* 入力 */
                          vector<int> &dist,    /* 出力 */
                          vector<int> &pred) {  /* 出力 */
  // 配列dist[]およびpred[]を初期化する。dist[]を0にして、
  // 節点sから始める。優先度付きキューPQは、Gの全節点vを含む。
  const int n = g.numVertices();
  pred.assign(n, -1);
  dist.assign(n, numeric_limits<int>::max());
  dist[s] = 0;
  BinaryHeap pq(n);
  for (int u = 0; u < n; u++) { pq.insert (u, dist[u]); }

  // 縮小する一方の集合V-Sにおいて、dist[]が最小の節点を見つける。
  // 可能な新経路を再計算して、すべての最短経路を更新する。
  while (!pq.isEmpty()) {
    int u = pq.smallest();

    // uの隣接点について、newLen (s->uの最良経路＋辺u->vの重み)がs->vの
    // 最良経路よりもよいかどうか調べる。もしよければ、dist[v]を更新して、
    // 二分ヒープをそれに応じて更新する。long整数を使って、
    // オーバーフローエラーを避ける。
    for (VertexList::const_iterator ci = g.begin(u);
         ci != g.end(u); ++ci) {
      int v = ci->first;
```

```
            long newLen = dist[u];
            newLen += ci->second;
            if (newLen < dist[v]) {
               pq.decreaseKey (v, newLen);
               dist[v] = newLen;
               pred[v] = u;
            }
         }
      }
   }
}
```

（個別の値はそうでなくとも）辺の重みの和がnumeric_limits<int>::max()を超えると算術エラーが生じる。エラーを避けるには、データ型longを用いて、newLenを計算する。

6.4.3 分析

例6-3のダイクストラ法の実装では、最初の優先度付きキューを構築するループは、挿入をV回行うので、性能は$O(V \log V)$となる。次のwhileループでは、各辺が一度訪問され、decreaseKeyが最大E回呼ばれるので、$O(E \log V)$時間かかる。全体性能は、$O((V+E) \log V)$となる。

6.5 密グラフ用ダイクストラ法

隣接行列を使って表現した、密グラフに適したダイクストラ法の別バージョンがある。例6-4に示すC++実装では、もはや優先度付きキューを使う必要がなく、隣接行列を表す2次元行列を使うよう最適化している。これの性能は、$V-S$のdist[]の最小値がどれだけ速く取り出されるかによって決まる。まず1度に1つの節点がSに足されるので、whileループはV回実行される。また、$V-S$のdist[u]の最小値を見つけるには、V節点すべてを調べる必要がある。whileループ内の各ループで各辺は正確に1回だけ調べられることに注意。EがV^2より大きくなることは決してないので、全体の実行時間は$O(V^2+E)$となる。

6.5 密グラフ用ダイクストラ法

密グラフ用ダイクストラ法 Dijkstra's Algorithm for Dense Graphs	最良	平均	最悪
		$O(V^2 + E)$	

```
singleSourceShortest (G, s)
  foreach v in V do
    dist[v] = ∞    ❶ 最初は全節点が到達不能と考えられる。
    pred[v] = -1
    visited[v] = false
  dist[s] = 0

  while 未訪問節点vでdist[v] < ∞ do   ❷ すべての未訪問節点vでdist[v]＝∞なら停止する。
    u =未訪問節点の中で最小のdist[u]を見つける   ❸ 始点から最短距離を持つ節点を見つける。
    if dist[u] = ∞ then return
    visited[u] = true

    foreach uの隣接節点v do
      w = 辺(u, v)の重み
      newLen = dist[u] + w
      if newLen < dist[v] then   ❹ sからvへ、より短い経路が見つかったら、新しい長さを記録する。
        dist[v] = newLen
        pred[v] = u
end
```

隣接行列構造を使うので、このバージョンでは優先度付きキューが必要ない。その代わり、繰り返しのたびにdist[ ]が最小の未訪問節点を選ぶ。図6-13は、小さなグラフでの実行結果を示す。

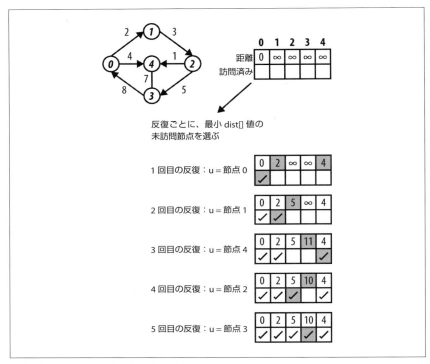

図6-13 密グラフ用ダイクストラ法の例

例6-4 最適化した密グラフ用ダイクストラ法

```
/**
 * 辺の重みが隣接行列int[][]で与えられたとき、グラフの全節点の最短距離(dist)を計算して、
 * 全節点の最短経路上の1つ前の節点(pred)を記録する。
 */
void singleSourceShortestDense (int n, int ** const weight, int s, /* 入力 */
                                int *dist, int *pred) {          /* 出力 */
  // 配列dist[]およびpred[]を初期化する。dist[]を0にして、
  // 節点sから始める。全節点が未訪問
  bool *visited = new bool[n];
  for (int v = 0; v < n; v++) {
    dist[v] = numeric_limits<int>::max();
    pred[v] = -1;
    visited[v] = false;
  }
  dist[s] = 0;
```

```cpp
  // 未訪問節点のうちsから最短の節点を見つける。
  // 可能な新経路を再計算して、すべての最短経路を更新する。
  while (true) {
    int u = -1;
    int sd = numeric_limits<int>::max();
    for (int i = 0; i < n; i++) {
      if (!visited[i] && dist[i] < sd) {
        sd = dist[i];
        u = i;
      }
    }
    if (u == -1) { break; } // 新たな経路が見つからなければ抜け出す

    // uの隣接点について、s->uの最良経路長＋辺u->vの重みが
    // s->vの最良経路よりもよいかどうか調べる。longを使って計算する
    visited[u] = true;
    for (int v = 0; v < n; v++) {
      int w = weight[u][v];
      if (v == u) continue;

      long newLen = dist[u];
      newLen += w;
      if (newLen < dist[v]) {
        dist[v] = newLen;
        pred[v] = u;
      }
    }
  }
  delete [] visited;
}
```

6.5.1 変形

　メッセージを正確に伝送する確率がわかっているなら、ネットワークのある点から別の点にメッセージを送る最も信頼のおける経路を求めることもできる。任意の経路（辺の組み合わせ）を使ったときにメッセージを正しく伝えられる確率は、経路に沿った全確率の積となる。ここで、計算尺で掛け算をするのと同じ技法を用いて、辺の確率を、その対数を取り符号を反転させたものに置き換えたもので表すことにしよう。この新しいグラフの最短経路は、元のグラフでの最も信頼できる経路となる。

　ダイクストラ法は、辺の重みが負の場合には使えない。しかし、ベルマン-フォー

ド法（Bellman-Ford）は、辺の重みの総和が0より小さい閉路が存在しないならば、辺の重みが負でも使うことができる。総和が負の閉路が存在すると、「最短経路」という概念そのものが無意味となる。**図6-14**のグラフの例は、節点{1, 3, 2}の閉路を含むが、辺の重みが正なので、ベルマン-フォード法がうまく機能する。

ベルマン-フォード法のC++による実装例を**例6-5**に示す。

ベルマン-フォード法　Bellman-Ford	最良	平均	最悪
		$O\ (V*E)$	

```
singleSourceShortest (G, s)
  foreach v in V do
    dist[v] = ∞        ❶ 最初は全節点が到達不能と考えられる。
    pred[v] = -1
  dist[s] = 0

for i = 1 to n do
  foreach 辺 (u,v) in E do
    newLen = dist[u] + 辺(u, v)の重み
    if newLen < dist[v] then    ❷ sからvへ、より短い経路が見つかったら、新しい長さを記録する。
    if i = n then "負のサイクル"と報告
      dist[v] = newLen
      pred[v] = u
end
```

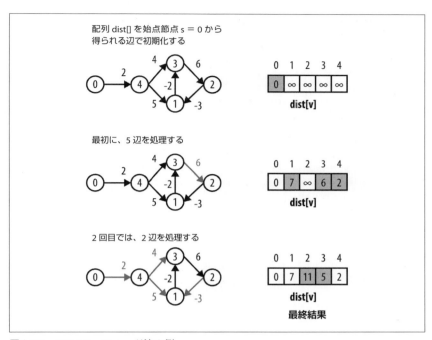

図6-14 ベルマン-フォード法の例

例6-5　単一始点最短経路のベルマン-フォードアルゴリズム

```
/**
 * 有向重み付きグラフが与えられたときに、すべての節点について最短距離(dist)を
 * 計算して、1つ前の節点へのリンク(pred)を記録する。グラフの重みは
 * 負でもよいが、負の閉路があってはならない。
 */
void singleSourceShortest(Graph const &graph, int s,          /* 入力 */
                          vector<int> &dist, vector<int> &pred){ /* 出力 */
  // 配列dist[]およびpred[]を初期化する
  const int n = graph.numVertices();
  pred.assign(n, -1);
  dist.assign(n, numeric_limits<int>::max());
  dist[s] = 0;

  // n-1回の実行後、sからすべての節点への最短距離の計算が完了することが
  // 保証できる。したがって、n回目で、どこかの値が変更されたら、
  // 負の閉路が存在することがわかる。変更がなければ早めにループを抜ける。
  for (int i = 1; i <= n; i++) {
    bool failOnUpdate = (i == n);
```

```
      bool leaveEarly = true;

      // 節点uとその辺について、辺(u,v)が現在のs->vの経路長よりも短く
      // なっているかどうかをs->u->vをチェックして調べる。オーバーフローを
      // 避けるためlongを使って計算する。
      for (int u = 0; u < n; u++) {
        for (VertexList::const_iterator ci = graph.begin(u);
             ci != graph.end(u); ++ci) {
          int v = ci->first;
          long newLen = dist[u];
          newLen += ci->second;
          if (newLen < dist[v]) {
            if (failOnUpdate) { throw "Graph has negative cycle"; }
            dist[v] = newLen;
            pred[v] = u;
            leaveEarly = false;
          }
        }
      }
      if (leaveEarly) { break; }
    }
  }
}
```

　直観的には、ベルマン-フォード法は、与えられたdist[u]と辺(u, v)の重みをもとに、グラフ全体のそれぞれの辺(u, v)がdist[v]の計算を改善できないかどうかを調べる、という走査をn回行うものである。例えば、極端な場合には、sからある節点vへの最短経路がグラフ中の全節点を通ることもある。したがって、少なくとも$n-1$回の走査が必要となる。$n-1$回の走査が必要な理由はもう1つある。辺の訪問順序が任意であることから、$n-1$回ですべての経路が発見されることを保証するためである。

　ベルマン-フォード法は、総和が0より小さい負の閉路が存在する場合のみ、使用できない。そのような負閉路を検出するために、(必要な回数より1つ多い)n回の基本処理ループを実行する。n回目のループで、いずれかのdist[ ]値が変更されたなら、負閉路のあることがわかる。ベルマン-フォード法の性能は、入れ子になったループからわかるように$O(V*E)$である。

6.6 単一始点最短経路選択肢の比較

ここに述べた3つのアルゴリズムの期待性能をざっとまとめると次のようになる。

- ベルマン-フォード法：$O(V*E)$
- 密グラフ用ダイクストラ法：$O(V^2 + E)$
- 優先度付きキューのダイクストラ法：$O((V + E)*\log V)$

これらのアルゴリズムをいくつかの異なるシナリオで比較する。当然ながら、自分のデータに最も適したアルゴリズムを選ぶには、ここで示すように実装についてベンチマークを行う必要がある。次に示す表では、各アルゴリズムを10回実行して、最良と最悪を棄却した。**表6-1**に残りの8回の実行の平均値を示す。

6.6.1 ベンチマークデータ

ランダムなグラフを生成するのは難しい。**表6-1**では、節点$|V| = k^2 + 2$個、辺$|E| = k^3 - k^2 + 2k$個として型通りに生成されたグラフ（詳細については、コードリポジトリの実装を見てほしい）での性能を示す。Vの節点数をnとして、辺の個数はほぼ$n^{1.5}$となっている。優先度付きキューのダイクストラ法の性能が最良であるが、ベルマン-フォード法もそう悪くない。しかし密グラフに最適化したものは、性能が悪いことに注意して欲しい。

表6-1 ベンチマークグラフに対して単一始点最短経路を計算する時間（秒）

V	E	PQによるダイクストラ法	DG用に最適化されたダイクストラ法	ベルマン-フォード法
6	8	0.000002	0.000002	0.000001
18	56	0.000004	0.000003	0.000001
66	464	0.000012	0.000018	0.000005
258	3,872	0.00006	0.000195	0.000041
1,026	31,808	0.000338	0.0030	0.000287
4,098	258,176	0.0043	0.0484	0.0076
16,386	2,081,024	0.0300	0.7738	0.0535

6.6.2 密グラフ

密グラフでは、Eは、$O(V^2)$となる。例えば、すべての節点対が辺を持つ$n = |V|$節点の完全グラフでは、辺が$n(n - 1)/2$個ある。そのような密グラフにベルマン-フォード法を使うと、性能が$O(V^3)$になるので、薦められない。**表6-2**の密グラフは、巡回セールスマン問題（Traveling Salesman Problem、TSP）の研究者が使う公

開データセット（http://www.iwr.uni-heidelberg.de/groups/comopt/software/TSPLIB95/）からとられたものだ。このデータに対して、各アルゴリズムを100回実行し最良と最悪を棄却した。表には残りの98回の平均が含まれる。優先度付きキューを用いた場合と密グラフ用ダイクストラ法に実装の違いはほとんどないが、密グラフ用ダイクストラ法では性能が大幅に改善されていることがわかる。右端の列は同じ問題に対するベルマン-フォード法の性能を示している。ただし、他のアルゴリズムと異なり節点数の増加に対して性能の低下が激しいため、5回の実行の平均を示した。ベルマン-フォード法の疎グラフに対する絶対性能は妥当だが、他のアルゴリズムの結果と相対的に比べると、密グラフに対してベルマン-フォード法を使用するのは明らかに誤りであることがわかる。もちろん、負の重みの辺があり、このアルゴリズムを使わなければならない場合は別だが。

表6-2　密グラフの単一始点最短経路を計算する時間（秒）

V	E	PQによるダイクストラ法	DG用に最適化されたダイクストラ法	ベルマン-フォード法
980	479,710	0.0681	0.0050	0.1730
1,621	1,313,010	0.2087	0.0146	0.5090
6,117	18,705,786	3.9399	0.2056	39.6780
7,663	29,356,953	7.6723	0.3295	40.5585
9,847	48,476,781	13.1831	0.5381	78.4154
9,882	48,822,021	13.3724	0.5413	42.1146

6.6.3　疎グラフ

巨大なグラフは疎になることが多く、表6-3の結果から、そのようなグラフに対しては密グラフ向けに実装されたアルゴリズムではなく、優先度付きキューのダイクストラ法を使うべきだということが改めて確認できる。密グラフ用の実装では、20倍も遅くなることに注意すること。表の行は、辺の個数順になっている。というのも、この数がコストの決定要因になっているからだ。

表6-3　巨大疎グラフの単一始点最短経路を計算する時間（秒）

V	E	密度	PQによるダイクストラ法	DG用に最適化されたダイクストラ法
3,403	137,845	2.4%	0.0102	0.0333
3,243	294,276	5.6%	0.0226	0.0305
19,780	674,195	0.34%	0.0515	1.1329

6.7 全対最短経路

単一始点から最短経路を探すのではなく、任意の節点対(v_i, v_j)の最短経路を求めたいことがある。同じ距離を持つ複数の経路が存在することもある。この問題に対する最速解は、3章で紹介した**動的計画法**(dynamic programming)を使うものである。

動的計画法には、2つの興味深い特性がある。

- 小さな制約付きの問題を解き、その解を覚えておく。
- 問題に対する最適解を求めるのだが、解そのものよりも、最適解の値を計算する方がやさしい。この例の場合では、節点対(v_i, v_j)に対してv_iからv_jへの最短経路の長さがまず計算できるが、その経路を得るには余分な計算を必要とする、ということだ。次の疑似コードでは、k, u, vそれぞれがVの可能な節点を示す。

次に見る**フロイド-ワーシャル法**は、全節点対(v_i, v_j)に対して、dist[i][j]がv_iからv_jへの最短経路の長さとなる、$n \times n$行列distを計算する。

図6-15は、図6-13と同じグラフでの**フロイド-ワーシャル法**の例を示す。計算した行列の第1行は図6-13のベクトルと同じだ。**フロイド-ワーシャル法**は、節点のすべての対の最短経路を計算する。

6.7.1 入出力

入力は有向重み付きグラフ$G = (V, E)$。グラフの各辺$e = (u, v)$には、正の（0より大きい）重みが付随する。

フロイド-ワーシャル法は、グラフの各節点uから（自分も含めて）全節点への最短距離を要素として持つ行列dist[][]を生成する。dist[u][v]が∞なら、uからvへの経路が存在しないことになる。節点間の最短経路そのものは、このアルゴリズムで計算される第2の行列pred[][]から計算できる。

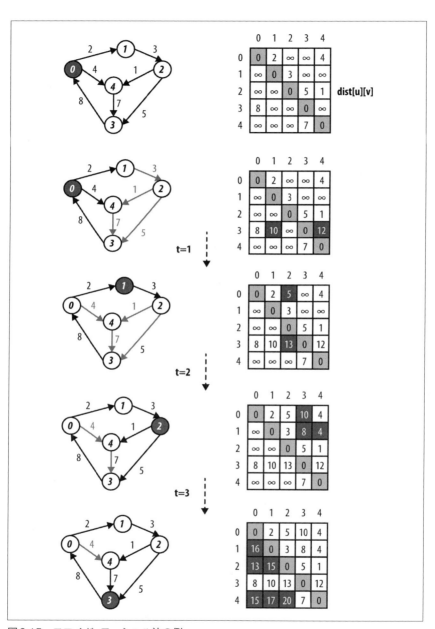

図6-15 フロイド-ワーシャル法の例

フロイド-ワーシャル法	最良	平均	最悪
Floyd-Warshall		$O(V^3)$	

```
allPairsShortestPath (G)
  foreach u in V do
    foreach v in V do
      dist[u][v] = ∞      ❶ 最初は全節点が到達不能と考える。
      pred[u][v] = -1
    dist[u][u] = 0
    foreach uの隣接節点v do
      dist[u][v] = 辺(u,v)の重み
      pred[u][v] = u

foreach k in V do
  foreach u in V do
    foreach v in V do
      newLen = dist[u][k] + dist[k][v]
      if newLen < dist[u][v] then   ❷ sからvへ、より短い経路が見つかったら、
        dist[u][v] = newLen            新しい長さを記録する。
        pred[u][v] = pred[k][v]   ❸ 新たに得られた1つ前のリンクを記録する。
end
```

6.7.2 解

動的計画法方式では、より単純な部分問題の結果を順に計算する。Gの辺をまず考える。これらは、**間に他の節点を含まない任意の2節点uとvの間の最短経路長**を表すものだ。行列dist[u][v]は、最初∞とセットされ、dist[u][u]は、0（節点uから自分自身への経路はコストがかからない）となる。そして、すべての辺$e = (u, v) \in E$について、dist[u][v]がその重みにセットされる。この時点で、dist行列は、すべての節点対(u, v)に対して、（いまのところの）最良の計算された最短経路を表す。

今度は、1つ大きい部分問題、すなわち、v_1を**間に含む**任意の2節点uとvの間の最短経路長を計算することを考える。動的計画法は各節点対(u, v)をチェックして、経路$\{u, v_1, v\}$の全距離がこれまでの最良よりも小さくなっていないかチェックする。場合によっては、dist[u][v]がまだ∞のこともある。uとvの間のどの経路についても何の情報もないからだ。他の場合では、uからv_1へとv_1からvとの経

路の和が、現在の距離よりも短いと、その合計をdist[u][v]に記録する。次に大きな部分問題は、v_1やv_2を**間に含む**2節点uとvの間の最短経路長を計算することだ。詰まるところ、アルゴリズムは部分問題を増大していき、最終的にdist[u][v]行列がグラフの任意の節点を含む任意の2節点uとvの間の最短経路長を表すことになる。

フロイド-ワーシャル法は、dist[u][t] + dist[t][v] < dist[u][v]が成り立つかどうかをチェックする最適化を計算する。アルゴリズムがpred[u][v]行列も計算し、これは、uからvへ新たに計算した最短経路が節点tを通らないといけないことを「記憶」する。最終的に驚くほど簡潔になった解を**例6-6**に示す。

例6-6　全対最短経路を計算するフロイド-ワーシャル法

```
void allPairsShortest(Graph const &graph,     /* 入力 */
        vector< vector<int> > &dist,           /* 出力 */
        vector< vector<int> > &pred) {         /* 出力 */
  int n = graph.numVertices();

  // dist[][]を初期化する。対角要素は0、辺がないとINFINITY、
  // 辺(u,v)の重みはdist[u][v]。predも同様に初期化する。
  for (int u = 0; u < n; u++) {
    dist[u].assign(n, numeric_limits<int>::max());
    pred[u].assign(n, -1);
    dist[u][u] = 0;
    for (VertexList::const_iterator ci = graph.begin(u);
         ci != graph.end(u); ++ci) {
      int v = ci->first;
      dist[u][v] = ci->second;
      pred[u][v] = u;
    }
  }

  for (int k = 0; k < n; k++) {
    for (int i = 0; i < n; i++) {
      if (dist[i][k] == numeric_limits<int>::max()) { continue; }

      // 距離が短くなる辺が見つかったら、dist[][]を更新する。
      // 無限大の距離でオーバーフローしないようにlongで計算する。
      for (int j = 0; j < n; j++) {
        long newLen = dist[i][k];
        newLen += dist[k][j];

        if (newLen < dist[i][j]) {
```

```
          dist[i][j] = newLen;
          pred[i][j] = pred[k][j];
        }
      }
    }
  }
}
```

例6-7に示す関数により、与えられたsからtへの実際の経路（最短経路が複数の場合もある）が復元される。この操作は行列predから、先行（1つ前の）節点情報を復元することで実現される。

例6-7　計算結果pred[][]から最短経路を復元するコード

```
/**
 * allPairsShortestの実行によるpredの結果から、sからtへの経路を節点の
 * ベクトルとして出力する。sとtは、正しい節点番号でなければならない。
 * sとtの間に経路が発見できない場合は、空の経路を返す。
 */
void constructShortestPath(int s, int t,        /* 入力 */
        vector< vector<int> > const &pred,      /* 入力 */
        list<int> &path) {                      /* 出力 */
  path.clear();
  if (t < 0 || t >= (int) pred.size() || s < 0 || s >= (int) pred.size()) {
    return;
  }

  // 始点sに出会うまで経路を構築する。経路がないと-1とする。
  path.push_front(t);
  while (t != s) {
    t = pred[s][t];
    if (t == -1) { path.clear(); return; }

    path.push_front(t);
  }
}
```

6.7.3　分析

フロイド-ワーシャル法にかかる時間は、ループの一番内側の、経路の更新を行う部分の計算回数に支配されるが、3重の入れ子ループからわかるように、$O(V^3)$となる。例6-7の関数constructShortestPathは、最短経路がグラフのすべての辺を

含む可能性があるので、O(E)性能の実行となる。

6.8　最小被覆木アルゴリズム

　無向連結グラフ$G = (V, E)$が与えられたとき、すべての節点を連結しているという意味で、グラフを「覆う」Eの辺の部分集合STを求めたいことがある。さらに、STの辺の重みの総和が可能なSTの中で最小であるとき、それを最小被覆木（MST）と呼ぶ。

　プリム法（Prim's Algorithm）は、そのような連結グラフから、貪欲法で以前の決定を覆すことなくMSTを構築する方法を示す。プリム法は、MSTに到達する（得られた被覆木が最小と証明できる）まで1つずつ辺を追加して被覆木Tを成長させていく。まず、成長集合Sに属する開始節点$s \in V$をランダムに選ぶ。これはTがsを根とする木となることを意味する。プリム法は、MSTが得られるまで、貪欲にTに辺を順次加えていく。このアルゴリズムの背後にあるのは、直感的には、$u \in S$と$v \in V\text{-}S$との間の最小重みを持つ辺(u, v)は、きっとMSTに含まれるはずだという考えだ。最小重みの辺(u, v)が見つかったら、それをTに加え、節点vをSに加える。

　このアルゴリズムは優先度付きキューを用いて節点$v \in V\text{-}S$を貯える。ここで**優先度キー**は辺(u, v)（ただし、$u \in S$）の最小重みに等しいとする。このキー値は、優先度キューにおける要素の優先度を反映する。値が小さいほど優先度が高い。

　図6-16に小さな無向グラフに対するプリム法の振る舞いを示す。優先度付きキューの要素は、キューの節点からMSTに既に含まれる節点への距離に基づいて並べられている。

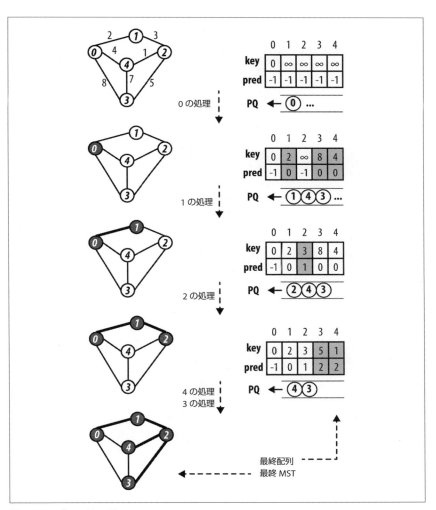

図6-16 プリム法の例

プリム法 Prim's Algorithm	最良	平均	最悪
		$O((V+E)*\log V)$	

```
computeMST (G)
foreach v in V do
  key[v] = ∞      ❶ 最初は全節点が到達不能と考える。
  pred[v] = -1
key[0] = 0
PQ = 空の Priority Queue
foreach v in V do
  insert (v, key[v]) into PQ

while PQ is not 空 do
  u = getMin(PQ)    ❷ 計算された距離が最小の節点を見つける。
  foreach 辺(u, v) in E do
    if PQがvを含む then
      w = 辺(u,v)の重み
      if w < key[v] then   ❸ vの推定コストを更新して、pred[v]にMST辺を記録する。
        pred[v] = u
        key[v] = w
        decreasePriority (PQ, v, w)
end
```

6.8.1 入出力

入力は無向グラフ $G = (V, E)$。

出力は、pred[ ]配列に収められたMST。MSTの根はpred[v] = − 1の節点。

6.8.2 解

例6-8に示すC++による実装は、プリム法の中心となる優先度付きキューの実装に二分ヒープを用いている。通常は、二分ヒープを用いると、主ループでの節点が優先度キューにあるかどうかのチェック（二分ヒープに組み込まれていない操作）のために効率が悪い。しかし、このアルゴリズムでは、処理進行に伴い優先度キューから節点を取り除くだけなので、節点が優先度付きキューから取り出されるごとに更新されるような状態配列inQueue[ ]を用意し、それを保守するだけで同じことが実現できる。別の最適化実装においては、キューの中にある節点について、現在の優先度キーを記録する外部配列key[ ]を保持する。これによって、与えられた節点

の識別子に対して優先度付きキューを探索する必要をなくす。

　プリム法は、節点をランダムに選んで開始節点sとする。最小節点uが優先度付きキューPQから取り出されて、訪問済み集合Sに「追加」されると、このアルゴリズムは、Sと$V-S$の間の辺を使って、PQの要素を再度順序付けする。decreasePriority操作が要素をPQの前面に移すことを思い出すこと。

例6-8　二分ヒープによるプリム法の実装

```
/**
 * 与えられた無向グラフに対して、ランダムに選んだ節点からMSTを計算する。
 * MSTの内容はpredに格納される。
 */
void mst_prim (Graph const &graph, vector<int> &pred) {
  // 配列pred[]とkey[]を初期化する。任意の節点s=0から始める。
  // 優先度付きキューPQは、Gの全節点vを含む。
  const int n = graph.numVertices();
  pred.assign(n, -1);
  vector<int> key(n, numeric_limits<int>::max());
  key[0] = 0;
  BinaryHeap pq(n);
  vector<bool> inQueue(n, true);
  for (int v = 0; v < n; v++) {
    pq.insert(v, key[v]);
  }

  while (!pq.isEmpty()) {
    int u = pq.smallest();
    inQueue[u] = false;

    // uのすべての隣接節点で、現在のTからの最短距離より短い辺がないか調べる。
    for (VertexList::const_iterator ci = graph.begin(u);
         ci != graph.end(u); ++ci) {
      int v = ci->first;
      if (inQueue[v]) {
        int w = ci->second;
        if (w < key[v]) {
          pred[v] = u;
          key[v] = w;
          pq.decreaseKey(v, w);
        }
      }
    }
  }
}
```

6.8.3 分析

プリム法の初期化では、(二分ヒープで実装された) 優先度付きキューに全節点を挿入するので、全コストが$O(V \log V)$となる。プリム法のdecreaseKeyは、キューの要素数をq（これは$|V|$より常に小さい）とすると$O(\log q)$の性能となる。どの節点も優先度キューから1度だけ取り出され、どの無向辺も正確に2度ずつ訪問されることから、この演算は高々$2*|E|$回呼ばれることがわかる。したがって、全体性能は、$O((V + 2*E)*\log n)$、すなわち$O((V + E)*\log V)$となる。

6.8.4 変形

プリム法の代わりになるものとして、**クラスカル法**（Kruskal's Algorithm）がある。**クラスカル法**は、「素集合」データ構造を用いて、最小被覆木を構築する。**クラスカル法**はグラフのすべての辺をその重み順に処理する。すなわち、最小重みの辺から始め、最大重みの辺で終える。**クラスカル法**は、$O(E \log E)$で実装できる。素集合データ構造に工夫を凝らした実装だと、これが$O(E \log V)$になる。**クラスカル法**についての詳細は (Cormen et al., 2009) に書かれている。

6.9 グラフについての考察

本章では、グラフが疎か密かでアルゴリズムの振る舞いが異なることを示した。この概念をさらに検討して、疎グラフと密グラフとの間の性能分岐点を分析し、ストレージ要求への影響を理解する。

6.9.1 ストレージの問題

集合のn個の要素間の関係を2次元隣接行列で表すときには、行列はn^2要素分のストレージを必要とするが、関係の個数はこれよりずっと少ないことがある。そのような場合は、疎グラフと呼ばれるが、コンピュータのメモリの制限から、数千個以上の節点を有する巨大グラフをメモリ上に貯えるのは不可能である。さらに、疎グラフにおいて、わずかばかりの辺を求めて巨大な行列を走査する作業は高価であり、このようなデータ表現では、効率的なアルゴリズムの真価が発揮できない。

本章で論じた隣接表現はどれも同じ情報を含んでいる。民間機で結ばれている世界中の2つの都市の間の最安値の便を見つけるプログラムを書くことを考えよう。辺の重みが直行便の最低運賃に対応する（割安な包括料金はないと仮定する）。

2012年の国際空港協会（Airports Council International, ACI）の報告では、世界の159ヶ国に1,598の空港があり、これは2,553,604要素の2次元行列に対応する。ここで、「どれだけの要素が値を持つか」という質問の答えは、直行便の数に依存する。ACIの報告では、2012年に7,900万の「航空便」があり、これは、1日にほぼ215,887便となる。このすべてが直行便であるとしても（明らかに、直行便はもっと少ないはず）、これは行列の92％が空であることを意味する。疎行列の好例だろう。

6.9.2　グラフ分析

本章のアルゴリズムを適用するに際して、隣接リストと隣接行列のいずれを使うべきかの基本的な判断基準は、グラフが疎かどうかである。アルゴリズムの性能はグラフの節点の個数Vと辺の個数Eから計算できる。ここでは、一般的なアルゴリズムの教科書と同様に、最良、平均、最悪時性能の式をVとEのO表記で表している。すなわち、O(V)は、計算がグラフの節点数に比例したステップ数を要することを意味する。一方で、グラフ中の辺の密度も大いに関わる。疎グラフなら、O(E)はO(V)のオーダーだが、密グラフではO(V^2)に近くなる。

後で述べるが、同じアルゴリズムでもグラフの構造によって性能が異なる。例えば、1つの変形はO($(V + E)*\log V$)時間、もう1つの変形はO($V^2 + E$)時間かかるとする。どちらが効率的だろうか。**表6-4**は、グラフGが疎グラフか密グラフかによって答えが異なることを示している。疎グラフでは、O($(V + E)*\log V$)の方が効率的で、密グラフでは、O($V^2 + E$)の方が効率的となる。この表で、中間グラフ（Break-even graph）[*1]と名付けたのは、疎グラフ向けアルゴリズムでも密グラフ向けアルゴリズムでも性能が同じO(V^2)になるグラフである。このようなグラフでは、辺の個数がO($V^2/\log V$)になっている。

表6-4　2種類のアルゴリズムの性能比較

グラフの種類	O($(V + E)*\log V$)	比較	O($V^2 + E$)
疎グラフ：$\|E\|$はO(V)	O($V \log V$)	<	O(V^2)
中間グラフ：$\|E\|$はO($V^2/\log V$)	O($V^2 + V*\log V$) = O(V^2)	=	O($V^2 + V^2/\log V$) = O(V^2)
密グラフ：$\|E\|$はO(V^2)	O($V^2 \log V$)	>	O(V^2)

[*1]　訳注：Break-even graphと言えば、会計の世界では損益分岐図だが、ここは疎グラフか密グラフかという話なので、このように訳した。

6.10 参考文献

Cormen, Thomas H., Charles E. Leiserson, Ronald L. Rivest, and Clifford Stein. Introduction to Algorithms, Third Edition. MIT Prss, 2009.（邦題『アルゴリズムイントロダクション第3版』総合版、近代科学社、2013）

7章
AIにおける経路探索

ある問題を解く明確なアルゴリズムが存在しない場合は、経路探索に目を向けてみよう。本章では、経路探索を用いるアプローチとして2種類のアプローチについて述べる。1つはプレイヤー2人のゲームのための**ゲーム木**であり、もう1つは、プレイヤー1人のゲームのための**探索木**を使うものである。両方とも**状態木**と呼ばれる共通した構造を持つ。すなわち、根の節点が初期状態を表し、辺が状態を新たな状態へと変換する動き（手）を表す、という構造だ。状態数は容易に爆発的に増加するため、この構造をすべて計算することは不可能である。ここに探索の挑戦のしがいがある。例えば、チェッカーというゲームでは、およそ$5*10^{20}$もの盤面がある（Schaeffer, 2007）。したがって、探索木は、必要に応じて構築される。これら2つの経路探索アプローチには、それぞれ次のような特徴がある。

ゲーム木（Game tree）

プレイヤー2人が交代で手を打ち、ゲーム状態を初期状態から変更していく。どちらかのプレイヤーがゲームに勝つ状態は複数存在し得る。また、どちらも勝つことができない「引き分け」の状態も複数あり得る。経路探索アルゴリズムは、あるプレイヤーが勝つ（または、引き分けに持ち込む）チャンスを最大化する。

探索木（Search tree）

プレイヤーが、初期盤面状態から出発して、一連の可能な手を打つことで、目的の目標状態に到達する。経路探索アルゴリズムは、初期状態を目標状態に変換する、一連の手順を見つける。

7.1 ゲーム木

三目並べ（tic-tac-toe）というゲームは、3×3のマス目にプレイヤーが○と×とを交互に置いていき、先に3つ並べたプレイヤーが勝つというゲームだ。空いているマス目がなくなり、どちらも勝てないときには引き分けとなる。三目並べには、盤面の異なる配置は、（折り返しや回転を除いて）765しかなく、可能なゲーム数は26,830と計算されている（Schaeffer, 2002）。先手は、常に勝利か引き分けに持ち込める。可能なゲームの一部を実際に確認するためには、図7-1に一部示しているような、**ゲーム木**を構成すれば良い。そして、プレイヤー○の（この木で一番上の節点として表現している）現在のゲーム状態から、プレイヤー○が、確実に勝利または引き分けに持ち込めるゲーム状態への経路を見つければ良い。

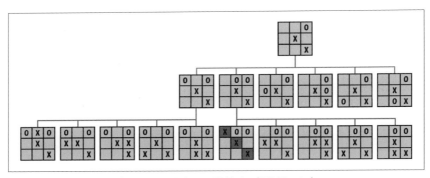

図7-1　ある初期状態が与えられたときの三目並べの部分ゲーム木

ゲーム木は、2種類の節点から構成されるので、AND/OR木とも言う。最上位の節点は、真ん中の層の6つの可能な手から1つを選ぶのでOR節点と呼ばれる。真ん中の層の節点は、（○の観点で）×の打つ（最下層に子節点として示される）どのような手に対しても○が勝つか引き分けられるようにするのが目的なので、AND節点と呼ばれる。図7-1のゲーム木は、実際には、最下層に30の異なるゲーム状態があるが、一部しか展開していない。

高度なゲームでは、ゲーム木は、そのサイズの制限により、すべてを計算できないかもしれない。経路探索アルゴリズムの目標は、あるゲーム状態から、プレイヤーの勝利の機会を最大化する（さらには保証する）手を見つけることである。つまり、プレイヤーの知的な決定を、ゲーム木の**経路探索問題**に変換するのだ。この方式は小さなゲーム木で有効だが、もっと複雑な問題に対してもスケールアップして適用

できる。

　米国のチェッカー[*1]は、8×8の盤で24の駒（12が赤、12が黒）を使う。何十年もの間、研究者は、先手が勝ちか引き分けに持ち込めるかどうか研究してきた。正確に計算するのは難しいが、チェッカーのゲーム木のサイズは信じがたいほど巨大になる。約18年の計算（200台のコンピュータを使うこともあった）後、カナダのアルバータ大学の研究者が両プレイヤーの最善手によって引き分けとなることを示した（Schaeffer, 2007）。

　AI（人工知能）での経路探索によるアルゴリズムは、プレイヤーが交互に手を指す組み合わせゲームとして表現可能な、非常に複雑な問題の解決にも使える。人工知能の初期の研究者（Shannon, 1950）は、チェスを指す機械を作ることに挑戦して、探索問題への今日の最新技術に連なる次の2種類の方式を開発した。

型A

ある決められた手数だけ両プレイヤーの取りうる手をすべて計算し、元のプレイヤーにとって最適なゲーム状態を見つける。そして、この方向へ進むことのできる手を第1手として選ぶ。

型B

静的な評価関数によってではなく、ゲームの知識に基づいた適応的な決定を追加する。具体的には、(a)必要な分だけ未来の盤面を評価して、評価関数が本当にゲーム状態の強さを反映するような安定な位置を見つけ、(b) 適切な可能な手を選択する、というものである。このアプローチによって、無駄な空間を探索して貴重な時間を消費しないようにしている。

　本章では、一連の型Aのアルゴリズムについて述べる。中でもプレイヤー2人のゲームでゲーム木を探索して最良の手を探す汎用的な方法について見る。これらのアルゴリズムには、**ミニマックス、アルファベータ法、ネグマックス**などがある。

　基礎となる情報をきちんとモデル化していないと、本章で論じるアルゴリズムは、不必要に複雑となる危険がある。教科書やインターネットにある例の多くは、当然ながら、具体的なゲームという文脈でアルゴリズムを記述している。しかし、この

[*1] 訳注：英国ではドラフツと言う、American checkers, British draughtsと書き表し、盤面の大きさを含め各国各種のルールや変形がある。

ような場合、ゲームが表現されている特定の形式と、アルゴリズムの本質的な要素とを切り離すことは難しい。そのような理由から、本章では、アルゴリズムとゲームとの間を明確にするオブジェクト指向インタフェースを設計した。ここで、**図7-2**に示すゲーム木実装の核となる概念を簡単にまとめておこう。

インタフェースIGameStateは、ゲーム状態の探索を行うために必要な基本概念を抽象化する。このインタフェースは、次の機能を定義する。

- **ゲーム状態を解釈する**

    isDraw()は、ゲームがどちらのプレイヤーも勝たない結果に終わるかどうかを返す。isWin()は、ゲームに勝ったかかどうかを返す。

- **ゲーム状態を管理する**

    copy()は、ゲーム状態の完全なコピーを作る。したがって、この上で元のゲーム状態を壊すことなく、手を試すことができる。equivalent(IGameState)は、2つのゲーム状態の配置が等価かどうかを決定する。

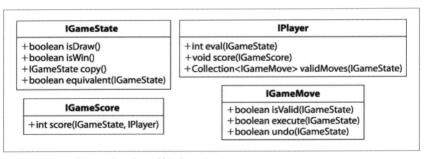

図7-2　ゲーム木アルゴリズムの核となるインタフェース

インタフェースIPlayerは、プレイヤーがゲーム状態を操作する能力を抽象化する。このインタフェースは、次を定義する。

- **盤面を評価する**

    eval(IGameState)は、プレイヤーの観点からゲーム状態を評価する整数を返す。score(IGameScore)は、ゲーム状態を評価するためにプレイヤーが使う得点関数をセットする。

有効な手を生成する

> validMoves(IGameState)は、与えられたゲーム状態で可能な手の集まりを返す。

インタフェースIGameMoveは、手がゲーム状態をどのように変更するかを定義する。このクラスは、問題ごとに決まるもので、探索アルゴリズムはそれらの具体的実装を考慮する必要はない。IGameScoreは、状態の点数計算のインタフェースを定義する。

プログラミングする際のゲーム木での経路発見アルゴリズムの核心となるのは、インタフェースIEvaluationの実装である。例7-1に示す。

例7-1　ゲーム木経路探索の共通インタフェース

```
/**
 * 与えられたゲーム状態、プレイヤー、相手に対して、プレイヤーに最良の手を返す。
 * 可能な手がないなら、nullを返す。
 */
public interface IEvaluation {
  IGameMove bestMove(IGameState state, IPlayer player, IPlayer opponent);
}
```

現在のゲーム状態を表現する節点が与えられると、このアルゴリズムは、相手も最善手を指すものと仮定して、プレイヤーの最善手を計算する。

7.1.1　静的評価関数

探索には、工夫する方法がいくつかある (Barr and Feigenbaum, 1981)。

適用可能な手の順序と個数を選ぶ

> ゲーム状態で可能な手を考慮するときに、成功しそうな手をまず評価すべきである。さらに、成功しそうにない手は取り除く方がよい。

探索木から「刈り込む」ゲーム状態を選ぶ

> 探索の進行とともに、新たな知見が得られて、それを使うと（以前には）探索候補の一部として選ばれていたゲーム状態を削除できることがある。

最もよく用いられる方法は、計算途中でゲーム状態を評価する**静的評価関数**を定義することである。そして、解に達する確率が高い手が前になるように、候補を並

べ替える。しかし、評価関数が有能でないと、ここで述べる経路探索アルゴリズムは、最良の手を選ぶことができない。諺にもあるように、「ゴミを入れると、出るのはゴミだけ」だ。

静的評価関数は、ゲーム木の位置のさまざまの特性を考慮に入れた上で、プレイヤーの観点から、その位置の相対的強さを反映した点数を返さなければならない。例えば、サミュエルが開発した、チェッカーのゲームで最初に成功したプログラム (Arthur Samuel 1959) では、「駒数特性」（プレイヤーと相手との駒数の比較）や「交換特性」（勝つときに仕掛ける駒の交換、負けるときにはしない）など24のゲーム特性を用いて盤面を評価していた。明らかに、より正確な評価関数はゲーム解決エンジンをより優れたプレイヤーにする。

本章では、三目並べにニルソンが定義した点数計算関数`BoardEvaluation`を用いる (Nils Nilsson, 1971)。$nc(gs, p)$ をゲーム状態 gs でプレイヤー p が三目並べることができる行、列、対角線の個数とする。そこで、$score(gs, p)$ を次のように定義する。

- プレイヤー p がゲーム状態 gs でゲームに勝つなら $+\infty$
- プレイヤー p の相手がゲーム状態 gs でゲームに勝つなる $-\infty$
- どちらのプレイヤーもゲーム状態 gs でゲームに勝たないなら $nc(gs, p) - nc(gs, opponent)$

7.2 経路探索の概念

次の概念は、2人ゲーム木と1人プレイヤーの探索木の両方に適用される。

7.2.1 状態の表現

ゲーム木や探索木の各節点は、ゲームのその時点において、既知のすべての状態情報を含む。例えば、チェスにおいて、キングがルークとともに「入城」するためには、次の条件が揃っていなければならない。(a)どちらの駒も一度も動かしていない、(b)両者の間の2つのマス目は空いていて、相手の駒が効いていない、(c)キングは現在チェックされていない。ただし、条件(b)と(c)とは、盤面から直接計算できるので、貯えておく必要がないが、キングとルークが動かされていないかどうかは、盤面状態に別途貯えておかねばならない。

指数的に巨大な探索木を持つゲームでは、状態を可能な限りコンパクトに貯えなければならない。コネクト・フォー[*1]、オセロ、15パズルなどのように、状態に対称性があるなら、回転または反転で同じになる状態を削除して、探索木を切り詰めることができる。チェス、チェッカー、オセロなどで、信じがたいほどに多数のゲーム状態を管理するためには、**ビットボード**（bitboard）と呼ばれる非常に効率が良いがさらに複雑な構造が用いられる（Pepicelli, 2005）。

7.2.2 可能な手の計算

最良の手を見つけるため、各盤面状態で、プレイヤーに許される可能な手の計算ができなければならない。**分岐数**（branching factor）という用語を使って、ある盤面状態で許される手の総数を示す。三目並べのようなゲームでは、分岐数が（ゲーム開始時の）最高9から、手で印がつけられるたびに、1つずつ減少する。3×3のルービックキューブは、（平均して）分岐数が13.5であり（Korf, 1985）、コネクト・フォーは、分岐数が高々7である。チェッカーでは、プレイヤーが相手の駒を取れるときには取らないといけないという規則のために、さらに複雑になる。多数のチェッカーのデータベースを分析した結果によれば、駒を取れる位置での分岐数は1.20で、取れない位置での分岐数は7.94となる。シェーファーは、チェッカーの平均分岐数を6.14と計算している（Schaeffer, 2008）。19×19の盤を使う囲碁では、最初の分岐数が361である。

アルゴリズムの性能は、可能な手を試みる順番に依存する。ゲームの分岐数が大きいときは、何らかの評価尺度に基づいて候補手が適切に並べられていないと、ゲーム木の盲目探索は非効率となる。

7.2.3 拡張深さの限度

メモリ資源の制限から、探索アルゴリズムによっては、探索木やゲーム木の拡張の限度を定めている。この場合、一連の手が協調することで、ある戦略を実現するようなゲームでは、別の弱点が生じる。例えば、チェスでは、駒を犠牲にして、勝利の可能性を高めることがある。犠牲が拡張限度の端で起こると、犠牲の利益を得るゲーム状態まで到達できない。限度を設定すると、そこから先は探索できない「地平線」が作られてしまい、探索成功への障害になることが少なくない。1人ゲームの

[*1] 訳注：コネクト・フォー（Connect Four）とは、四目並べの商品名。6×7の盤を普通用いる。

場合には、拡張深さの限度を設定すると、地平線のすぐ向こうの解が見つからない。

7.3　ミニマックス

　先手の観点でゲーム木のある特定の位置が与えられたとき、探索プログラムは、勝利の可能性が最大になる（少なくとも引き分けになる）ような手を見つけなければならない。現在のゲーム状態と、この状態での可能な手だけを考慮するのではなく、プログラムは、打った手に対して相手がどのような手を打ち返すかをも考慮しなければならない。プログラムは、プレイヤーの観点からゲーム状態の評価を整数で返す、評価関数score(state, player)が既にあるものと仮定する。低い点数（負のこともある）は、弱いゲーム状態を反映する。

　ゲーム木は、n手先の将来のゲーム状態を考慮して展開される。木の各層において、MAX層（ここでは、ゲーム状態の評価点数を最大化することでプレイヤーを有利にすることが目標となる）とMIN層（ここでは、ゲーム状態の評価点数を最小化することで相手側を有利にすることが目標）とが交互に出現する。これは、プログラムが、プレイヤーの手番でscore(state, initial)を最大化する手を選び、相手側の手番では、相手が賢くてscore(state, initial)を最小化する手を選ぶものと想定するからだ。

　もちろん、プログラムは、有限個数の手までしか先読みできず、先読みをした余分な手は、莫大なメモリと時間を使用する。先読みで選ばれた手の個数は、読みの深さ（ply）と呼ばれる。トレードオフを考慮して、妥当な時間内に完了する探索ができるような適切な読みの深さを選ぶ。

　次の疑似コードでミニマックスアルゴリズムを説明する。

ミニマックス	最良	平均	最悪
Minimax		$O(b^{ply})$	

```
bestmove (s, player, opponent)
  original = player    ❶ 評価は常に元のプレイヤーの観点なので、
                          元のプレイヤーを覚えておく。
  [move, score] = minimax (s, ply, player, opponent)
  return move
end

minimax (s, ply, player, opponent)
  best = [null, null]
  if ply is 0 or 打てる手がない then  ❷ 打てる手が残っていなければ、プレイヤーは勝っ
                                        た（または負けた）が、それは、目標のプライ深さ
                                        （読みの深さ）に到達したのと等価。

    score = 元のプレイヤーについてsを評価
    return [null, score]

  foreach sにおいてplayerが指せる有効な手m do
    sでmを実行する
    [move, score] = minimax(s, ply-1, opponent, player)
              ❸ 各再帰呼び出しで、手番の交代を反映してプレイヤーと相手を入れ替える。
    sでmを取り消す
    if プレイヤーが元のプレイヤー then  ❹ 各呼び出しレベルで、MAXとMINが交互に表れる。
      if score > best.score then best = [m, score]
    else
      if score < best.score then best = [m, score]
  return best
end
```

図7-3に、読み（プライ）の深さが3のミニマックスを使った手の評価を示す。ゲーム木の一番下には、5つの可能なゲーム状態がある。これらは、プレイヤーが手を打ち、相手が反応し、それに対してプレイヤーが手を打った結果である。これらのゲーム状態のそれぞれは、元のプレイヤーの観点で評価され、各節点にその整数値評価が示されている。MAXの一番下から2番目の内部節点では、点数がそれぞれの子の最大値となる。元のプレイヤーの観点からは、これらは、獲得できる最良点数を表している。一方、一番下から3番目のMIN層は、相手がプレイヤーに取らせうる最悪の位置を表すので、その点数は、子の最小値となる。明らかに、各層で最

大の子を選ぶのと最小の子を選ぶのを交互に行う。最後の点数の3は、元のプレイヤーが、相手に対して、3と評価するゲーム状態を強制できることを示す。

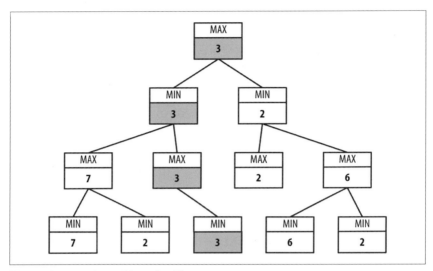

図7-3　ミニマックスのゲーム木の例

7.3.1　入出力

ミニマックスは、**読みの深さ**（ply depth）と呼ばれる固定数だけ手を先読みする。

ミニマックスは、有効な手の中から、評価関数によって定まる、プレイヤーにとって将来最良のゲーム状態を導くような手を返す。

7.3.2　文脈

ゲーム状態の評価は複雑であり、よりよいゲーム状態を決定するには、ヒューリスティックな評価に頼るしかない。実際に、チェス、チェッカー、リバーシ（オセロの別名）などのゲームで有効な評価関数を開発するのは、知的なプログラムを設計する上で最大の挑戦的課題となっている。ここでは、評価関数が入手可能と仮定する。

ゲーム木のサイズは、各ゲーム状態での可能な手の数bで決まる。ほとんどのゲー

ムでは、bしか推定できない。三目並べ（およびナイン・メンズ・モリス[*1]のような他のゲーム）では、最初のゲーム状態で可能な手がb個あり、ある手を打つと、相手はそこに打てなくなる。読みの深さがdならば、三目並べで調べられるゲーム状態の全個数は、

$$\sum_{i=1}^{d} \frac{b!}{(b-i)!}$$

となる。ここで、$b!$はbの階乗を表す。どれくらいの規模になるかという例を挙げると、$b=10$かつ$d=6$なら、ミニマックスが評価するゲーム状態数は187,300となる。

ミニマックス内での再帰呼び出しにおいて、score(state, player)評価関数は、同じ元のプレイヤーを用いて、手を計算しようとするプレイヤーに対して一貫して適用する必要がある。これによって、再帰的に最小および最大評価が行われる。

7.3.3 解

MoveEvaluationというヘルパークラスはIMoveとその評価intの対を表す。ミニマックスは、プレイヤーのゲーム状態に可能な手がなくなるか、固定された読みの深さに達するまで探索を行う。与えられたゲーム状態に対してプレイヤーの最善手を返すJavaコードを例7-2に示す。

例7-2　ミニマックスのJava実装

```java
public class MinimaxEvaluation implements IEvaluation {
  IGameState state;        /* 状態は探索中に変更される */
  int ply;                 /* 読みの深さ。どれだけ探索を続けるか。 */
  IPlayer original;        /* このプレイヤーの観点から全状態を評価する */

  public MinimaxEvaluation (int ply) {
    this.ply = ply;
  }

  public IGameMove bestMove (IGameState s,
                             IPlayer player, IPlayer opponent) {
    this.original = player;
    this.state = s.copy();
```

[*1] 訳注：Wikipediaに記述されているが、ローマ時代以前に遡ると言われる、2人用ボードゲーム。

```
    MoveEvaluation me = minimax(ply, IComparator.MAX, player, opponent);
    return me.move;
  }

  MoveEvaluation minimax (int ply, IComparator comp,
                          IPlayer player, IPlayer opponent) {

    // 可能な手がない、すなわち葉なら、ゲーム状態の点数を返す
    Iterator<IGameMove> it = player.validMoves(state).iterator();
      if (ply == 0 || !it.hasNext()) {
      return new MoveEvaluation (original.eval(state));
    }

    // (compに基づく) 下限値を与え、その改善を試みる。
    MoveEvaluation best = new MoveEvaluation (comp.initialValue());

    // このプレイヤーにとってすべての可能な手から、ゲーム状態を生成する
    while (it.hasNext()) {
      IGameMove move = it.next();
      move.execute(state);

      // 再帰的に位置を評価する。ミニマックスを計算して、
      // MINとMAX、およびプレイヤーと相手を同時に入れ替える。
      MoveEvaluation me = minimax (ply-1, comp.opposite(), opponent, player);
      move.undo(state);

      // MAX (MIN)なら最大 (最小)の子を選ぶ
      if (comp.compare(best.score, me.score) < 0) {
        best = new MoveEvaluation (move, me.score);
      }
    }
    return best;
  }
}
```

MAXとMINを選択する箇所では、ゲーム状態の点数を評価して、必要に応じて最大または最小点数を選ぶ。この実装は、図7-4に示すように、インタフェースIComparatorを定義することによって単純化できる。これは、MAXとMINとを定義し、それぞれの観点からどのように最良の手を選ぶのかというロジックを集約している。MAXとMINどちらを選ぶかは、メソッドopposite()で入れ替えられる。それぞれのcomparatorにおける最悪の点数は、initialValue()で返される。

ミニマックスは、開始間もなく再帰探索中のゲーム状態の爆発という困難に遭遇

する。チェスでは、盤面での平均的な手の個数が30と考えられている（Laramée, 2000）ので、5手先を読むだけで（すなわち、$b = 30$, $d = 5$）25,137,931個もの盤面位置を評価する必要がある。この値は、次の式で決まる。

$$\sum_{i=0}^{d} b!$$

ミニマックスは、過去に調べた状態（およびそれぞれの点数）を一時的に貯えておき、ゲーム状態の対称性（盤面の回転や反転など）を利用することで計算を節約できるが、どれだけ節約できるかは、ゲームによって異なる。

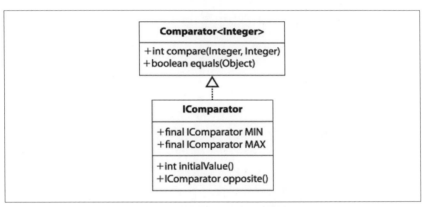

図7-4　インタフェースIComparatorは、MAXとMINの操作を抽象化する。

図7-5は、読みの深さを2として、三目並べのある初期状態に対してプレイヤー○がミニマックスを使って探索したところを示す。MAXとMINとの交互の層が、左端から第1手を始める、すなわち左上に○を置くことだけが敗北を避ける唯一の手となることがわかる。○が悪い指手を選んだら×が勝利を確実にすることが明らかであっても、すべての可能なゲーム状態が展開される。

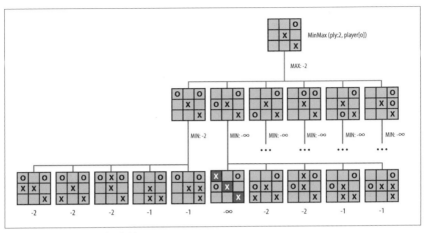

図7-5　ミニマックス探索例

7.3.4　分析

各ゲーム状態で固定個数bの手があるなら（可能な手の個数が各層で1ずつ減るとしても）、読みの深さがdのミニマックスで探索されるゲーム状態の総数は、$O(b^d)$で、指数的増大を示す。ゲーム木が十分小さくてメモリ内で完全に表現できるなら、読みの深さに対する制約は取り外せるだろう。

図7-5の結果からわかるように、無用なゲーム状態の探索を止める何らかの方法があるだろうか。プレイヤーも相手もミスを犯さないと仮定しているので、もしアルゴリズムが部分木全体をこれ以上探索する価値がないと判断したら、すぐにゲーム木の拡張を停止するような方法を見つけねばならない。後述するアルファベータ法（AlphaBeta）がこの機能を適切に実装している。しかし、その前に、ゲーム木の交互に配置されたMAX層とMIN層を、どのようにネグマックスアルゴリズムで単純化するかを説明しなければならない。

7.4　ネグマックス

ネグマックス[*1]は、ミニマックスのMINとMAXという交互の層を、ゲーム木の各層で同じように使える1つの方法に置き換える。これはまた、次に述べるアルファ

[*1]　訳注：NegaMaxという呼び名もある。Wikipediaなど参照。

ベータ法の基盤になる。

　ミニマックスでは、ゲーム状態は、常に、最初の手を打ったプレイヤーの観点から評価される（したがって、評価関数はその情報を後で使えるように貯えておく必要がある）。ゲーム木は、そうして子節点の点数を（元のプレイヤーのときは）最大化し、（相手のときは）最小化する交互の層で構成された。**ネグマックス**では、その代わりに、その状態の子節点のうち、評価点数の符号を反転させた値が最大になるような手を一貫して探す。

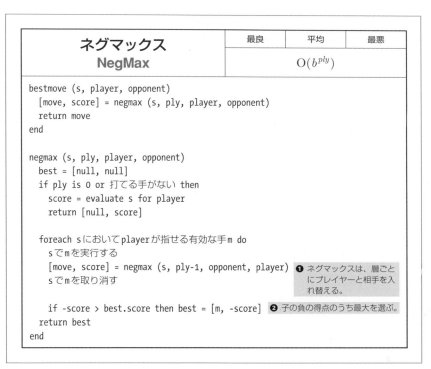

　直感的には、プレイヤーがある手を打った後で、相手は最良の手を打とうとするので、プレイヤーにとって最良の手は、相手にあまり高い点数を取られないように制限するような手を選ぶことである。それぞれの疑似コード例を比較すれば、ミニマックスとネグマックスとで、同じ構造のゲーム木を生成していることに気付くだろう。相違点は、ゲーム状態の点数をどう付けるかというだけだ。

　ネグマックスゲーム木の構造は、**図7-3**のミニマックスゲーム木と同じである。な

ぜなら、まったく同じ手を見つけるからだ。唯一の違いは、MINとラベル付けされていた層における値が、**ネグマックス**では、負になっていることである。図7-6と図7-3の木を比較すれば、この振る舞いがわかるだろう。

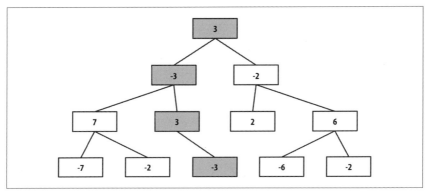

図7-6 ネグマックスのゲーム木の例

7.4.1 解

例7-3では、MoveEvaluationの点数が、一貫してその手を打つプレイヤーの観点からのゲーム状態の評価になっていることに注意。手番のプレイヤーに対する評価を改めることで、アルゴリズムの実装が単純になっている。

例7-3 ネグマックスの実装

```
public class NegMaxEvaluation implements IEvaluation {
  IGameState state; /* 探索の途中で変更される状態 */
  int ply;          /* 読みの深さ。どれだけ探索を続けるか。 */
  public NegMaxEvaluation (int ply) {
    this.ply = ply;
  }

  public IGameMove bestMove (IGameState s, IPlayer player, IPlayer opponent)
  {
    state = s.copy();
    MoveEvaluation me = negmax(ply, player, opponent);
    return me.move;
  }

  public MoveEvaluation negmax (int ply, IPlayer player, IPlayer opponent)
```

```
  {
    // 可能な手がないか。葉なら、盤面状態の点数を返す。
    Iterator<IGameMove> it = player.validMoves(state).iterator();
    if (ply == 0 || !it.hasNext()) {
         return new MoveEvaluation(player.eval(state));
    }

    // 最大値を探すために、初期値として下限値を与える。
    MoveEvaluation best = new MoveEvaluation (MoveEvaluation.minimum());

    // それぞれの可能な手から結果として得られる盤面を生成する。
    // 子の点数の符号を反転させた値のうち最大値を選ぶ。
    while (it.hasNext()) {
      IGameMove move = it.next();
      move.execute(state);

      // negmaxを使って再帰的に盤面を評価する。
      MoveEvaluation me = negmax (ply-1, opponent, player);
      move.undo(state);
      if (-me.score > best.score) {
        best = new MoveEvaluation (move, -me.score);
      }
    }
    return best;
  }
}
```

ネグマックスは単純だが、アルファベータ法に拡張できる点に価値がある。このアルゴリズムでは盤面の点数を定期的に反転させるので、勝利状態と敗北状態を表す値を選ぶときに注意しなければならない。特に、最小値の符号を反転させた値が最大値に等しくなるようにする必要がある。Integer.MIN_VALUE（Javaでは、0x80000000、すなわち－2,147,483,648と定義されている）は、Integer.MAX_VALUE（Javaでは、0x7fffffff、すなわち2,147,483,647と定義されている）の符号を反転させた値とはなっていない。このために、本書では、Integer.MIN_VALUE+1を最小値として使っており、これは、静的関数MoveEvaluation.minimum()で得られる。完全を期すために、関数MoveEvaluation.maximum()も同様に用意する。

図7-7は、ある三目並べの初期状態に対して、プレイヤー○がネグマックスを使って読みの深さ2で探索している様子を示す。○がまずい手を選んだら、相手の×が勝利を確実にすることが明らかであっても、ネグマックスはすべての可能なゲーム

状態を展開する。葉のゲーム状態に付随する点数は、プレイヤー（この場合は、元のプレイヤー○）の観点から評価される。初期状態の点数は、「子の点数の符号を反転させたものの最大値」なので、−2となる。

7.4.2 分析

ネグマックスで探索される状態の個数は、ミニマックスの場合と同じになり、各ゲーム状態で固定したb個の手があるとするなら、読みの深さdでの探索の総数は、$O(b^d)$となる。他のすべての点で、ミニマックスと同じ性能となる。

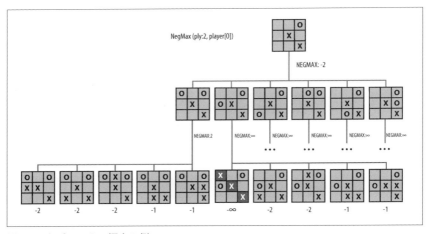

図7-7　ネグマックス探索の例

7.5　アルファベータ法

ミニマックスは、相手の応手を考えて、プレイヤーの最良の手を評価するが、この情報は、ゲーム木生成の過程では利用されない。既に紹介した点数関数`BoardEvaluation`を考えよう。図7-5では、初期ゲーム状態から、×が2手、○が1手打ったときの部分的なゲーム木展開を示していた。

ミニマックスでは、×が対角線を占めることができても、その後の探索で負けの盤面が示されることに注意しよう。結果的に36節点も評価している。ミニマックスでは、そもそも○の元々の決定が、×がすぐに勝たないように、左上の隅を押さえることであったということをまったく利用していない。アルファベータ法（AlphaBeta）では、探索木から非生産的な探索を取り除く一貫した戦略を定義して

いる。

　図7-8に示すように、アルファベータ法は、まず①を根とする部分ゲーム木を評価する。そして、この手を打つと、相手は−3より悪い位置をこちらに強制できないとわかる。これは、プレイヤーの最良の手が3であることを意味する。次にゲーム状態②に到達すると、まず、最初の子ゲーム状態③は2と評価される。すなわち、②へ行く手を選ぶと、相手は、これまでにこちらが見つけた最良の手（すなわち、3）よりも悪いゲーム状態をこちらに強制できることを意味する。したがって、この時点で④を根とする部分木の子孫を調べる必要がないので、それを刈り込む。

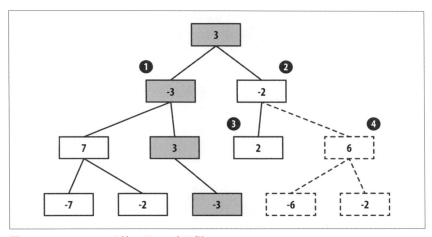

図7-8　アルファベータ法のゲーム木の例

　アルファベータ法を用いた、等価なゲーム木の展開を図7-9に示す。

　アルファベータ法は図7-9で最良の手を探すときに、○が左上隅を押さえれば、×が2よりよい点数を得られないことを記憶しておく。○のその後の他の手については、アルファベータ法は○の最初の手に対して、相手がそれを上回る応手を少なくとも1つ持っているかどうか（実際、すべての場合で×は勝つ）を検討する。このようにして、ゲーム木は、16節点しか展開しないで済み、ミニマックスと比べて50％以上節約する。アルファベータ法は、性能的に大幅な節約をして、ミニマックスが選ぶであろう手を選ぶ。

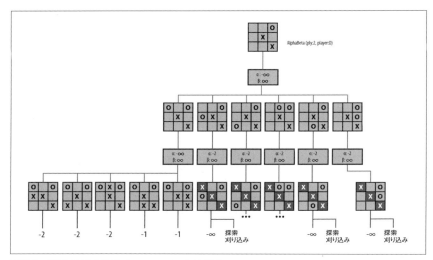

図7-9 読みの深さ2のアルファベータ法探索

アルファベータ法は、ゲーム木を再帰的に探索し、αとβという2つの値を維持する。これらは、$\alpha < \beta$である限り、プレイヤーの「勝利の機会」を定義する。値αは、これまでにプレイヤーのために見つけたゲーム状態の下限を表し（1つも見つかっていないと$-\infty$）、プレイヤーが少なくともαだけの点数を得られる手を見つけたと宣言する。αの値が高い場合は、プレイヤーが優位に立っていることを意味する。$\alpha = +\infty$ならば、プレイヤーが勝つ手を見つけて、探索を終了してよいことを意味する。

値βは、これまで見つけたゲーム状態の上限を表し（1つも見つかっていないと$+\infty$）、プレイヤーが達成できる最大値を表す。βが低くなるということは、相手の方が優位で、プレイヤーの選択が制限を受けていることを意味する。**アルファベータ法**には、最大の読みの深さがあり、それ以上は探索しないので、**アルファベータ法**のあらゆる決定は、この範囲に制限される。

7.5 アルファベータ法

アルファベータ法 AlphaBeta	最良	平均	最悪
	$O(b^{ply/2})$		$O(b^{ply})$

```
bestmove (s, player, opponent)
  [move, score] = alphaBeta (s, ply, player, opponent, -∞, ∞)
  return move     ❶ 開始時、プレイヤーができる最悪のことは負ける (low＝-∞) こと。
end                  プレイヤーができる最良のことは勝つ (high＝+∞) こと。

alphaBeta (s, ply, player, opponent, low, high)
  best = [null, null]
  if ply is 0 or 打てる手がない then   ❷ アルファベータ法は、葉をネグマックスの
    score = evaluate s for player        ように評価する。
    return [null, score]

  foreach valid move m for player in state s do
    execute move m on s
    [move, score] = alphaBeta (s, ply-1, opponent, player, -high, -low)
    undo move m on s
    if -score > best.score then
      low = -score
      best = [m, -low]
    if low ≧ high then return best  ❸ 相手が得点しうる点数が、こちらの取りうる最大
  return best                           値以上のとき、子孫節点を探索するのを止める。
end
```

図7-9のゲーム木は、**アルファベータ法**の実行での $[\alpha, \beta]$ 値を示す。最初は、$[-\infty, \infty]$ である。読みの深さが2の探索だと、**アルファベータ法**は、×が直ちに応じる手だけを考えて、○の最良の手を探そうとする。

アルファベータ法は再帰的なので、その進行をゲーム木をたどって再現することができる。○のために**アルファベータ法**が最初に考える手は、左上隅である。×の5つすべての応手を評価し終わると、×が（三目並べの静的評価`BoardEvaluation`を使って）点数-2しか得られないことが明らかとなる。**アルファベータ法**が次に○の手として2番目の候補（左の中央）を考えるときは、その $[\alpha, \beta]$ 値は、$[-2, \infty]$ となっている。これは、「○の最悪状態の点数は-2であり、最良の場合は試合に勝てる」ことを意味する。×の最初の応手を評価すると、**アルファベータ法**は、×が勝ったことを検知するが、これは、この「勝利機会の範囲」の外側なので、それ以上

の×の応手については考慮する必要がないことがわかる。

アルファベータ法が、どのようにゲーム木を刈り込み、非生産的な節点を除去するか説明する。**図7-5**に対応する読みの深さ3で66節点に展開した例を**図7-10**に示す（ミニマックスゲーム木では、同じ場合に156節点を要する）。

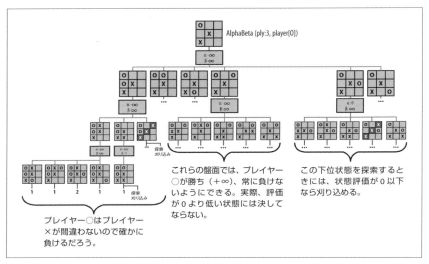

図7-10 アルファベータ法の読みの深さが3の探索

ゲーム木の最初の節点nで、プレイヤー○は6つの可能な手について考えなければならない。刈り込みはプレイヤーの手番でも相手の手番でも起こる。**図7-10**の探索では、その両者とも起こっている。

プレイヤーの手番

○が左の中央に置こうとし、×が対抗して上の行の中央に置こうとする（探索木の根から見て左端の孫）と仮定しよう。○の観点では、最良点数は−1になる（図では**アルファベータ法**が子の点数に**ネグマックス**で使うのと同じ仕組みを使うので1になっている）。この値は記憶されて、×が下の行の中央に置いた場合に、○がどうなるかを決定するのにも使われる。このときの$[\alpha, \beta]$は$[-\infty, -1]$である。**アルファベータ法**は、○が上の行の中央に置いたときの結果を評価して、点数が1と計算する。この値は−1より大きいので、この段階での他の3つの可能な手は無視

される。

相手の手番

　○が左の中央に置いて、×が右上隅に置き、ゲームに勝ったと仮定しよう。アルファベータ法では、×の残る2つの手について考慮しない。○は、左の中央に置くという決定を「根」とする探索部分木の残りの探索節点を刈り込んでしまうからである。

探索の刈り込みは、$\alpha \geq \beta$のときに、言い換えると「勝利の機会」が閉じたときに起こる。アルファベータ法が、ミニマックスに基づいているときは、α刈り込みとβ刈り込みという2つの刈り込み法がある。一方、**ネグマックス**に基づくより単純な**アルファベータ法**では、この2つは、ここで示したように、1つにまとめられる。アルファベータ法は再帰的なので、$[\alpha, \beta]$がプレイヤーの機会の範囲を表し、相手側の機会の範囲は$[-\beta, -\alpha]$となる。**アルファベータ法**が再帰的に呼び出されると、プレイヤーと相手側とは入れ替わり、機会の範囲も同様に入れ替わる。

7.5.1 解

　例7-4に示す**アルファベータ法**の実装では、**ネグマックス**の実装に手を加えることで、プレイヤーがよりよい位置を保証できない（α刈り込み）か、相手にさらに悪い位置を強制できない（β刈り込み）かどちらかが判明したら、ゲーム状態の評価を早めに停止するようにしてある。

例7-4　アルファベータの実装

```
public class AlphaBetaEvaluation implements IEvaluation {
  IGameState state; /* 探索の途中で変更される状態 */
  int ply;         /* 読みの深さ。どれだけ探索を続けるか。 */

  public AlphaBetaEvaluation (int ply) { this.ply = ply; }
  public IGameMove bestMove (IGameState s, IPlayer player, IPlayer opponent) {
    state = s.copy();
    MoveEvaluation me = alphabeta(ply, player, opponent,
                      MoveEvaluation.minimum(), MoveEvaluation.maximum());
    return me.move;
  }

  MoveEvaluation alphabeta (int ply, IPlayer player, IPlayer opponent,
                      int alpha, int beta) {
```

```
  // 打てる手がないなら、プレイヤーの観点から盤面の評価を返す。
  Iterator<IGameMove> it = player.validMoves(state).iterator();
  if (ply == 0 || !it.hasNext()) {
    return new MoveEvaluation (player.eval(state));
  }
  // alphaを改善する「子節点の点数符号を反転させたものの最大値」を選択する
  MoveEvaluation best = new MoveEvaluation (alpha);
  while (it.hasNext()) {
    IGameMove move = it.next();

    move.execute(state);
    MoveEvaluation me = alphabeta (ply-1, opponent, player, -beta, -alpha);
    move.undo(state);
    // alphaが改善されたら、この手を覚えておく
    if (-me.score > alpha) {
      alpha = -me.score;
      best = new MoveEvaluation (move, alpha);
    }
    if (alpha >= beta) { return best; } // 探索はもはや意味がない
  }
  return best;
  }
}
```

見つかった手は、ミニマックスで見つかった手とまったく同じものだ。しかし、展開したゲーム木から多くの状態が削除されるので、**アルファベータ法**では、実行時間が確実に短縮される。

7.5.2 分析

ネグマックスに対する**アルファベータ法**の優位を測るために、ゲーム木のサイズを比較する。この作業は少々込み入ったものとなる。というのも、**アルファベータ法**の最も効率的な刈り込みが可能となるのは、相手側の最良の手が、**アルファベータ法**の実行に際して最初に評価されたときだからだ。各ゲーム状態で固定したb個の可能な手があるとすると、読みの深さdの**アルファベータ法**で探索される総ゲーム状態数は、b^dのオーダーとなる。相手の手が、望ましさの順に並べられている（すなわち、自分にとって都合の良い手が最初）なら、プレイヤーのために（最善手を選ぶのだから）b個の子すべてを評価しなければならない。しかし、相手側の最初の手だけ評価すればよい場合もある。**図7-9**において、探索する手の順序のために、いくつか手が評価された後に刈り込みが起こっている。つまり、この例ではゲーム木の

手の順序が最適ではない。

アルファベータ法は最良の場合、各層で最初のプレイヤーのためにb個のゲーム状態は評価するが、相手側のためには1つのゲーム状態しか評価しない。つまり、ゲーム木のd番目の深さで、ゲーム状態を$b*b*b*\cdots*b*b$（全部でd回）展開する代わりに、**アルファベータ法**は、$b*1*b*\cdots*b*1$（全部でd回）の展開で済むかもしれない。結果として、ゲーム状態の個数は、$b^{d/2}$となり、効果的な削減となる。

ただ単にゲーム状態数を最小化にしようとするのではなく、**ミニマックス**と同じ総数のゲーム状態を探索することもできる。これによって、ゲーム木の深さを$2*d$まで増やし、アルゴリズムが先読みできる深さを倍にできる。

実験的にミニマックスとアルファベータ法とを評価するために、k個の手を打った後の三目並べの初期盤面状態の集合を構築した。それから、読みの深さを$d = 9 - k$としてミニマックスとアルファベータ法を計算した。これは、すべての可能な手が調べられることを保証する。結果を**表7-1**に示す。アルファベータ法を用いると、探索状態を大幅に削減できることがわかる。

表7-1 ミニマックス対アルファベータの比較の統計

読みの深さ	ミニマックス状態数	アルファベータ状態数	合計の減少量
6	549,864	112,086	80%
7	549,936	47,508	91%
8	549,945	27,565	95%

個別に見ると、アルファベータ法で劇的に改善できるケースがある。それらの例を見ると、どうしてアルファベータ法がそれほど強力なのかわかる。**図7-11**のゲーム状態において、アルファベータ法は、450のゲーム状態を調べるだけで（ミニマックス法だと8,232なので、94.5%の削減）、プレイヤー ×は中央に置くべきであり、そうすると勝利は確実になるとわかる。

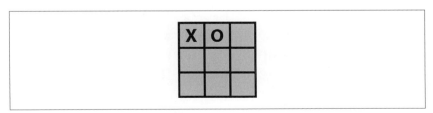

図7-11　2手後の三目並べの盤面例

しかし、このような大幅な削減を達成するには、取りうる手が並んだうちの先頭に最良の手が来る必要がある。本書での三目並べの解は、そのように手を並べていないので、おかしなことも起こる。例えば、盤面を180度回転した同じゲーム状態（**図7-12**）では、**アルファベータ法**が、960個のゲーム状態を調べる（88.3%の削減）。理由は、正しい手の順序が異なっているからである。このような理由から、探索アルゴリズムが静的評価関数を用いて手の順序を変更することにより、ゲーム木のサイズが減ることがよくある。

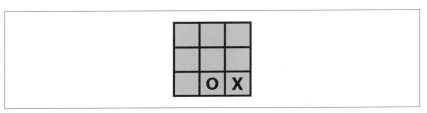

図7-12　2手後の三目並べの盤面を回転した例

7.6　探索木

プレイヤーが1人だけのゲームは、ゲーム木と似ていて、初期状態（探索木の最上節点）があり、一連の手により、目標状態に到達するまで盤面状態が変更される。**探索木**（search tree）は、経路探索アルゴリズムが進行する過程で生成される中間的な盤面状態の集合を表現する。計算構造が木なのは、アルゴリズムが盤面状態を二度とは訪問しないことを保証しているからである。アルゴリズムは、目標への到達を試みる際に盤面状態がどの順番で訪問されるかを決める。

8パズルに対する探索木を検討する。8パズルは、3×3の盤面で、1から8までの番号がついた正方形の駒と1か所の空白からなる。空白の隣（水平または垂直方向）の駒は、空白の個所にずらすことができる。ゲームの目的は、適当に混ぜた駒による初期状態から出発して、駒を動かして目標状態に到達することである。**図7-13**では、8手の解を、初期状態から目標状態への太い線の経路で示している。

探索木は急激に増加し、（可能性として）何百万もの状態を保持することも少なくない。本章のアルゴリズムは、盲目探索よりもずっと迅速かつ効率的に探索するにはどうしたらよいかを示す。問題の本質的な複雑さを示すために、まず経路探索アルゴリズムの2つの方式として、**深さ優先探索**と**幅優先探索**とを紹介する。さらに、

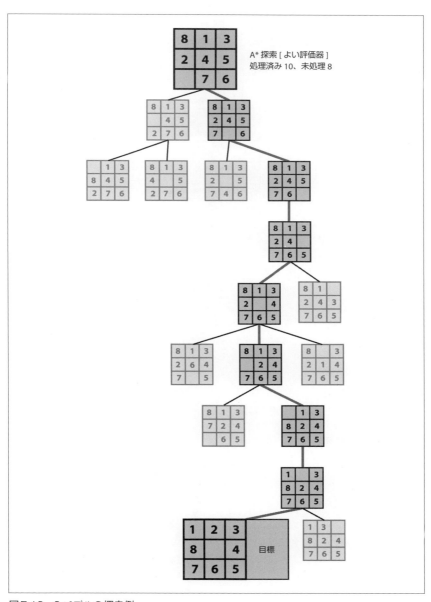

図7-13　8パズルの探索例

(ある条件下で)最小コストの解を見つけることができる強力なアルゴリズム **A*探索**(「エースター」と読む)も紹介する。それでは、最初に図7-14に示す、核となるクラスを簡単にまとめる。これは、探索木アルゴリズムを論じる際に使う。

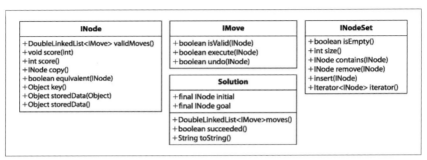

図7-14　探索木アルゴリズムの核となるインタフェースとクラス

インタフェース INode は、盤面状態の探索に必要な次のような基本概念を抽象化している。

有効な手を生成する

validMoves() は、盤面状態から可能な手のリストを返す。

盤面状態を評価する

score(int) は、評価関数の結果を表す点数を盤面状態に付随させる。score() は、盤面状態に付随させた評価結果を返す。

盤面状態を管理する

copy() は付随データを除いた盤面状態のコピーを返す。equivalent(INode) は、2つの盤面状態が等しいかどうか決定する(凝った実装では、回転対称を検出したり他の等価判定手段を与えたりする)。key() は、等価判定の助けとなるキーオブジェクトを返す。2つの盤面状態が同じkey()の結果を返せば、両者は等価である。

追加的な盤面状態データを管理する

storedData(Object o) は、探索アルゴリズム内で使うオブジェクトを盤面状態に付随させる。storedData() は、盤面状態に付随してオプションで格納するデータを返す。

インタフェース INodeSet は、INode 集合の基盤実装を抽象化する。アルゴリズムによっては、INode オブジェクトのキューを要求するが、スタックや平衡二分木を用いるものもある。クラス StateStorageFactory を用いて適切に構成すれば、提供された演算で、アルゴリズムは INode 集合の状態を操作できる。インタフェース IMove は、手が盤面状態をどう操作するかを定義する。手のクラスが具体的にどうなるかは、問題によって決まり、探索アルゴリズムは、実装の詳細を気にしなくてよい。

プログラミングの観点からは、探索木での経路探索アルゴリズムの核心は、**例7-5** に示すインタフェース ISearch の実装にある。これによって、解が得られれば、その解に至る手順を構築することができる。

例7-5 探索木経路発見の共通インタフェース

```
/*
 * 初期状態に対して、最終状態に至るまでの解を返す。
 * 経路が見つからないなら、nullを返す。
 */
public interface ISearch {
  Solution search (INode initial, INode goal);
}
```

盤面の初期状態と目標状態とが与えられると、ISearch 実装は解を表す経路を計算する。解が見つからなければ null を返す。ゲーム木との違いを明らかにするため、探索木の節点には、**盤面状態** (board state) という用語を使う。

7.6.1　経路長のヒューリスティック関数

盲目探索アルゴリズムは、盤面状態を評価せず、ある決まった戦略に従う。**深さ優先**盲目探索は、その盤面状態で可能な手を順に試し、最大拡張深さに達すると後戻りしてやり直す。**幅優先**盲目探索では、$k+1$ 手の解を試みる前に k 手のすべての可能な解を系統的に調べる。探索している盤面状態の特性に応じて、探索の方向性を選ぶ方法があるはずだ。

A*探索の議論では、異なるヒューリスティック関数を用いた8パズルの探索例を示す。ヒューリスティック関数はゲームをするのではなく、盤面状態から目標状態への残っている手数を評価し、経路探索の方向を示すのに使われる。例えば、8パズルでは、そのようなヒューリスティック関数はある盤面状態の各タイルについて、

何手で目標状態のあるべき場所に動かせるかを評価する。経路探索が難しいのは、効果的なヒューリスティック関数の作成が難しいからだ。

7.7　深さ優先探索

深さ優先探索は、できる限り前方へ進み、目標状態への経路を見つけようとする。探索木によっては、盤面状態の数が大変多くなるので、深さ優先探索は、最大探索深さが前もって定まっているような場合にのみ実用的となる。さらに、各状態を記憶し、1回しか訪問しないことを保証することにより、ループを避けねばならない。

深さ優先探索 Depth-First Search	最良	平均	最悪
	$O(b*d)$	$O(b^d)$	

```
search (initial, goal, maxDepth)
  if initial = goal then return "Solution"
  initial.depth = 0
  open = new Stack     ❶ 深さ優先探索は、Stackを使って訪問するオープンな状態を貯える。
  closed = new Set
  insert (open, copy(initial))

  while openが空でない do
    n = pop (open)    ❷ 最も最近にスタックに積んだ状態をポップする。
    insert (closed, n)
    foreach nにおける有効な手m do
      nextState = nにおいてmを指した状態
      if closedはnextStateを含まない then
        nextState.depth = nextState.depth + 1  ❸ 深さ優先探索は、maxDepthを超えない
                                                   ように、深さを計算する。

        if nextState = goal then return "Solution"
        if nextState.depth < maxDepth then
          insert (open, nextState)   ❹ openはスタックなので次の状態の挿
                                          入はプッシュ操作になる。
  return "No Solution"
end
```

7.7 深さ優先探索 | 221

深さ優先探索は、今後訪問する**オープンな**盤面状態をスタックに積んで管理する。深さ優先探索は、スタックから未訪問の盤面状態を取り出し、可能な手を用いて、次の盤面状態集合を計算してスタックを拡張する。目標状態に到達したら、探索は終了する。次の盤面状態のうち、**クローズした**(訪問済み)集合に既にあるものは捨てられる。残りの未訪問盤面状態がスタックに積まれ、探索が続けられる。

図7-15は、8パズルの初期状態に対して深さ制限9の探索木の計算を示す。木の他のところで深さ9まで探索した後、8手の(目標という印の)解が見つかったことに注意。全部で50の盤面状態が処理され、まだ4つが調べられていない(明るい灰色で示す)。この場合、パズルは解けたが、最良(最短)の解を探し出しているかは保証できない。

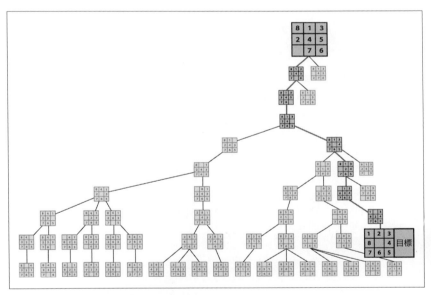

図7-15　8パズルの深さ優先探索木の例

7.7.1　入出力

深さ優先探索は、初期盤面状態から出発して目標状態を探索する。初期状態から目標状態への経路を表現する一連の手を返す(または、既存の資源ではそのような解が見つからなかったと宣言する)。

7.7.2 文脈

深さ優先探索は、探索を定められた深さ限界maxDepthで止める制限を加えることによって実用的となる盲目探索である。これによってメモリ消費を抑える。

7.7.3 解

深さ優先探索は、**オープンな**（未訪問）盤面状態をスタックに貯え、1つずつ取り出して処理をする。例7-3に示す実装では、**クローズ**した集合は、ハッシュ表に貯えられ、探索木で以前に訪問した盤面状態を再訪問することのないようにしている。使われるハッシュ関数は、各INodeオブジェクトで計算されたキーに基づく。

各盤面状態は、(a)それを生成した手、(b)前の状態、(c)初期状態からの深さを記録する、DepthTransitionと呼ばれる参照データを貯える。手は直接盤面に適用されて元に戻すことがないので、アルゴリズムは盤面状態のコピーを生成する。節点が目標とわかるや否や探索アルゴリズムは停止する（これは幅優先探索でも同じ）。

例7-6　深さ優先探索の実装

```
public Solution search(INode initial, INode goal) {
    // initial=goalなら、ここで終了する。
    if (initial.equals(goal)) { return new Solution (initial, goal); }

    INodeSet open = StateStorageFactory.create(OpenStateFactory.STACK);
    open.insert(initial.copy());

    // 既に訪問した状態
    INodeSet closed = StateStorageFactory.create(OpenStateFactory.HASH);
    while (!open.isEmpty()) {
      INode n = open.remove();
      closed.insert(n);

      DepthTransition trans = (DepthTransition) n.storedData();

      // 次の手はすべて、オープン状態に追加されている。
      DoubleLinkedList<IMove> moves = n.validMoves();
      for (Iterator<IMove> it = moves.iterator(); it.hasNext(); ) {
        IMove move = it.next();

        // 盤面状態の集合を保守するために、コピーの上で手を実行する
        INode successor = n.copy();
        move.execute(successor);
```

```
      // 訪問済みなら、別の状態を試す。
      if (closed.contains(successor) != null) { continue; }

      int depth = 1;
      if (trans != null) { depth = trans.depth+1; }

      // 解の経路を後で復元できるように、前の手を記録する。もし解が得られたら、
      // ここで終わる。そうでなく、まだ深さ限界の範囲内なら、オープン集合に追加する。
      successor.storedData(new DepthTransition(move, n, depth));
      if (successor.equals(goal)) {
        return new Solution (initial, successor);
      }
      if (depth < depthBound) { open.insert (successor); }
    }
  }

  return new Solution (initial, goal, false); // 解はない
}
```

盤面状態は、同じ状態を再度訪問しないように貯えられている。アルゴリズムの性能を高めるために、盤面状態に対して一意なキーを生成する効率的な関数があるものと仮定する。この関数が、2つの盤面状態が同じキーを生成するなら、それらは等しい盤面であると判定できる。

7.7.4 分析

dを深さ優先探索の最大深さ限界として、bを探索木の分岐数と定義する。

アルゴリズムの性能は、問題特有の部分と一般的な部分からなる。一般に、素朴な実装では集合内から盤面を見つけ出すのに$O(n)$性能を要するため、意外にも**オープン**および**クローズ**集合の基本操作がアルゴリズムの処理速度を低下させることがある。そのような基本操作には次のようなものがある。

open.remove()
  次の盤面状態を、評価のために取り出す。

closed.insert(INode state)
  クローズ集合に盤面状態を追加する。

closed.contains(INode state)
  盤面状態がクローズ集合に既にあるかどうか決定する。

```
open.insert(INode state)
```
盤面状態を後で訪問するためにオープン集合に加える。

深さ優先探索は、スタックを使い**オープン集合**を貯えるので、追加削除は定数時間で行われる。**クローズ集合**は、(INodeを実装する盤面状態クラスが提供する)キー値を使って盤面状態をハッシュ表に貯えるので、検索時間はならし定数時間となる。

性能に影響する問題特有の特性には、(a)ある盤面状態からの次の盤面状態の個数と、(b)有効な手の探索順序、とがある。非常に多数の手が可能なゲームもあるが、その場合は深さ優先経路の多くは使うべきではないということだ。また、手の探索順序は探索全体に影響する。ヒューリスティックな情報が利用できるなら、解に到達する可能性が一番高い手を、探索順序の先頭に持ってくるとよい。

深さ優先探索の性能を3つの例題（N1, N2, N3）を使って評価して、状態の見かけ上のわずかな違いから、探索がいかに気まぐれに変動するかを示す。これらの例では、10個の駒を目標状態から動かす。**深さ優先探索**は解を素早く見つけることもある。一般に、探索木のサイズは、分岐数bに基づいて指数的に成長する。8パズルでは、**分岐数**は、空いているマス目がどこにあるかによって2から4の間となり、平均は2.67となる[*1]。次の2つのことがわかっている。

深さレベルの選択を誤ると解を発見できない

　図7-16に示す初期位置N2、深さ限界25では、20,441の盤面状態を探索しても解が見つからなかった。どうしてこんなことが起こったのだろうか。**深さ優先探索**は、同じ盤面を二度とは訪問しないからである。具体的には、解に一番近いのは3,451番目の盤面で、これは深さ25で調べられている。この盤面は解から3つ離れているだけである。しかし、深さ限界に達しているため、展開が停止され、盤面がクローズ集合に含まれた。**深さ優先探索**が後でさらに浅い深さでこの節点に出会うことがあっても、クローズ集合については、それ以上は探索されない。

　それゆえに、最大深さレベルを大きな値にしておく。しかし、図7-17に示すように、これだと極端に大きな探索木になり、解が見つかるかを保証できない。

[*1] 訳注：章末文献の（Reinefeld, 1993）参照。

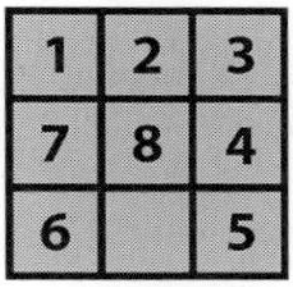

図7-16　初期位置N2

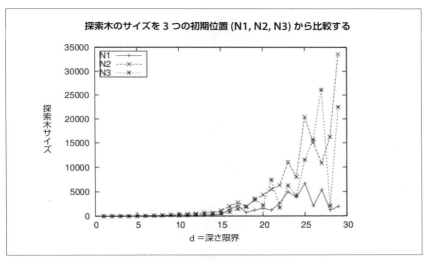

図7-17　深さが増えたときの深さ優先探索の探索木のサイズ

深さレベルが増えると、見つかった解は準最適となる

深さ限界が増えるにつれて、発見される解の総数は、時には必要な数の2、3倍以上に増大する。

興味深いことに、初期盤面状態N1では、限界を定めない深さ優先探索が30手数の解を見つける。このとき、23個の状態がオープン集合に含まれているが未処理状態で、たった30個の盤面状態が処理されているだけである。しかし、このような幸運は初期状態N2およびN3に対しては繰り返されない。

7.8 幅優先探索

幅優先探索は、盤面状態を初期盤面状態から近い順に系統的に評価することによって、解への経路を見つけようと試みる。幅優先探索は、もし経路が存在するなら、目標状態への最短経路を見つけることが保証されている。

幅優先探索と深さ優先探索との本質的な違いは、深さ優先探索ではスタックを使用するのに対して、幅優先探索ではキューを使ってオープン状態を保持するという点だ。処理の各段階で、幅優先探索は、キューの先頭から未訪問盤面状態を1つ取り出し、それを展開して、有効な手による次の盤面状態を計算する。目標状態に到達したら、探索は停止する。深さ優先探索同様、同じ状態を二度訪問しないようにする。次の候補の盤面状態の中で、**クローズ**集合にあるものは、削除される。残りの未訪問盤面状態は、**オープン**盤面状態のキューの最後尾に追加され、探索が継続される。

図7-18の盤面から始まる8パズルの例では、計算された探索木を図7-19に示す。4手の経路をすべて調べた後、5手の解が（ほとんどすべての経路を調べた後でやっと）見つかる。図の中で薄い灰色の20個の盤面状態は、オープンキューにあって、まだ調べられていない。全体では、25個の盤面状態が処理された。

図7-18　幅優先探索の開始盤面

7.8.1 入出力

このアルゴリズムは、初期盤面状態から始めて、到達できるはずの目標状態を探す。初期状態から目標状態への最小コストの経路を表現する一連の手を返す（または、既存の資源ではそのような解が見つからなかったと宣言する）。

7.8.2 文脈

盲目探索は、予測される探索空間がコンピュータのメモリ空間に収まる場合にのみ実用的である。幅優先探索は、系統的にすべての最短経路をまず調べていくので、

多数の手を必要とする経路を見つけるには、多大な時間を要することがある。このアルゴリズムは、初期状態から目標までの何らかの経路だけが必要なとき（すなわち、最短経路の必要性がないとき）には適当でないだろう。

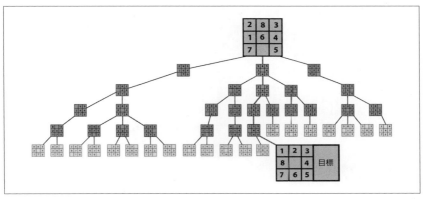

図7-19　8パズルの幅優先探索木の例

幅優先探索 Breadth-First Search	最良	平均	最悪
		$O(b^d)$	

```
search (initial, goal)
  if initial = goal then return "Solution"
  open = new Queue    ❶ 幅優先探索は、Queueを使って訪問するオープンな状態を格納する。
  closed = new Set
  insert (open, copy(initial))

  while openが空ではない do
    n = head (open)   ❷ キューから最も古い状態を取り出す。
    insert (closed, n)
    foreach valid nにおける有効な手 m do
      nextState = nにおいてmを指した状態
      if closedはnextStateを含まない then
        if nextState = goal then return "Solution"
        insert (open, nextState)   ❸ openがキューなので次の状態の挿入は追加操作に
                                     なる。
  return "No Solution"
end
```

7.8.3 解

幅優先探索は、**オープン**な（未訪問）盤面状態をキューに貯え、先頭から1つずつ取り出して処理をする。**クローズ**集合は、ハッシュ表を用いて貯えられる。各盤面状態は、そこに至った手と前の状態への参照を記録した遷移（transition）と呼ばれるバックリンクを貯える。幅優先探索は、手を直接盤面に適用して、元に戻すことがないので、各盤面状態のコピーを生成する。例7-7は、実装を示す。

例7-7　幅優先探索の実装

```java
public Solution search(INode initial, INode goal) {
    // initial=goalなら、ここで終了。
    if (initial.equals(goal)) { return new Solution (initial, goal); }

    // 初期状態から始める
    INodeSet open = StateStorageFactory.create(StateStorageFactory.QUEUE);
    open.insert(initial.copy());

    // 既に訪問した状態
    INodeSet closed = StateStorageFactory.create(StateStorageFactory.HASH);
    while (!open.isEmpty()) {
      INode n = open.remove();
      closed.insert(n);

      // 次の手はすべて、オープン状態に追加されている。
      DoubleLinkedList<IMove> moves = n.validMoves();
      for (Iterator<IMove> it = moves.iterator(); it.hasNext(); ) {
        IMove move = it.next();

        // コピーの上で手を実行する
        INode successor = n.copy();
        move.execute(successor);

        // 訪問済みなら、この状態はもう探索しない
        if (closed.contains(successor) != null) {
          continue;
        }

        // 前の手を解のトレースのために記録する。解ならすぐ終わる。
        // そうでないならオープン集合に加える。
        successor.storedData(new Transition(move, n));
        if (successor.equals(goal)) {
          return new Solution (initial, successor);
        }
```

```
      open.insert(successor);
    }
  }
}
```

7.8.4 分析

深さ優先探索と同様に、このアルゴリズムの性能は、問題特有の特性と一般的特性によって決まる。一般的特性に関しては、深さ優先探索のときと同じ分析が適用できる。違いは、オープンな盤面状態集合のサイズだけである。幅優先探索は、bを盤面状態の分岐数、dを見つかった解の深さとして、オープン集合にb^d個の規模の盤面状態を貯えねばならない。これは、深さ優先探索が深さdまで調べたとしても、約$b*d$個の盤面状態をオープン集合に貯えるだけでよいことを考えると、とても大きい値である。幅優先探索は、初期盤面状態から目標盤面状態へ最小個数の手順を見つけることが保証されている。

幅優先探索は、盤面状態が**クローズ**集合にまだない場合にのみ、**オープン**集合に追加する。**オープン**集合に既に含まれていないことをまず確認することで、(追加処理が代償として必要だが) 追加スペースを節約できる。

7.9 A*探索

幅優先探索は、最適解を (もし存在するなら) 見つけるが、探索する手の順序をうまく工夫する試みを一切しないので、莫大な個数の節点を調べる羽目になる。対照的に、深さ優先探索は、進めるところまで進んで迅速に経路を見つけようと試みるが、探索深さに限界を設けねばならない。そうしないと、探索木の無駄な領域をいたずらに探してしまう。**A*探索**は、この固定戦略のどちらかに盲目的に従うのではなく、探索にヒューリスティックな知性を利用する。

A*探索は、探索対象のオープンな盤面状態の集合を維持し、目標状態に到達することを目指す、反復的な順序の定まった探索である。**A*探索**は探索のたびに、評価関数$f(n)$を用いて、その$f(n)$が最小値を持つような**オープン**な盤面状態を探索対象として選ぶ。$f(n)$は、$f(n)=g(n)+h(n)$という独特の構造を持つ。ここで、

- $g(n)$は、初期状態からnへの最短経路と予測される手順長さを記録する。この値はアルゴリズム実行中に記録される。

- $h(n)$ は、n から目標状態への最短経路を予測する。

したがって、$f(n)$ は、初期状態から n を経由して目標状態へ到達する最短経路長さを推定する。**A*探索**は、目標状態に到達しているかどうかを、その盤面状態が**オープン盤面状態集合**から取り出されたときだけに調べる（次の盤面状態が生成されたときにチェックする**幅優先探索**や**深さ優先探索**と異なる）。これは、$h(n)$ が目標状態への距離を決して過大評価しない限りは、解が初期盤面状態からの最小手数であることを保証する。

A*探索 A*Search	最良	平均	最悪
	$O(b^*d)$	$O(b^d)$	

```
search (initial, goal)
  initial.depth = 0
  open = new PriorityQueue       ❶ A*探索は、オープンな状態を評価点に
  closed = new Set                  より優先度付きキューに貯える。
  insert (open, copy(initial))

  while open is not 空 do
    n = minimum (open)
    insert (closed, n)
    if n = goal then return "Solution"
    foreach nにおける有効な手 m do
      nextState = nにおいてmを指した状態
      if closedがnextStateを含む then continue

      nextState.depth = n.depth + 1
      prior = open内でnextStateに一致する状態
                                   ❷ オープン集合内の該当節点を迅速に
                                      見つけることができるに違いない。
      if priorがない or nextState.score < prior.score then
          if priorが存在する    ❸ A*探索が、前より低い評価点になった状態を再訪問するなら
            remove (open, prior)  ❹ オープン集合での前の状態をよりよい点数の状態で置き
                                      換える。
          insert (open, nextState) ❺ openは優先度付きキューなので、nextStateは点数に
  return "No Solution"                基づいて挿入される。
end
```

$f(n)$ が低い点数なら、n の盤面状態が最終目標状態に近いことを示唆する。$f(n)$ の最も重要な要素は、$h(n)$ の計算に用いられるヒューリスティックな評価である。

なぜなら、$g(n)$は、各盤面状態をその初期状態からの深さとともに記録していれば、途中でも計算可能だからである。$h(n)$が、有望な盤面状態と有望でない盤面状態を正確に区別できないなら、**A*探索**は、既に記述した盲目探索より優れた性能を発揮できない。しかし、適格（admissible）で効率的に計算可能な効果的$h(n)$を決定することは難しい。必ずしも最適ではないが、実用的な解に到達する不適格な$h(n)$の例が多数ある。

7.9.1　入出力

アルゴリズムは、探索木の初期盤面状態と到達すべき目標状態から始まる。適格な$h(n)$関数を持つ評価関数$f(n)$があるものと仮定する。このアルゴリズムは、初期状態から目標状態への、最小コストに非常に近い近似解をとなる一連の手を返す（または、既存の資源ではそのような解が見つからなかったと宣言する）。

7.9.2　文脈

図7-20の盤面から始める8パズルの例を用いて、2つの探索木の計算を図7-21と図7-22に示す。図7-21は、Nilsson（1971）が提案した`GoodEvaluator`関数$f(n)$を用いる。図7-22は、同じくNilssonが提案した`WeakEvaluator`関数$f(n)$を用いる。これらの評価関数についてはすぐ後で説明する。薄い灰色の盤面状態は、目標が見つけられたときの**オープン**な集合を示す。

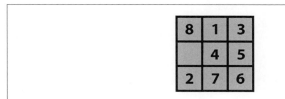

図7-20　A*探索の開始盤面状態

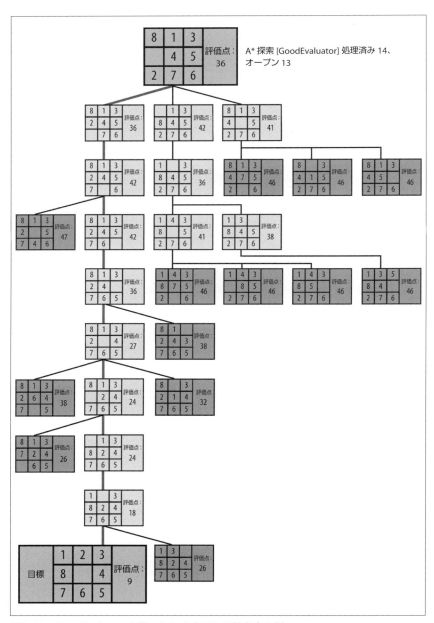

図7-21　GoodEvaluator を用いた8パズルのA*探索木の例

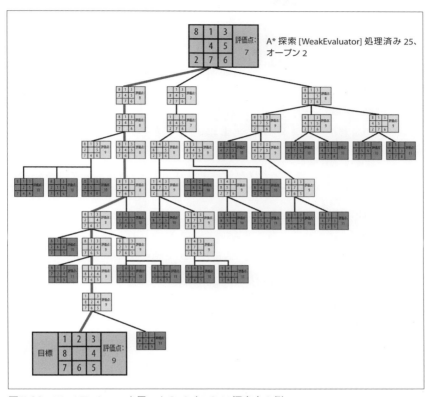

図7-22　WeakEvaluatorを用いた8パズルのA*探索木の例

　GoodEvaluatorもWeakEvaluatorも（ラベルが「目標」の）目標節点に達する9手の解を探し出しているが、GoodEvaluatorのほうがより効率的に探索を行う。両方の探索木において節点に付随する$f(n)$の値を検討して、なぜWeakEvaluatorの探索木が、より多くの節点を調べなければならないかを見てみよう。

　GoodEvaluatorの探索木では、初期状態からほんの2つの手で、$f(n)$値が単調に減少していく目標節点への明らかな経路が見つかる。対照的に、WeakEvaluatorの探索木は、探索方向を狭めるまでに初期状態から4手を必要とする。つまり、WeakEvaluatorは盤面状態の差異化に失敗しているのだ。実際、目標節点の$f(n)$値が、初期節点やその3つの子節点の$f(n)$値よりも大きいことに注意する。

7.9.3 解

A*探索は、評価関数が最小のものを効率的に取り出し、特定の盤面状態のものが存在するか効率的に判定できるような形でオープンな盤面状態を貯える。例7-8に、Java実装の例を示す。

例7-8 A*探索の実装

```java
public Solution search(INode initial, INode goal) {
  // 初期状態から始める。
  int type = StateStorageFactory.PRIORITY_RETRIEVAL;
  INodeSet open = StateStorageFactory.create(type);
  INode copy = initial.copy();
  scoringFunction.score(copy);
  open.insert(copy);

  // ハッシュ表を用いて、既に訪問した状態を保持する。
  INodeSet closed = StateStorageFactory.create(StateStorageFactory.HASH);
  while (!open.isEmpty()) {
    // 最小評価関数を持つ節点を取り除き、クローズ集合に移す。
    INode best = open.remove();

    // 目標状態に到達していたら終了する。
    if (best.equals(goal)) { return new Solution (initial, best); }
    closed.insert(best);

    // 次の手を計算して、OPEN/CLOSEDリストを更新する。
    DepthTransition trans = (DepthTransition) best.storedData();
    int depth = 1;
    if (trans != null) { depth = trans.depth+1; }

    for (IMove move : best.validMoves()) {
      // 手を実行して、新しい盤面状態を評価する。
      INode successor = best.copy();
      move.execute(successor);

      if (closed.contains(successor) != null) { continue; }

      // 解の経路を復元するために前の手を記録し、
      // 改善したかどうかを判断するために、評価関数を計算する。
      successor.storedData(new DepthTransition(move, best, depth));
      scoringFunction.score(successor);

      // 未訪問か、よりよい点数なら
      INode exist = open.contains (successor);
```

```
      if (exist == null || successor.score() < exist.score()) {
        // 既に存在していれば、古い点数を取り除き、より良い点数を挿入する
        if (exist != null) {
          open.remove (exist);
        }
        open.insert(successor);
      }
    }
  }
}

// 解がない。
return new Solution (initial, goal, false);
}
```

幅優先探索や深さ優先探索と同様に、盤面状態は処理が済むと**クローズ集合**に入る。各盤面状態は、`DepthTransition`と呼ばれるバックリンクで、(a)それを生成した手、(b)前の盤面状態への参照、(c)初期位置からの深さを記録する。深さの最新値は、評価関数の中で、$g(n)$成分の代わりに用いられる。アルゴリズムは、手を直接盤面に適用して元に戻さないために、各盤面状態のコピーを作る。

A*探索は、$g(n)$計算成分を含めたヒューリスティック情報を取り入れているので、既に訪問済みの盤面に対する評価の見直しが必要となる状況がある。オープン集合に挿入する盤面の評価点数が、同じ盤面を前に訪問したときの評価点数よりも低い可能性がある。その場合、評価点数の高い方の盤面状態は最小コスト解には含まれないから、**A*探索**はその盤面をオープン集合から取り除く。深さ優先探索で、盤面状態が深さ限界に達して目標状態から3手しか離れていない（と後でわかる）状況（「**7.7.4 分析**」参照）を思い出そう。これらの盤面状態は**クローズ集合**に入れられ、二度と処理されなかった。**A*探索**では、オープン集合の盤面状態を最小評価点数で評価し続けるので、こういった過ちを避けられる。

A*探索がうまくいくかどうかは、そのヒューリスティック関数に直接依存する。$f(n)$の$h(n)$成分は、注意して設計しなければならず、それは科学というよりも職人芸に近い。$h(n)$が常に0なら、**A*探索**は、幅優先探索と変わらない。さらに、$h(n)$が目標到達へのコストを過大評価するなら、$h(n)$が極端に道を外れないという仮定の下で、**A*探索**は何らかの解を返すことができるだろうが、最適解を見つけられない可能性がある。**A*探索**は、ヒューリスティック関数$h(n)$が適格なら最適な解を見つける。

A*探索の文献の多くが、例えば、デジタルな地形における経路探索（Wichmann and Wuensche, 2004）または限られた資源でのプロジェクトスケジューリング（Hartmann, 1999）のようなそれぞれの分野に高度に特化した$h(n)$関数について述べている。Pearl（1984）は、効果的なヒューリスティックの設計を広範囲に渡ってまとめている（ただし、残念ながら絶版）。Korf（2000）は、（次節で定義する）適格な$h(n)$関数をどう設計するか論じている。MichalewiczとFogel（2004）は、A*探索だけでなく、問題解決におけるヒューリスティックな手法についての最近の動向を述べている。

8パズルについては、3つの適格なヒューリスティック関数と1つの悪い定義の関数がある。

FairEvaluator
: $P(n)$。ここで$P(n)$は、各駒の「ホーム」からのマンハッタン距離の和である。

GoodEvaluator
: $P(n) + 3*S(n)$。$P(n)$は、上に定義した通りで、$S(n)$は、中央でないマス目を順に調べて付けた点数。次の駒が正しいものは、0。正しい駒が続いていないと2を指定する。なお、中央に位置する駒があれば1を与える。

WeakEvaluator
: 位置が間違っている駒の数。

BadEvaluator
: （真ん中のマス目に関して）反対側のマス目との差を取り、その和を最終状態の理想的な値16と比較する。中央のマス目は無視して、空のマス目は0とする。

最初の3つのヒューリスティック関数がなぜ適格かの理由は、0から8を単に返すWeakEvaluatorを例に取って考えればよい。明らかに、これは手数を過大評価しないが、盤面状態を区別するという点では好ましくないヒューリスティックな手法だ。FairEvaluatorは水平または垂直にしか移動できないという仮定の下で2つの駒の間の距離であるマンハッタン距離$P(n)$を計算する。これは初期状態の駒が最終位

置に到達する距離の和を正確に示す。当然ながら、8 パズルでは隣が空白の駒しか移動できないので、実際の手数を過小評価した値となっている。重要なのは、手数を**過大評価**しないことだ。GoodEvaluator は駒の並び順を調べて、順番が揃っていない駒が多ければ、その分を最終状態までに必要な手数に追加する $3*S(n)$ を別途計算している。

これらの関数を**図7-23**の盤面例で評価し、結果を**表7-2**に示す。適格な関数すべてが最短の 13 手の解を探し出したのに対して、不適格なヒューリスティック関数 BadEvaluator は、ずっと大きな探索木で 19 手の解を探し出したことがわかる。

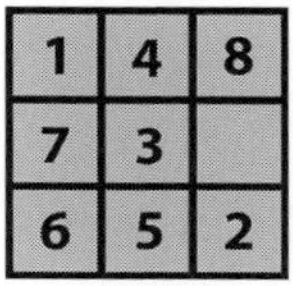

図 7-23　評価関数用盤面状態の例

表 7-2　3 つの適格な h(n) 関数と 1 つの不適格関数を比較する

尺度名	h(n) の評価	統計
GoodEvaluator	13+3*11=46	13 手の解 / クローズ 18 / オープン 15
FairEvaluator	13	13 手の解 / クローズ 28 / オープン 21
WeakEvaluator	7	13 手の解 / クローズ 171 / オープン 114
BadEvaluator	9	19 手の解 / クローズ 1496 / オープン 767

　幅優先探索や深さ優先探索は、**クローズ**集合が盤面状態を含むかどうか調べるので、効率性の観点からハッシュ表を使用する。しかし、**A*探索**では、盤面の評価点数が現在の状態より低い場合には、訪問済みの盤面状態を再評価する必要がある。したがって、A*探索では、**オープン**優先度付きキューから評価点数が最も低い盤面状態を迅速に見つける必要があるので、ハッシュ表は適切ではない。

　注意すべきは、幅優先探索も深さ優先探索も、キューやスタックを使用するため、定数時間演算でオープン集合から次の盤面状態を得られるという点だ。**オープン**集合を順序付きリストで貯えたとしたなら、オープン集合に盤面状態を挿入するのに、$O(n)$ の手間がかかってしまう。どれだけ多くの盤面状態を評価する必要があるのか前もってわからないために、二分ヒープを使うわけにもいかない。したがって、ここでは $O(\log n)$ の性能を提供する平衡二分木を使って、最小コストの盤面状態を見つけたり、**オープン**集合に節点を挿入したりする。

7.9.4 分析

A*探索の計算量的な振る舞いは、ヒューリスティック関数に全面的に依存する。RusselとNorvig(2003)は効果的なヒューリスティック関数の特性をまとめている。BarrとFeigenbaum (1981)は、適格な$h^*(n)$関数を効率的に計算できない場合の代替方式をいくつか提示している。盤面がより複雑になると、ヒューリスティック関数は、それだけ重要になり、設計がさらに複雑だ。計算効率が悪いと、探索プロセス全体に非常に悪影響を与える。一方で、簡単なヒューリスティック関数でも、探索空間を劇的に刈り込むことが可能になる。例えば、4×4の盤面に15駒を置いた、8パズルの拡張である15パズルを考えよう。この15パズル用のGoodEvaluatorは、8パズルのGoodEvaluatorを拡張して、ほんの2、3分で作ることができる。図7-24左の目標状態と、図7-24右の初期状態において、**A***探索は39個の盤面状態を処理して、15手の解を迅速に見つける。探索終了時、43個の盤面状態がオープン集合に残っていた。

15手の深さ制限があると**深さ優先探索**では22,125個の盤面状態を探索した後でも解を見つけられない。**幅優先探索**は、172,567個の盤面状態を探索した後で(**クローズ集合**が85,213個、**オープン集合**が87,354個残っている)、64MB RAMのメモリだとメモリオーバーになる。もちろん、メモリを増やしたり、深さ限界を増やしたりすることはできるが、それによって、問題が解けるとは限らない。

図7-24　15パズルの目標(左)と初期盤面の例(右)

ただ、この15パズル例を**A***探索で容易に解けたからといって喜ぶのは早い。さらに複雑な初期盤面、例えば図7-25を解こうとすると、**A***探索ではメモリ不足になってしまう。

明らかに、この評価関数は10^{25}個以上の可能状態を持つ15パズルに対して効果的でない(Korf, 2000)。

図7-25 15パズルの複雑な初期盤面

7.9.5 変形

　初期状態から前方に探索を進めるだけでなく、Kaindl and Kainz (1997) は、同時に目標状態から後方へ探索するように拡張したアルゴリズムを提案している。この方式は、初期のAI研究者によって、うまく動かないとして当初否定されたのだが、KaindlとKainzは、この方式を再度考慮すべきであると強力に論じている。

　A*探索の強力な代替方式としては、反復深化 (IterativeDeepening) A*、すなわちIDA*がある (Reinefeld, 1993)。これは、ある固定したコスト内で、**深さ優先探索**を順に展開していく。各反復段階で、その直前の結果に基づいてコストの限界を増やす。見積もられたコストが、ヒューリスティックな値ではなく、実際の手に基づいているので、IDA*は、**幅優先探索**や**深さ優先探索**単独よりもずっと効率的である。Korf (2000) は、IDA*と組み合わせるとヒューリスティックな手法がどれだけ強力になるかを、15パズルを例に記述している。これは、探索過程で4億以上の盤面状態を評価することにより、ランダムな例を解いている。

　A*探索は、最小コスト解を生成するが、探索空間が大きすぎて完了できない可能性がある。**A*探索**を強化して、このような巨大問題を解くためのアイデアとして、次のようなものがある。

> **反復的深化**
>
> 　この状態探索戦略は、**深さ優先探索**を反復適用し、各段階ごとに深さ限界を増やしていく。この方式は、反復のたびに探索対象節点の優先度を付けることで、非生産的な探索を削減するので、解へ急速に収束する可能性が高い。さらに、探索空間を、離散間隔に分割しているので、実時間アルゴリズムでも、許された時間内でできる限り広い空間を探索して「ベストエフォート」の結果を返すことができる。この考え方は、最初に (Korf, 1985) によって**A*探索**に適用されIDA*が生み出された。

転置表

既に成果のないことが示された計算を繰り返すことを防ぐために、ゲーム状態をハッシュしておき、その状態に（開始状態から）到達するのに必要な経路長を転置表に貯えておくことができる。その状態が後の探索で現れて、現在の深さが先に見つけられた深さよりも深ければ、探索を停止する。この方式は、結果的に無駄になってしまう部分木探索を避けることができる。

階層

ゲーム状態が平坦なモデルではなく、階層で表現されるなら、巨大探索空間をクラスターに再構造化してA*探索を走らせる技法を適用できる。階層経路探索A*（HPA*）は、その一例である（Botea et al., 2004）。

メモリ制限

探索空間を計算時間で制限する代わりに、探索中に関係しそうな領域での探索に焦点を絞って、他の節点を捨ててしまう「取りこぼしの可能性がある」探索方式を選ぶこともできる。単純化メモリ制限A*探索（SMA*）はその一例である（Russel, 1992）。

Reinefeld and Marsland（1994）は、興味深いA*探索の各種拡張をまとめている。AIシステムにおけるA*探索の使用については、教科書やさまざまなオンライン情報を参照するとよい（Barr and Feigenbaum, 1981）。

7.10 探索木アルゴリズムの比較

幅優先探索は、多数の手を評価しないといけないが、初期状態から最小手数で解を見つけることが保証されている。深さ優先探索は、常にできる限り前方に進もうとするので、迅速に解を見つけるかもしれないが、成功の可能性がない場所で無駄な時間を費やす可能性がある。A*探索は、優れた評価関数を使うことができれば最少の時間で最良の解を見つけるが、よい関数を見つけるのは難しい。

したがって、深さ優先探索、幅優先探索、A*探索を直接比較するのは価値がある。ゲーム例として8パズルを用い、正解からn個（2から14の範囲）の駒をランダムに動かして初期状態を生成した。同じ駒を同じ列内で2度動かしてはいないことに注意。それは、前の手を「元に戻す」ことになってしまうからだ。nが32になると、探

索にメモリが足りなくなる。各盤面状態に対して、**幅優先探索**、**深さ優先探索** (n)、**深さ優先探索** ($2*n$)、**A*探索**を実行する。深さ優先探索のパラメータは探索中の最大深さを示すことに注意。サイズ n の手に対して次のようなことを行う。

- オープンおよびクローズの両リストに含まれている盤面状態の総和を取る。これは、アルゴリズムが解を見つける効率を示す。#印のついた欄は、実行すべての平均値である。この分析では探索効率の主要因として探索された状態数に注目する。
- 解が見つかったら、その手数の総数を取る。これは見つかった解の経路の効率を示す。s印の付いた欄は、実行全部の平均値である。括弧の中の数は、与えられた深さ限界内で解を見つけるのに失敗した試行の数を記録している。

表7-3は、n回（$n = 2$から14）ランダムに動かして生成した初期状態に対して各アルゴリズムを1,000回試行した結果をまとめたものである。**表7-3**は、(a)生成された探索木の平均状態数、(b)見つかった解の平均手数という2つの結果を示している。

表7-3 探索アルゴリズムの比較

n	#A*	#BFS	#DFS(n)	#DFS(2n)	sA*	sBFS	sDFS(n)	sDFS(2n)
2	4	4.5	3	6.4	2	2	2	2
3	6	13.3	7.1	27.3	3	3	3	3
4	8	25.7	12.4	68.3	4	4	4	5
5	10	46.4	21.1	184.9	5	5	5	5.8
6	11.5	77.6	31.8	321	6	6	6	9.4 (35)
7	13.8	137.9	56.4	767.2	6.8	6.8	6.9	9.7 (307)
8	16.4	216.8	84.7	1096.7	7.7	7.7	7.9 (36)	12.9 (221)
9	21	364.9	144	2520.5	8.7	8.6	8.8 (72)	13.1 (353)
10	24.7	571.6	210.5	3110.9	9.8	9.5	9.8 (249)	16.4 (295)
11	31.2	933.4	296.7	6983.3	10.7	10.4	10.6 (474)	17.4 (364)
12	39.7	1430	452	6196.2	11.7	11.3	11.7 (370)	20.8 (435)
13	52.7	2337.1	544.8	12464.3	13.1	12.2	12.4 (600)	21.6 (334)
14	60.8	3556.4	914.2	14755.7	14.3	13.1	13.4 (621)	25.2 (277)

n が1つ増えるごとに、盲目探索すべてで、探索木のサイズが指数的に増えるが、A*探索木のサイズは、処理可能なレベルに留まっている。より正確には、盲目探索木の成長率は、次の関数で見積もることができる。

$$\text{BFS}(n) \cong 0.24 * (n+1)^{2.949}$$

$$\text{DFS}(n) \cong 1.43 * (n+1)^{2.275}$$

$$\mathrm{DFS}(2n) \cong 3.18 * (n+1)^{3.164}$$

　幅優先探索は、常に解への最短経路を見つけるが、**A*探索**も（ヒューリスティック GoodEvaluator のおかげで）盤面状態の探索数がはるかに少ないにもかかわらず、そう遜色はない。別に 30 回までランダムに駒を動かして生成した初期状態に対して **A*探索**を試みたが、探索木の成長率は、$\mathrm{O}(n^{1.5147})$ であった。これは、線形ではないが、状態数のサイズは、盲目探索に比べると著しく小さい。成長率の指数部の実際の値は、解く問題の分岐数に依存する。表 7-3 の結果を図 7-26 に示す。

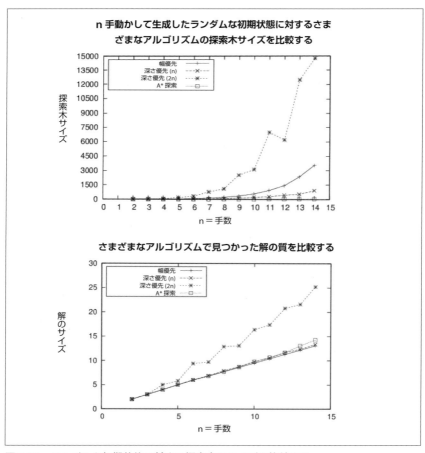

図 7-26　ランダムな初期状態に対する探索木のサイズを比較する

最後に、**深さ優先探索**では、地平線効果のせいで多くの場合に解を見つけられないことに注意（これは、**クローズ集合**に追加された盤面状態がほんの1手か2手、目標状態から離れている場合に起こることを思い出してほしい）。実際、この例の1,000回の試行では、**深さ優先探索**は、最大深さ限界が13のとき、全試行の60%以上を失敗していた。

3つの探索すべてが指数個の状態を調べる可能性を持つのだが、適格な$h(n)$評価関数が与えられているときには、**A*探索**の探索が最小個数となる。

経路探索以外にも、この種のn^2-1個の駒をすべらせて移動するパズルを解く方法が知られている。Parberry（1995）が提案した巧妙な方式は、分割統治法を用いる。すなわち、$n>3$の$n \times n$パズルにおいて、左端の列と最上行とをまず完成させて、それから、再帰的に、$(n-1)^2-1$パズルを解く。内側の下位問題が3×3になったなら力任せに解いてしまう。この方式は、高々$5*n^3$手の解を見つけることが保証されている。

7.11　参考文献

Barr, Avron and Edward A. Feigenbaum, The Handbook of Artificial Intelligence. William Kaufmann, Inc., 1981.（邦題『人工知能ハンドブック』共立出版、1983）

Berlekamp, Elwyn and David Wolfe, Mathematical Go: Chilling Gets the LastPoint. A. K. Peters /CRC Press, 1994.（邦題『囲碁の算法：ヨセの研究』、トッパン、1994）

Botea, A., M. Müller, and J. Schaeffer, "Near Optimal Hierarchical Path-finding," Journal of Game Development, 1(1), 2004, https://www.cs.ualberta.ca/~mmueller/ps/hpastar.pdf

Hartmann, Sonke, Project Scheduling Under Limited Resources: Models, Methods, and Applications. Springer, 1999.

Kaindl, Hermann and Gerhard Kainz, "Bidirectional Heuristic Search Reconsidered," Journal of Artificial Intelligence Research, Volume 7: 283-317, 1997.

Korf, Richard E., "Depth-First Iterative-Deepening: An Optimal Admissible Tree Search," Artificial Intelligence, Volume 27: 97-109, 1985, http://citeseerx.ist.psu.edu/viewdoc/summary?doi=10.1.1.91.288.

Korf, Richard E., "Recent Progress in the Design and Analysis of Admissible Heuristic Functions," Proceedings, Abstraction, Reformulation, and

Approximation: 4th International Symposium (SARA), Lecture notes in Computer Science #1864: 45-51, 2000. http://www.aaai.org/Papers/AAAI/2000/AAAI00-212.pdf

Laramée, François Dominic, "Chess Programming Part IV: Basic Search," GameDev.net, August 26, 2000, http://www.gamedev.net/reference/articles/article1171.asp.

Michalewicz, Zbigniew and David B. Fogel, How to Solve It: Modern Heuristics, Second Edition. Springer, 2004.

Nilsson, Nils, Problem-Solving Methods in Artificial Intelligence. McGraw-Hill, 1971.（邦題『人工知能：問題解決のシステム論』コロナ社、1984）

Parberry, Ian, "A Real-Time Algorithm for the (n2-1)-Puzzle," Information Processing Letters, Volume 56: 23-28, 1995, http://www.sciencedirect.com/science/article/pii/002001909500134X, http://www.eng.unt.edu/ian/pubs/saml.pdf. http://larc.unt.edu/ian/pubs/saml.pdfにもある。

Pearl, Judea, Heuristics: Intelligent Search Strategies for Computer Problem Solving. Addison-Wesley, 1984.

Pepicelli, Glen, "Bitwise Optimization in Java: Bitfields, Bitboards, and Beyond," O'Reilly on Java.com, February2, 2005, http://www.onjava.com/pub/a/onjava/2005/02/02/bitsets.html.

Reinefeld, Alexander, "Complete Solution of the Eight-Puzzle and the Benefit of Node Ordering in IDA*," Proceedings of the 13th International Joint Conference on Artificial Intelligence (IJCAI), Volume 1, 1993, http://dl.acm.org/citation.cfm?id=1624060. http://citeseerx.ist.psu.edu/viewdoc/summary?doi=10.1.1.40.9889にもある。

Reinefeld, Alexander and T. AnthonyMarsland, "Enhanced Iterative-Deepening Search," IEEE Transactions on Pattern Analysis and Machine Intelligence, 16(7): 701-710, 1994. http://dx.doi.org/10.1109/34.297950. https://webdocs.cs.ualberta.ca/~tony/RecentPapers/pami94.pdfにもある。

Russel, Stuart, "Efficient memory-bounded search methods," Proceedings, 10th European Conference on Artificial Intelligence (ECAI): 1-5, 1992.

Russell, S. J. and P. Norvig, Artificial Intelligence: A Modern Approach. Prentice Hall, 2003.（邦題『エージェントアプローチ：人工知能』共立出版、2008）

Samuel, Arthur, "Some Studies in Machine Learning Using the Game of Checkers," IBM Journal 3(3): 210-229, 1967. http://dx.doi.org/10.1147/rd.116.0601.

http://researcher.watson.ibm.com/researcher/files/us-beygel/samuel-checkers. pdfにもある。

Schaeffer, Jonathan, "Game Over: Black to Playand Draw in Checkers," Journal of the International Computer Games Association (ICGA), 2007. https://ilk.uvt.nl/icga/journal/contents/Schaeffer07-01-08.pdf.

Schaeffer, Jonathan, Neil Burch, Yngvi Björnsson, Akihiro Kishimoto, Martin Müller, Robert Lake, Paul Lu, and Steve Sutphen, "Checkers is Solved," Science Magazine, September 14, 2007, 317(5844): 1518-1522, http://www.sciencemag.org/cgi/content/abstract/317/5844/1518.

Shannon, Claude, "Programming a Computer for Playing Chess," Philosophical Magazine, 41(314), 1950, http://tinyurl.com/ChessShannon-pdf.

Wichmann, Daniel R. and Burkhard C. Wuensche, "Automated Route Finding on Digital Terrains," Proceedings of IVCNZ, Akaroa, New Zealand, pp. 107-112, November 2004, https://www.researchgate.net/publication/245571114_Automated_Route_Finding_on_Digital_Terrains. http://www.cs.auckland.ac.nz/~burkhard/Publications/IVCNZ04_WichmannWuensche.pdfにもある。

8章
ネットワークフロー アルゴリズム

　節点と辺からなるネットワークにおいて、各辺に容量が割り当てられ、そこに何かが流れる、という問題を扱うことがよくある。本章のアルゴリズムは、この種の問題を解く必要から生まれたものである。Ahujaは、このネットワークフローアルゴリズムの適用分野について次のようなものを挙げている (Ahuja, 1993)。

割り当て問題 (Assignment)
一連の作業を一群の従業員が処理するとしよう。それぞれの従業員が、割り当てられたタスクをそれぞれ異なるコストをかけて処理する場合に、全体のコストを最小化する割り当て方法を見つける。

二部マッチング問題 (Bipartite Matching)
一群の求職者が、一群の職を求めて面接を受けるとしよう。このとき、応募資格を満たして職務に就ける人数を最大化するような組み合わせを見つける。

最大フロー問題 (Maximum Flow)
2つの場所の間で、商品をやり取りする場合に、ネットワーク全体の容量が十分あるとして、流すことのできる最大フローを計算する。

輸送問題 (Transportation)
商品を生産している一群の工場から、複数の店に、商品を運ぶとしよう。このとき、コストが最も安くなる方法を決定する。

積み替え問題 (Transshipment)
商品を生産している一群の工場から、複数の店に、商品を運ぶのだが、途中に積み替え基地として使う一群の倉庫があるとしよう。このとき、

コストが最も安くなる方法を決定する。

図8-1は、これらの問題が1つ以上の始点から1つ以上の終点までのネットワークフローとしてどう表現されるかを示す。最も一般的な問題が一番下にあり、残りの問題のそれぞれは、その下にある問題の特殊化になっている。例えば、輸送問題は、積み替え問題における中間の積み替え用の節点がない特殊な問題となる。すなわち、積み替え問題を解くプログラムは、輸送問題にもそのまま使える。

本章では、最大フロー問題を解く**フォード-ファルカーソン法**を述べる。**フォード-ファルカーソン法**は、**図8-1**に示すように、二部マッチング問題にも使える。さらに応用して、**フォード-ファルカーソン法**で示される基本的な考え方を、より難しい最小コストフロー問題を解くように一般化することもできる。そうすれば、積み替え問題、輸送問題、および割り当て問題も解くことができる。

原則として、線形計画法（LP）を**図8-1**のすべての問題に適用できるが、その場合、それぞれの問題を適切なLP形式に変換しなければならず、得られた解を元の問題に適した形に戻さねばならない（本章の末尾で、その方法を示す）。LPは線形な関係で記述された数学モデルの最適解（最大収益や最小コスト）を計算する手法であるが、実際には、**図8-1**の問題について、本章で述べるアルゴリズムのほうが、LPを数桁上回る性能を示す。

8.1　ネットワークフロー

フローネットワークを有向グラフ $G = (V, E)$ でモデル化する。ここで、V は節点の集合、E は節点間の辺の集合である。グラフは（すべての辺が存在する必要はないが）連結されているのが普通である。ソース（source）という特別な節点 $s \in V$ が、商品を複数ユニット生産する。商品はグラフの辺を流れて、シンク（sink）節点 $t \in V$（目標（target）または終点（terminus）とも言う）で消費される。フローネットワークでは生産される商品の供給は無限で、シンク節点は受け取ったすべての商品を消費できると仮定する。

8.1 ネットワークフロー

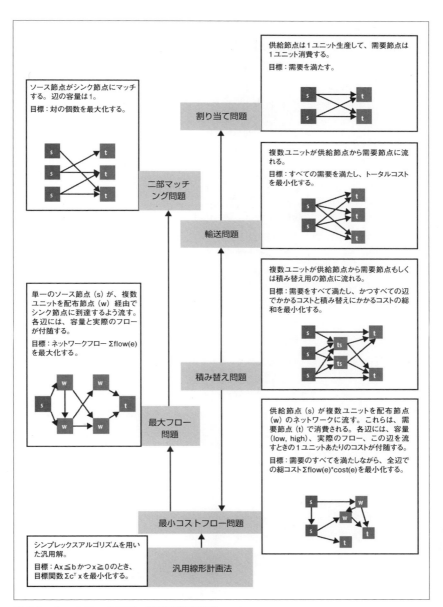

図8-1　ネットワークフロー問題の間の関係

各辺(u, v)には、uからvへと流れる商品のユニット数を定義するフロー$f(u, v)$がある。また、辺には、その辺を流れることのできるユニットの最大個数を制限する容量$c(u, v)$も付随する。図8-2では、各節点に番号が振られ、各辺には、f/cのように、フローと容量が示される。例えば、sとv_1との間の辺は、$5/10$となっていて、5ユニット流れており、容量は10ユニットまでだということがわかる。辺上をユニットが流れていない場合（例えばv_5とv_2の間など）、fは0で箱に容量だけが示される。

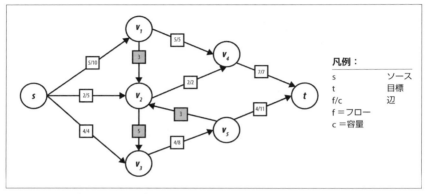

図8-2　フローネットワークグラフの例

ネットワークを流れるフローfは、次のような基準を満たさねばならない。

容量制約

> 辺を流れるフロー$f(u, v)$は、負であってはならず、辺の容量$c(u, v)$を超えてもならない。言い換えると$0 \leq f(u, v) \leq c(u, v)$となる。辺$(u, v)$が存在しないなら、$c(u, v) = 0$と定義する。

フロー保存

> ソース節点sとシンク節点tとを除いて、全節点$u \in V$は、Eに含まれるすべての辺(v, u)について$f(v, u)$の総和を取ったもの（uへのフロー）が、すべての辺$(u, w) \in E$について$f(u, w)$の総和を取ったもの（uからのフロー）と等しいという性質を満たさなければならない。この性質は、ネットワークにおいて、sとtとを除いては、フローの生産や消費が行われないという性質を保証する。

反対称性（Skew symmetry）
　　整合性のために、量$f(v, u)$は、節点uからvへの負のフローを表現する。つまり$f(u, v) = -f(v, u)$でなければならない。

　この後のアルゴリズムにおいて、ネットワーク経路（network path）とは、閉路でない異なる節点列$<v_1, v_2, \cdots, v_n>$とEに含まれる$n-1$個の連続した辺(v_i, v_j)からなる経路を表すとする。図8-2のフローネットワークでは、$<v_3, v_5, v_2, v_4>$がネットワーク経路の例である。ネットワーク経路では、辺の方向は無視でき、これはすぐ後に述べる増加道を形成するのに必要な性質である。図8-2では、$<s, v_1, v_4, v_2, v_5, t>$がそのようなネットワーク経路の例となる。

8.2　最大フロー

　あるフローネットワークに対して、Eのすべての有向辺$e = (u, v)$に容量制約$c(u, v) \geq 0$が与えられているなら、節点sとtとの間の最大フロー（mf）を計算できる。すなわち、ソースsから、ネットワークを通して個別の辺の容量限界内で、シンクtへと流れる最大量を計算できる。実現可能な最小フロー（すべての辺に対してフロー0）から始めて、**フォード-ファルカーソン法**は、フローを追加可能なsからtへのネットワークの**増加道**（augmenting path）を次々と見つけていく。そして、このアルゴリズムは、増加道が見つからなくなると停止する。最大フロー最小カット（Max-flow Min-cut）定理（Ford-Fulkerson, 1962）は、非負のフローと容量の下で、フォード-ファルカーソン法が、必ずネットワークにおける最大流を見つけて停止することを保証する。

　フローネットワークは、ソース節点sとシンク節点tを持つ、グラフ$G = (V, E)$によって定義される。Eの有向辺$e = (u, v)$は、定義された整数容量$c(u, v)$と実フロー$f(u, v)$を持つ。**経路**はVからのn個の節点の系列で作られる。これは、p_0, p_1, $\cdots$, p_{n-1}となり、p_0はフローネットワークの**ソース**節点、p_{n-1}は**シンク**節点と呼ばれる。経路は、連結した節点の辺が$(p_i, p_{i+1}) \in E$である前方辺（forward edge）と$(p_{i+1}, p_i) \in E$であり方向が逆の後方辺（backward edge）からなる。

8.2.1 入出力

フローネットワークは、ソース節点sとシンク節点tを持つグラフ$G = (V, E)$によって定義される。Eの有向辺$e = (u, v)$は、定義された整数容量$c(u, v)$と実フロー$f(u, v)$を持つ。

フォード-ファルカーソン法は、Eの各辺(u, v)に対して、辺(u, v)を流れるユニット数を表す整数フロー$f(u, v)$を計算する。停止時の副産物として、**フォード-ファルカーソン法**は、**最小カット**も計算する。すなわち、これ以上のsからtへの流れを妨げる、ボトルネックを形成する辺の集合である。

8.2.2 解

ここで述べるフォード-ファルカーソン法は、リンク付きリストを用いて辺を貯える。各節点uは、uから出る前方辺とuに来る後方辺の2つのリストを別々に保持する。これにより、各辺が、2つのリストに現れる。本書のコードリポジトリには、密なフローネットワークグラフに適した2次元行列を用いて辺を貯える実装がある[*1]。

フォード-ファルカーソン法は、次のようなクラスに依存する。

FlowNetwork
: ネットワークフロー問題を表す。この抽象クラスには、隣接リストに基づくものと配列を用いるものとの2つのサブクラスがある。メソッド getEdgeStructure() は、辺を表すデータ構造を返す。

VertexStructure
: 節点に入る辺と、節点から出る辺とに対応する2つのリンク付きリスト(前方および後方)を保持する。

EdgeInfo
: ネットワークフローにおける辺の情報を記録する。

VertexInfo
: 探索で見つかった増加道を配列に記録する。これは増加道の1つ前の節点と、そこから前方辺で来たのか、後方辺で来たのかを記録する。

[*1] 訳注:リポジトリのnetworkフォルダにFlowNetworkArray.javaやOptimized.javaがある。

フォード-ファルカーソン法	最良	平均	最悪
Ford-Fullkerson			$O(E*mf)$

```
compute (G)
  while Gの増加道pathがある do      ❶ mf回までループする可能性があり、O(E*mf)の
    processPath (path)              振る舞いになる。
end

processPath (path)
  v = sink
  delta = ∞
  while v ≠ source do    ❷ シンクから後ろ向きに増加が最小の辺を見つける。
    u = pathにおいてvの1つ前の節点
    if edge(u,v)が前方辺 then
      t = (u,v).capacity - (u,v).flow
    else
      t = (v,u).flow
    delta = min (t, delta)
    v = u

  v = sink
  while v ≠ source do    ❸ 増加道を修正。
    u = pathにおいてvの1つ前の節点
    if edge(u,v)が前方辺 then   ❹ 前方辺ならフローを増加、後方辺ならフローを削減。
      (u,v).flow += delta
    else
      (v,u).flow -= delta
    v = u
end
```

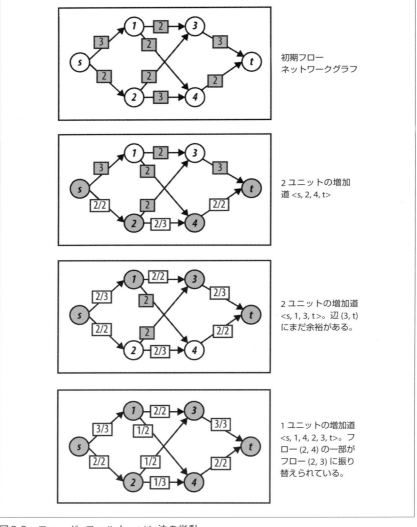

図8-3 フォード-ファルカーソン法の挙動

フォード-ファルカーソン法の実装は**例8-1**に、挙動は**図8-3**に示されている。探索メソッドを表すSearchオブジェクトが、フローネットワークの制約に違反しないでフローを追加できる増加道を見つける。フォード-ファルカーソン法は、前の段階

で行われた準最適な決定を、過去の変更を元に戻さずに改善できるので、前進を続ける。

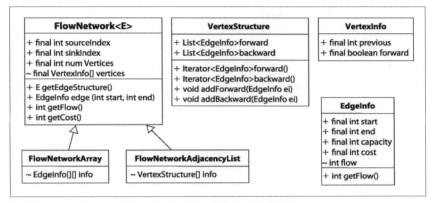

図8-4　フォード-ファルカーソン法で用いる情報のモデル化

例8-1　Javaによるフォード-ファルカーソン法の実装例

```java
public class FordFulkerson {
  FlowNetwork network;   /* フローネットワーク問題を表す */
  Search searchMethod;   /* 探索メソッド */

  // 与えられた増加道を見つける探索メソッドを用いて、与えられた
  // ネットワークの最大フローを計算するインスタンスを構築する。
  public FordFulkerson (FlowNetwork network, Search method) {
    this.network = network;
    this.searchMethod = method;
  }

  // フローネットワークの最大フローを計算する。計算結果は、
  // フローネットワークオブジェクト内に貯えられる。
  public boolean compute () {
    boolean augmented = false;
    while (searchMethod.findAugmentingPath(network.vertices)) {
      processPath(network.vertices);
      augmented = true;
    }
    return augmented;
  }

  // フロー増加の余裕が最も小さい辺を増加道から見つけて、ソースから
  // シンクへの経路のフローをその量だけ増やす。
```

```
protected void processPath(VertexInfo[] vertices) {
  int v = network.sinkIndex;
  int delta = Integer.MAX_VALUE; // 目標は、最小のものを見つけること
  while (v != network.sourceIndex) {
    int u = vertices[v].previous;
    int flow;
    if (vertices[v].forward) {
      // 前方辺は、辺の残りの容量だけ増やせる。
      flow = network.edge(u, v).capacity - network.edge(u, v).flow;
    } else {
      // 後方辺は、既存のフロー分だけしか減らせない。
      flow = network.edge(v, u).flow;
    }
    if (flow < delta) { delta = flow; } // より小さいフローの候補
    v = u; // 経路を逆にたどってソースへ
  }

  // deltaでpathを更新 (前方は追加、後方は削減) する
  v = network.sinkIndex;
  while (v != network.sourceIndex) {
    int u = vertices[v].previous;
    if (vertices[v].forward) {
      network.edge(u, v).flow += delta;
    } else {
      network.edge(v, u).flow -= delta;
    }
    v = u; // 経路を逆にたどってソースへ
  }
  Arrays.fill(network.vertices, null); // 次の反復処理のためにリセット
 }
}
```

図8-5の抽象クラスSearchを継承した探索メソッドを使って、増加道を見つけることができる。元の**フォード-ファルカーソン法**は、**深さ優先探索**を用いていたが、**エドモンズ-カープ法**は、**幅優先探索**(6章参照)を用いる。

図8-3のフローネットワーク例は、増加道を見つけるのに深さ優先探索を用いた結果を示す。**例8-2**に実装を示す。探索時に、pathには節点のスタックが貯えられる。スタックから節点uを取り出し、次の2つの制約のどちらかを満足する隣接未訪問節点vを見つける。制約(i) 辺(u, v)は、容量に余裕のある前方辺、(ii) 辺(v, u)が削減可能なフローのある後方辺。そのような節点が見つかったら、節点vを増加道の末尾に追加し、内側のwhileループを継続する。最終的に、シンク節点tを訪問す

るか、pathが空になり増加道が1つもない、のいずれかとなる。

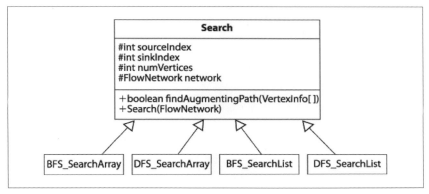

図8-5　Search（探索）機能

例8-2　深さ優先探索を用いて増加道を見つける

```java
public boolean findAugmentingPath (VertexInfo[] vertices) {
  // ソースを始点として増加道を構築する。
  vertices[sourceIndex] = new VertexInfo (-1);
  Stack<Integer> path = new Stack<Integer>();
  path.push (sourceIndex);

  // uからの前方辺を処理する。次に後方辺を試す。
  VertexStructure struct[] = network.getEdgeStructure();
  while (!path.isEmpty()) {
    int u = path.pop();

    // まず前方に進めるか試す
    Iterator<EdgeInfo> it = struct[u].forward();
    while (it.hasNext()) {
      EdgeInfo ei = it.next();
      int v = ei.end;

      // 未訪問かつ容量に余裕があるか？ あるなら増加道に加える
      if (vertices[v] == null && ei.capacity > ei.flow) {
        vertices[v] = new VertexInfo (u, FORWARD);

        if (v == sinkIndex) { return true; } // 増加道を発見
        path.push (v);
      }
    }
  }
```

```
    // 後方辺を試す
    it = struct[u].backward();
    while (it.hasNext()) {
      // フローを削減できる、uへ入って来る辺を見つける
      EdgeInfo rei = it.next();
      int v = rei.start;

      // 未訪問の後方辺を試す（シンクではありえない！）
      if (vertices[v] == null && rei.flow > 0) {
        vertices[v] = new VertexInfo (u, BACKWARD);
        path.push(v);
        }
      }
    }

  return false;    // 増加道は見つからなかった
}
```

経路拡張の際、vertices配列が前方および後方辺についてのVertexInfo情報を格納し、これによって、増加道を例8-1のprocessPathメソッドでたどれるようになる。

一方、幅優先探索による実装は、**エドモンズ-カープ法**とも呼ばれ、実装例を**例8-3**に示す。path構造に探索時の節点のキューを保持する。キューの先頭から節点uを取り出し、増加道があるかもしれない隣接未訪問節点をキューの末尾に付け加え増加道を拡張する。最終的に前と同様、シンク節点tを訪問するか、pathが空（この場合は、増加道が1つもない）のどちらかとなる。図8-3の同じフローネットワーク例では、幅優先探索を用いて見つけることができる増加道は、$<s, 1, 3, t>$、$<s, 1, 4, t>$、$<s, 2, 3, t>$、$<s, 2, 4, t>$の4つとなる。結果の最大フロー値は同じになる。

例8-3　幅優先探索を用いて増加道を見つける

```
public boolean findAugmentingPath (VertexInfo[] vertices) {
  // ソースを始点として、最大フローの増加道を構築し始める。
  vertices[sourceIndex] = new VertexInfo (-1);
  DoubleLinkedList<Integer> path = new DoubleLinkedList<Integer>();
  path.insert (sourceIndex);

  // uから出る前方辺を処理してから、uに入る後方辺を試す。
  VertexStructure struct[] = network.getEdgeStructure();
  while (!path.isEmpty()) {
```

```
    int u = path.removeFirst();

    Iterator<EdgeInfo> it = struct[u].forward(); // uから出る辺
    while (it.hasNext()) {
      EdgeInfo ei = it.next();
      int v = ei.end;

        // 未訪問かつ容量に余裕があるか？ あるなら増加道に加える
        if (vertices[v] == null && ei.capacity > ei.flow) {
          vertices[v] = new VertexInfo (u, FORWARD);
          if (v == sinkIndex) { return true; } // 増加道が完成
          path.insert (v); // さもなければ、キューに追加
        }
    }

    it = struct[u].backward(); // uに入る辺
    while (it.hasNext()) {
      // フローを削減できる、uへ入って来る辺を見つけようとする
      EdgeInfo rei = it.next();
      int v = rei.start;

      // 未訪問（シンクではありえない！）かつ削減フローがある？
      if (vertices[v] == null && rei.flow > 0) {
        vertices[v] = new VertexInfo (u, BACKWARD);
        path.insert (v); // キューに追加
      }
    }
  }

  return false; // 増加道は見つからなかった
}
```

　フォード-ファルカーソン法が終了したときには、Vの節点を、SとTという互いに疎な2つの集合に分けることができる（ここで$T = V - S$）。$s \in S$であり$t \in T$であることに注意。Sは、Vのうちで、最後に増加道を見つけようとして失敗したときに訪問した節点の集合となる。これらの集合の重要性は、SからTへの前方辺がフローネットワークの「最小カット」すなわちボトルネックを構成する、という点にある。すなわち、SからTへのフロー容量は最小であり、SからTへのフローが既に満杯になっているのだ。

8.2.3 分析

フォード-ファルカーソン法が必ず停止するのは、流れているユニットの数が非負整数であるからだ (Ford-Fulkerson, 1962)。深さ優先探索を用いたフォード-ファルカーソン法の性能は、$O(E*mf)$ となり、これは最大フローの最終値 mf に基づく。一見したところ、1回の反復ごとに、1つのユニットだけが増加道に加えられ、超巨大容量のネットワークでは、とてつもない回数の反復が必要に見える。しかし、驚くべきことに、実行時間は問題のサイズ（すなわち、節点または辺の個数）ではなくて、辺の容量に依存する。

（エドモンズ-カープ法という名で知られる）幅優先探索を用いると性能は $O(V*E^2)$ となる。幅優先探索は、最短増加道を $O(V+E)$ で見つけるが、これは、連結フローネットワークグラフにおいては節点の個数が辺の個数よりも少ないことから、実際には $O(E)$ となる。コルメンらは、フローの増加回数が $O(V*E)$ のオーダーであり、エドモンズ-カープ法が $O(V*E^2)$ 性能を持つという最終結果を証明した (Cormen et al., 2009)。エドモンズ-カープ法は幅優先探索を用い、すべての可能な経路を長さ順に調べるので、深さ優先のようにシンクへの「競争」による無駄な作業をしない分だけ、フォード-ファルカーソン法を上回ることがままある。

8.2.4 最適化

フローネットワーク問題の典型的な実装では情報を配列に貯える。本章では、そうせずに、各アルゴリズムをリストで実装し、読みやすくてアルゴリズムがどのように働くかを理解できるようにした。しかし、結果として得られたコードを最適化することで、どの程度の速度向上が達成可能かは、検討の価値がある。2章では、n 桁の数の乗算で、ほぼ2倍の性能改善を示した。より速いコードを書くことは可能だが、それによって理解が困難になったり、問題の変化に伴う保守が難しかったりするのも明らかである。そのような注意を念頭において、フォード-ファルカーソン法の最適化Java実装を例8-4に示す。

例8-4 フォード-ファルカーソン法の最適化実装

```
public class Optimized extends FlowNetwork {
  int[][] capacity;      // すべての容量
  int[][] flow;          // すべてのフロー
  int[] previous;        // 経路の前の情報を含む
  int[] visited;         // 増加道探索の途中で訪問した節点
```

```java
final int QUEUE_SIZE;    // キューのサイズはnより大きくなることは絶対ない
final int queue[];       // 実装には円環キューを用いる

// 情報を持ってくる
public Optimized (int n, int s, int t, Iterator<EdgeInfo> edges) {
  super (n, s, t);

  queue = new int[n];
  QUEUE_SIZE = n;
  capacity = new int[n][n];
  flow = new int[n][n];
  previous = new int[n];
  visited = new int [n];
  // 最初はフローは0。入力から情報を引き出す。
  while (edges.hasNext()) {
    EdgeInfo ei = edges.next();
    capacity[ei.start][ei.end] = ei.capacity;
  }
}

// maxFlowを計算して返す。
public int compute (int source, int sink) {
  int maxFlow = 0;
  while (search(source, sink)) { maxFlow += processPath(source, sink); }
  return maxFlow;
}

// ソースからシンクへネットワーク内の経路に沿ってフローを増加させる
protected int processPath(int source, int sink) {
  // フローを増やす量を決定する。シンクからソースへと計算した経路で
  // 最小のものと等しい。
  int increment = Integer.MAX_VALUE;
  int v = sink;
  while (previous[v] != -1) {
    int unit = capacity[previous[v]][v] - flow[previous[v]][v];
    if (unit < increment) { increment = unit; }
    v = previous[v];
  }

  // 経路上で得られた最小値分だけ増加させる
  v = sink;
  while (previous[v] != -1) {
    flow[previous[v]][v] += increment; // 前方辺
    flow[v][previous[v]] -= increment; // 後方辺も忘れないように
```

```
      v = previous[v];
    }

    return increment;
  }

  // フローネットワークの中で、ソースからシンクへ増加道を見つける
  public boolean search (int source, int sink) {
    // 訪問状態をクリアする 0＝クリア、1＝キューにある、2＝訪問済み
    for (int i = 0 ; i < numVertices; i++) { visited[i] = 0; }

    // 探索要素を処理する円環キューを作る
    queue[0] = source;
    int head = 0, tail = 1;
    previous[source] = -1;      // sourceで停止すること
    visited[source] = 1;        // キューにある
    while (head != tail) {
      int u = queue[head]; head = (head + 1) % QUEUE_SIZE;
      visited[u] = 2;

      // 容量に余裕のあるuの未訪問隣接節点をキューに追加
      for (int v = 0; v < numVertices; v++) {
        if (visited[v] == 0 && capacity[u][v] > flow[u][v]) {
          queue[tail] = v; tail = (tail + 1) % QUEUE_SIZE;
          visited[v] = 1;       // キューにある
          previous[v] = u;
        }
      }
    }

    return visited[sink] != 0; // シンクまで来たかな？
  }
}
```

8.2.5 関連アルゴリズム

GoldbergとTarjanが導入したPUSH/RELABELアルゴリズム（Goldberg and Tarjan, 1986）は、性能を$O(V*E*\log(V^2/E))$に改善している。しかも、並列化可能なアルゴリズムなのでさらに高速化できる。関連する多品種フロー（Multi-Commodity Flow）問題は、ここで述べる最大フロー問題の一般化である。簡単に述べると、単一のソースとシンクの代わりに、複数のソースs_iとシンクt_iがあって、異なる商品を輸送する共有ネットワークを考える。辺の容量は固定している

が、各品種の使用量は変動する。この問題を解くアルゴリズムの実際のアプリケーションには、無線ネットワークのルーティング (Fragouli and Tabet, 2006) がある。LeightonとRaoは、多品種フロー問題でよく引用される論文を書いている (Leighton and Rao, 1999)。

最大フロー問題には、次のような変形がある。

節点容量

フローネットワークで、グラフの節点vに、その節点を流れる最大容量$k(v)$が課せられたらどうなるだろうか。修正フローネットワークG_mを次のように構築する。ネットワークの各節点vに対して、2つの節点v^aとv^bを作り、容量$k(v)$の辺(v^a, v^b)を作る。G内の容量$c(u, v)$のvに入ってくる辺(u, v)に対して、容量$c(u, v)$の新しい辺(u, v^a)を作る。G内のvから出て行く辺(v, w)に対して、G_m内に容量$k(v)$の辺(v^b, w)を作る。G_mを解くと、Gの解になる。

無向辺

フローネットワークGで、無向辺の場合はどうなるだろうか。次のように修正フローネットワークG_mを構築する。新しいグラフでも節点は同じである。元のグラフの容量$c(u, v)$の各辺(u, v)に対して、辺の対(u, v)と(v, u)を同じ容量$c(u, v)$で作る。G_mを解くと、Gの解になる。

8.3 二部マッチング

マッチング問題は、さまざまな形態で存在する。次のようなシナリオを考えよう。5人の求職者が、募集中の5つの業務に関して面接を受けた。求職者は、応募資格のある業務の一覧を作っている。課題は、求職者と業務との間のマッチングを、各業務に一人ずつ資格のある求職者を割り当てるように決めることである。

この二部マッチング問題を**フォード-ファルカーソン法**を使って解ける。コンピュータサイエンスでは、この技法は「問題帰着」として知られている。二部マッチング問題が、最大フロー問題に帰着できることを説明するために、(a) 二部マッチング問題の入力を最大フロー問題の入力にどのように対応させるか、(b) 二部マッチング問題の出力を最大フロー問題の出力にどのように対応させるかを示す。

8.3.1 入出力

二部マッチング問題は、n 個の要素 $s_i \in S$ の集合 S、m 人のパートナー $t_j \in T$ の集合 T、要素 $s_i \in S$ をパートナー $t_j \in T$ に関係付ける p 個の受理可能対 $p_k \in P$ の集合 P とからなる。集合 S と T は、互いに素であり、そこからこの問題の名前が来ている。

出力は、受理可能対の集合 P から選ばれた対 (s_i, t_j) の部分集合。これらの対が、最大個数のマッチング可能対を表す。アルゴリズムは、これ以上多くの対はマッチングできないことを保証する (ただし、同じ個数の対を得る他のマッチングはあるかもしれない)。

8.3.2 解

この問題を解く新しいアルゴリズムを作る代わりに、二部マッチング問題を最大フロー問題に帰着させる。二部マッチングでは、要素 $s_i \in S$ とパートナー $t_j \in T$ のマッチング (s_i, t_j) を選ぶと、両者とも他の対には選ばれない。フローネットワークグラフ $G = (V, E)$ において、同じ振る舞いをさせるには、G を次のように構築する。

V が $n + m + 2$ 個の頂点を持つ

> 各要素 s_i を、i という番号の節点に、パートナー t_j を番号 $n + j$ の節点に対応させる。新たなソース節点 src (ラベル 0) および新たな目標節点 tgt (ラベル $n + m + 1$) を作る。

E が $n + m + k$ 個の辺を持つ

> 新しい節点 src から S の節点への n 個の辺がある。T の節点から新しい節点 tgt への m 個の辺がある。k 個の対、各 $p_k = (s_i, t_j)$ に対応して、辺 $(i, n + j)$ を追加する。これらの辺のフロー容量は 1 でなければならない。

フローネットワークグラフ G で最大フローを計算すると、元の二部マッチング問題を解く極大マッチングが生成される。証明は (Cormen, 2009) にある。例えば、**図 8-6 (a)** は、2 つの対 (a, z) と (b, y) とが最大数の対となることを意味している。先ほど述べたように構成された、対応する最大フローネットワークでは**図 8-6 (b)** となる。節点 1 が a に、節点 4 が x にというように対応付けられる。再検討すれば、3 対 $(a, z), (c, y), (b, x)$ を選ぶことにより、解を改善できる。対応するフローネットワークでの処理は、増加道 $<0, 3, 5, 2, 4, 7>$ を見つけることに対応する。この増加道では、マッチング (b, y) を取り除き、マッチング (b, x) と (c, y) を追加する。

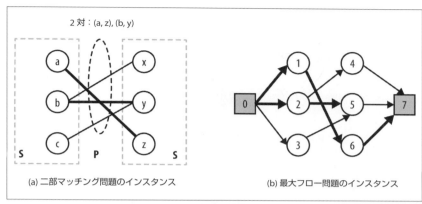

図8-6 二部マッチング問題を最大フロー問題に帰着させる

最大フローを求めたら、その最大フローの出力を二部マッチング問題の適切な出力に変換する。すなわち、フローが1の辺 (s_i, t_j) に対して、対 $(s_i, t_j) \in P$ が選択されたことを出力する。例8-5では、単純化のために元のコードにある誤り訂正を省いている。

例8-5 フォード-ファルカーソン法を使った二部マッチング

```
public class BipartiteMatching {
  ArrayList<EdgeInfo> edges;  /* SとTの辺 */
  int ctr = 0;                /* ユニークidのカウンタ */

  /* 問題を変換するようにマップする */
  Hashtable<Object,Integer> map = new Hashtable<Object,Integer>();
  Hashtable<Integer,Object> reverse = new Hashtable<Integer,Object>();

  int srcIndex;    /* フローネットワーク問題のソース節点の番号 */
  int tgtIndex;    /* フローネットワーク問題の目標節点の番号 */
  int numVertices; /* フローネットワーク問題の節点数 */
  public BipartiteMatching (Object[] S, Object[] T, Object[][] pairs) {
    edges = new ArrayList<EdgeInfo>();

    // 対をFlowNetworkの容量が1の辺に変換する
    for (int i = 0; i < pairs.length; i++) {
      Integer src = map.get(pairs[i][0]);
      Integer tgt = map.get(pairs[i][1]);
      if (src == null) {
        map.put(pairs[i][0], src = ++ctr);
        reverse.put(src, pairs[i][0]);
```

```
      }
      if (tgt == null) {
        map.put(pairs[i][1], tgt = ++ctr);
        reverse.put(tgt, pairs[i][1]);
      }

      edges.add(new EdgeInfo(src, tgt, 1));
    }

    // 余分な「ソース」節点と「目標」節点を加える
    srcIndex = 0;
    tgtIndex = S.length + T.length+1;
    numVertices = tgtIndex+1;
    for (Object o : S) {
      edges.add(new EdgeInfo(0, map.get(o), 1));
    }
    for (Object o : T) {
      edges.add(new EdgeInfo(map.get(o), ctr+1, 1));
    }
  }

  public Iterator<Pair> compute() {
    FlowNetworkArray network = new FlowNetworkArray(numVertices,
            srcIndex, tgtIndex, edges.iterator());
    FordFulkerson solver = new FordFulkerson (network,
            new DFS_SearchArray(network));
    solver.compute();

    // 元のedgeInfo集合から取り出す。追加された「ソース」節点と「目標」節点に対して
    // 作成された辺は無視する。flow == 1のものだけ、解へ含める。
    ArrayList<Pair> pairs = new ArrayList<Pair>();
    for (EdgeInfo ei : edges) {
      if (ei.start != srcIndex && ei.end != tgtIndex) {
        if (ei.getFlow() == 1) {
          pairs.add(new Pair(reverse.get(ei.start),
                             reverse.get(ei.end)));
        }
      }
    }

    return pairs.iterator();    // 解を生成するイテレータ
  }
}
```

8.3.3 分析

問題帰着方式が効率的であるためには、問題インスタンスと計算された解双方の間に効率的な対応付けが必要だ。二部マッチング問題$M = (S, T, P)$は、グラフ$G = (V, E)$に$n + m + k$ステップで変換できる。結果として得られるグラフは、$n + m + 2$節点と$n + m + k$辺を持ち、サイズは、元の二部マッチング問題より定数分大きいだけである。構築におけるこの重要な特性から二部マッチング問題に効率的な解のあることが保証される。最大フローをフォード-ファルカーソン法で計算できれば、フローが1のネットワーク内の辺が、二部マッチング問題で計算した対に対応する。辺の決定にkステップ必要なので、$O(k)$の処理が二部マッチング問題の解として「読み取る」ために余分に必要となる。

8.4 増加道についての考察

最大フロー問題は、本章の**図8-1**で論じた他の全問題の解の基盤となる。それぞれをフローネットワークで表すためのステップが必要であるが、その後で、フローのコストを最小化する問題に帰着できる。ネットワークの各辺(u, v)に対して、辺(u, v)上で1ユニットを輸送するのにかかるコスト$d(u, v)$を付随させれば、目標は、フローネットワークのすべての辺について

$$\sum f(u, v) * d(u, v)$$

を最小化することとなる。**フォード-ファルカーソン法**では、ネットワーク上で最大フローを増加できるような増加道を見つけることの重要性を強調した。探索処理を修正して、コストが最も低い増加道を見つけるようにしたらどうだろうか。既に、(6章で最小被覆木を見つける**プリム法**のような)最小コスト拡張を反復選択する貪欲なアルゴリズムを紹介してきた。おそらく、そのような方式がここでも役立つだろう。

最小コスト増加道を見つけるために、幅優先もしくは深さ優先方式にだけ頼るわけにはいかない。**プリム法**で説明したように、フローネットワークの各節点のソース節点からの距離を計算して優先度付きキューに貯え利用しなければならない。本質的には、追加ユニットをソース節点からネットワークの各節点に輸送するコストを計算して、進行中の計算に基づき優先度付きキューを更新する。

1. 探索が進むにつれて、優先度付きキューには、今どこを探しているかを示す

節点の集合が整列されて貯えられる。
2. 探索を続けるには、ソースから（コストという意味で）距離が最小の節点 u を優先度付きキューから取り出す。それから、未訪問で次の条件のどちらかに合致する隣接節点 v を見つける。(a) 前方辺 (u, v) の容量にまだ余裕があるか、(b) 後方辺 (v, u) が削減可能なフローを持つか、である。
3. この探索の途中で、シンクに達した場合には、探索は、増加道を返して成功裡に停止する。そうでないと、そのような増加道が存在しないという結果になる。

ShortestPathArray の Java 実装を例 8-6 に示す。このメソッドが true を返したときは、引数 vertices に増加道についての情報が入っている。

例 8-6 フォード-ファルカーソン法に使用する最短経路探索

```java
public boolean findAugmentingPath (VertexInfo[] vertices) {
  Arrays.fill(vertices, null); // 反復のためにリセット

  // BinaryHeapを用いてキューを作る。配列inqueue[]は、キュー内に
  // 要素があるかどうかのO(n)探索を省略するため。
  int n = vertices.length;
  BinaryHeap<Integer> pq = new BinaryHeap<Integer> (n);
  boolean inqueue[] = new boolean [n];

  // 配列dist[]を初期化する。辺が存在しないときはINT_MAXを用いる。
  for (int u = 0; u < n; u++) {
    if (u == sourceIndex) {
      dist[u] = 0;
      pq.insert(sourceIndex, 0);
      inqueue[u] = true;
    } else {
      dist[u] = Integer.MAX_VALUE;
    }
  }

  while (!pq.isEmpty()) {
    int u = pq.smallestID();
    inqueue[u] = false;

    // sinkIndexに到達したら終わり */
    if (u == sinkIndex) { break; }

    for (int v = 0; v < n; v++) {
```

```java
      if (v == sourceIndex || v == u) continue;

      // 容量に余裕があって、コストが改善されれば、前方辺を加える
      EdgeInfo cei = info[u][v];
      if (cei != null && cei.flow < cei.capacity) {
        int newDist = dist[u] + cei.cost;
        if (0 <= newDist && newDist < dist[v]) {
          vertices[v] = new VertexInfo (u, Search.FORWARD);
          dist[v] = newDist;
          if (inqueue[v]) {
            pq.decreaseKey(v, newDist);
          } else {
            pq.insert(v, newDist);
            inqueue[v] = true;
          }
        }
      }

      // フローがいくらかあって、コストが改善されれば、後方辺を追加する
      cei = info[v][u];
      if (cei != null && cei.flow > 0) {
        int newDist = dist[u] - cei.cost;
        if (0 <= newDist && newDist < dist[v]) {
          vertices[v] = new VertexInfo (u, Search.BACKWARD);
          dist[v] = newDist;
          if (inqueue[v]) {
            pq.decreaseKey(v, newDist);
          } else {
            pq.insert(v, newDist);
            inqueue[v] = true;
          }
        }
      }
    }
  }

  return dist[sinkIndex] != Integer.MAX_VALUE;
}
```

最小コスト増加道を見つけるというこの戦略を用いて、**図8-1**にある残りの問題も解くことができる。この最小コスト探索戦略の効果を示すために、単純な最大フロー計算と最小カットフロー計算とを小さな例で行った結果を**図8-7**に並べて示す。図の中で、反復が上から下へと繰り返されるが、これは(**例8-1**に示すように)フォー

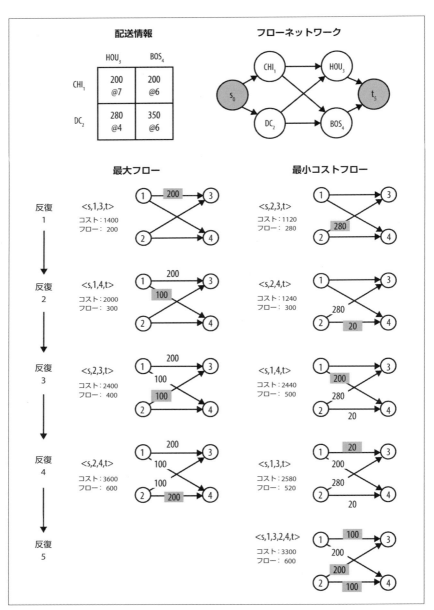

図8-7　最小コストフローを考慮したときの相違を示す計算比較

ド-ファルカーソン法のメソッドcompute()中のwhileループの反復に対応する。図の底辺にある結果は、それぞれの方式により見つかった最大フローである。

この例では、読者がそれぞれ300個の部品を毎日生産できるシカゴ (v_1) とワシントンDC (v_2) の2つの工場の物流担当者だとする。ヒューストン (v_3) とボストン (v_4) の2つの顧客それぞれに300個の部品を毎日配達することを保証しなければならない。出荷に関して、図に示すような複数の選択肢がある。例えば、ワシントンDCとヒューストンの間では、1個4ドルで、280個まで出荷できるが、ワシントンからボストンへは1個6ドルとなる（ただし、この経路では1日に350個まで出荷できる）。

フォード-ファルカーソン法をこの問題に使えるかどうかは、それほど明らかでないと思うかもしれないが、新しいソース節点 s_0 が2つの工場節点 (v_1 と v_2) に連結し、2つの顧客 (v_3 と v_4) が新しいシンク節点 t_5 に連結するような新しいグラフ G を作成できることに気付けばよい。スペースの節約のために、ソースとシンクの節点 s_0 と t_5 は省略されて表示されていない。**図8-7**の左側では、（フォード-ファルカーソン法の一種である）**エドモンズ-カープ法**を実行して、顧客要求を満足できることを示している。1日当たりの出荷コストは全部で3,600ドルとなる。フォード-ファルカーソン法による4つの反復の各々で、増加道の影響がどれほどか示されている（反復で辺のフローが更新されたときは、フロー値を灰色にしている）。

これは、最小コストだろうか。**図8-7**の右側に、探索戦略として**例8-6**のShortestPathArrayを用いた**フォード-ファルカーソン法**の実行結果を示す。最初に見つかった増加道が、最小コスト出荷率を利用していることに注意。ShortestPathArrayでは、コストが最も高いシカゴ (v_1) からヒューストン (v_3) への経路は、他に顧客要求を満たす経路がないときだけしか選ばれていないことにも注意しよう。実際、そのような場合、増加道がワシントンDC(v_2) とヒューストン (v_3)、ワシントンDC(v_2) とボストン (v_4) という既存フローを削減していることに注意する。

8.5 最小コストフロー

最小コストフロー問題を解くには、フローネットワークグラフを構築して、それが以前に論じた要求基準である、容量制約、フロー保存、反対称性だけでなく、**供給充足**と**需要充足**の2つの基準を満たすことを保証すればよい。これらの用語は問題が経済的な文脈で定義されたことに由来し、大雑把には電気工学におけるソース

とシンクとに対応する。

供給充足 (Supply satisfaction)

ソース節点 $s_i \in S$ のそれぞれについて、すべての辺 $(s_i, v) \in E$ の $f(s_i, v)$ の和（s_i から出るフロー）から、すべての辺 $(u, s_i) \in E$ の $f(u, s_i)$ の和（s_i へ入るフロー）を差し引いた結果は、$sup(s_i)$ 以下でなければならない。すなわち、ソース節点の供給 $sup(s_i)$ は、その節点から出るネットフローの上限となる。

需要充足 (Demand satisfaction)

シンク節点 $t_j \in T$ のそれぞれについて、すべての辺 $(u, t_j) \in E$ の $f(u, t_j)$ の和（t_i へ入るフロー）から、すべての辺 $(t_j, v) \in E$ の $f(t_j, v)$ の和（t_j から出るフロー）を差し引いた結果は、$dem(t_j)$ 以下でなければならない。すなわち、各シンク節点の需要 $dem(t_j)$ は、その節点へ流れ込むネットフローの上限となる。

アルゴリズムの解を単純化するために、フローネットワークグラフが単一のソース節点とシンク節点を持つように制限しよう。これは、複数のソース節点とシンク節点を持つ既存のフローネットワークに対して、2つの新しい節点を追加するだけで実現できる。最初に（s_0 と呼ぶ）新しいソース節点を追加し、すべての $s_i \in S$ について辺 (s_0, s_i) を追加し、容量を $c(s_0, s_i) = sup(s_i)$、コストを $d(s_0, s_i) = 0$ に設定する。次に、新しいシンク節点（目標、tgt と呼ぶ）をフローネットワークに追加して、すべての $t_j \in T$ について、辺 (t_j, tgt) を追加し、容量を $c(t_j, tgt) = dem(t_j)$、コストを $d(t_0, t_j) = 0$ に設定する。これらの節点と辺の追加は、ネットワークフローのコストを増やさず、ネットワーク上の最終的に得られるフローを増減しないことがわかる。

供給 $sup(s_i)$、需要 $dem(t_j)$、容量 $c(u, v)$ は、すべて0より大きい。各辺の出荷コスト $d(u, v)$ は、0以上である。結果のフローを計算すると、すべての $f(u, v)$ 値は、0以上となる。

それでは、**図8-1**にある残りのフローネットワーク問題を解く構成について述べよう。各問題について、問題をどのように最小コストフローに帰着させるかについて述べる。

8.6 積み替え

入力は次の通り。

- m 個の供給基地 s_i があって、商品を $sup(s_i)$ ユニット生成する能力がある。
- n 個の需要基地 t_j があって、商品を $dem(t_j)$ ユニット要求する。
- w 個の倉庫基地があって、商品を最大で max_k ユニットを受け取って再出荷する（積み替え）。倉庫での処理は1ユニット当たり wp_k の固定コストがかかる。

供給基地 s_i から需要基地 t_j への出荷には、ユニット当たり $d(i, j)$ の固定出荷コストがかかり、供給基地 s_i から倉庫基地 w_k への輸送には、ユニット当たり $ts(i, k)$ の固定積み替え出荷コストがかかり、倉庫基地 w_k から需要基地 t_j への輸送には、$ts(k, j)$ の固定積み替え出荷コストがかかる。目標は、供給基地 s_i から需要基地 t_j へのフロー $f(i, j)$ を、全体コストを最小にするように決めることだが、それは次のように記述できる。

$$\text{全体コスト}(TC) = \text{全輸送コスト}(TSC) + \text{全積み替えコスト}(TTC)$$
$$TSC = \sum_i \sum_j d(i, j) * f(i, j)$$
$$TTC = \sum_i \sum_k ts(i, k) * f(i, k) + \sum_j \sum_k ts(j, k) * f(j, k)$$

目標は、すべての供給需要制約を満たしながら、TCが最小であることを保証する整数値 $f(i, j) \geq 0$ を見つけることである。最終的に、倉庫を通るユニットのネットフローは0でなければならず、ユニットが失われたり（追加されたり）しないことを保証しなければならない。供給 $sup(s_i)$ と需要 $dem(t_i)$ は、0より大きい。輸送、積み替えコスト $d(i, j)$, $ts(i, k)$, $ts(k, j)$ は、0以上でなければならない。

8.6.1 解

積み替え問題を（**図8-8**に示すように）次のようなグラフ $G = (V, E)$ を構成することによって、最小コストフロー問題に変換する。

V は $n + m + 2*w + 2$ 個の頂点を持つ

各供給基地 s_i は、番号 i の節点に対応し、各倉庫 w_k は、2つの節点 $m + 2*k - 1$ と $m + 2*k$ とに対応する。需要基地 t_j は、$1 + m + 2*w + j$ に対応する。新しいソース節点 src（ラベルは0）と新しい目標節点 tgt（ラベルは $n + m + 2*w + 1$）を作成する。

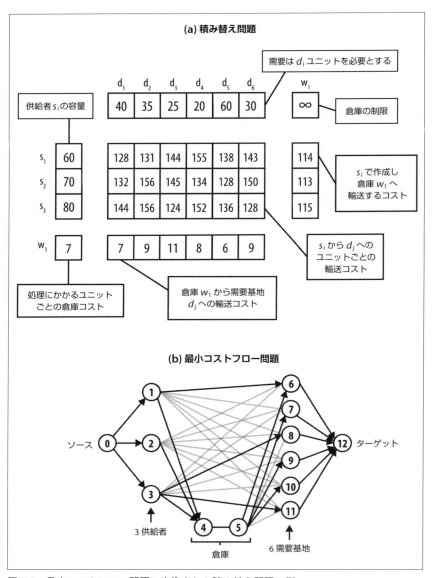

図8-8　最小コストフロー問題に変換された積み替え問題の例

E は $(w+1)*(m+n) + m*n + w$ 個の辺を持つ

積み替え問題から辺を構築するプロセスは、コードリポジトリ内のクラス Transshipment に示されている。

人工的に加えたソース節点が m 供給節点にコスト 0 で供給容量 $sup(s_i)$ に等しい容量で連結される。この m 個の供給節点はそれぞれ n 個の需要節点にコストが $d(i, j)$ に等しく無限容量で連結される。n 個の需要節点は新たな人工的**ターゲット**節点にコスト 0 で容量が $dem(t_j)$ に等しく連結される。w 個の倉庫節点があり、それぞれ m 個の供給節点とコストが $ts(i, k)$、容量が供給容量 $sup(s_i)$ で連結される。これらの倉庫節点は、n 個の需要節点ともコストが $ts(k, j)$ で容量が需要容量 $dem(t_j)$ に等しい容量で連結される。最後に、倉庫間の辺は、倉庫の限界とコストに基づいた容量とコストを持つ。

最小コスト解が得られれば、$f(u, v) > 0$ の辺 $(u, v) \in E$ を見つけることによって、積み替えスケジュールが構築される。これらの辺についての $f(u, v)*d(u, v)$ の総和がスケジュールのコストとなる。

8.7 輸送

輸送問題では、中間の倉庫節点がないので、積み替え問題よりも単純になる。入力は次の通り。

- 商品を $sup(s_i)$ ユニット生成できる供給基地 s_i が m 個
- 商品を $dem(t_j)$ ユニット消費する需要基地 s_i が n 個

辺 (i, j) で 1 ユニット輸送するのに固定コスト $d(i, j) \geq 0$ がかかる。目標は、総輸送コスト TSC を最小化する、供給基地 s_i から需要基地 t_j へのフロー $f(i, j)$ を決定することである。TSC は、次のように簡潔に定義できる。

$$\text{全輸送コスト(TSC)} = \sum_i \sum_j d(i, j) * f(i, j)$$

解は、需要基地 t_j の総需要と、供給基地 s_i の供給容量の両方を満たさなければならない。

8.7.1 解

輸送問題を中間の倉庫節点のない積み替え問題に変換する。

8.8 割り当て

割り当て問題は、輸送問題の制限が厳しいものとなる。供給節点は、1つのユニットしか供給できない。需要節点の需要も1つとなる。

8.8.1 解

割り当て問題を、単一ユニットを提供する供給節点と単一ユニットを必要とする需要節点に制限した輸送問題に変換する。

8.9 線形計画法

本章で述べた問題は、すべて線形計画法 (LP) を使って解くことができる。LP は線形（一次）の等式および不等式によって与えられた制約下で線形目標関数を最適化する強力な技法である (Bazarra and Jarvis, 1977)。

LP の実際を示すために、図8-8の輸送問題を、LP ソルバーで解くことができるように一連の線形方程式に変換する。Maple という数学ソフトウェア (http://www.maplesoft.com) を用いて計算する。既に述べたように、目標はコストを最小に保ちながらネットワーク上のフローを最大化することである。ネットワークの各辺のフローに変数を与える。すなわち、変数e13は、$f(1, 3)$を表す。最小化される関数はCostであり、ネットワーク上の4つの辺の輸送コストの総和として定義される。このコスト方程式は、ネットワークフローについて既に述べたものと同じく、次のような制約を持つ。

フロー保存

ソース節点から出る辺の総和は、その供給と等しくなければならない。需要節点へ入る辺の総和は、需要と等しくなければならない。

容量制約

辺上のフロー $f(i, j)$ は0以上でなければならない。また、$f(i, j) \leq c(i, j)$ である必要がある。

Maple ソルバーを実行すると、計算結果は、{e13=100, e24=100, e23=200, e14=200} となり、これは、以前に見つかった最小コスト解3,300に正確に一致する（**例8-7**参照）。

例8-7 輸送問題に最小化を適用する**Maple**コマンド

```
Constraints := [
#各節点でのユニット保存
e13+e14 = 300, # CHI
e23+e24 = 300, # DC

e13+e23 = 300, # HOU
e14+e24 = 300, # BOS

# 各辺での最大フロー
0 <= e13, e13 <= 200,
0 <= e14, e14 <= 200,
0 <= e23, e23 <= 280,
0 <= e24, e24 <= 350
];

Cost := 7*e13 + 6*e14 + 4*e23 + 6*e24;

# 問題を解くために線形計画法を呼び出す
minimize (Cost, Constraints, NONNEGATIVE);
```

George Dantzigが1947年に設計した**シンプレックス**は、**例8-7**で示したような問題で、数百、数千の変数を含むものを解くことができる（McCall, 1982）。シンプレックスは、実際に効率の良いことが繰り返し示されているが、この方式は、不幸な状況下では指数ステップかかる可能性がある。シンプレックスアルゴリズムを自分で実装することは、薦められない。複雑だし、既に有用な商用のライブラリがあるためである。

8.10　参考文献

Ahuja, Ravindra K., Thomas L. Magnanti, and James B. Orlin, Network Flows: Theory, Algorithms, and Applications. Prentice Hall, 1993.

Bazarra, M. and J. Jarvis, Linear Programming and Network Flows. John Wiley &Sons, 1977.

Cormen, Thomas H., Charles E. Leiserson, Ronald L. Rivest, and Clifford Stein, Introduction to Algorithms, Third Edition. MIT Press, 2009.（邦題『アルゴリズムイントロダクション第3版』総合版、近代科学社）

Ford, L. R. Jr. and D. R. Fulkerson, Flows in Networks. Princeton University Press, 1962.

Fragouli, Christina and Tarik Tabet, "On conditions for constant throughput in wireless networks," ACM Transactions on Sensor Networks (TOSN), 2 (3):359-379, 2006, http://dl.acm.org/citation.cfm?doid=1167935.1167938.

Goldberg, A. V. and R. E. Tarjan, "A new approach to the maximum flow problem," Proceedings of the eighteenth annual ACM symposium on Theory of computing, pp. 136-146, 1986. http://portal.acm.org/citation.cfm?doid=12130.12144
https://www.cs.princeton.edu/courses/archive/fall03/cs528/handouts/a%20new%20approach.pdfにもある。

Leighton, Tom and Satish Rao, "Multicommodity max-flow min-cut theorems and their use in designing approximation algorithms," Journal of the ACM, 46 (6):787-832, 1999, http://portal.acm.org/citation.cfm?doid=331524.331526
http://snap.stanford.edu/class/cs224w-readings/leighton99mincut.pdfにもある。

McCall, Edward H., "Performance results of the simplex algorithm for a set of real-world linear programming models," Communications of the ACM, 25(3): 207-212, March 1982, http://portal.acm.org/citation.cfm?id=358461.

Orden, Alex, "The Transhipment Problem," Management Science, 2(3), 276-285, 1956. http://pubsonline.informs.org/doi/abs/10.1287/mnsc.2.3.276

9章
計算幾何学

　計算幾何学 (computational geometry) は、幾何学構造とその特性を正確かつ効率的に計算する数学の応用である。n次元問題への自然な拡張があるが、本書ではデカルト平面で表現される2次元構造の問題に限る。数学者はこの種の問題に何世紀も取り組んできたが、1970年代からは、システム研究として認知されるようになった。本章は、計算幾何学問題を解くのに使われる計算論的な抽象化を提示する。これらの技法は、決して幾何学問題に限られるものではなく、多くの実世界応用で使われる。

　このカテゴリのアルゴリズムは、次のように多くの実世界問題を解く。

凸包
　　n個の2次元点集合Pを完全に取り囲む最小の凸形を計算する。これは、力任せ解の$O(n^4)$ではなく$O(n \log n)$で解ける。

交差線分
　　n個の2次元線分の集合Sで、すべての交差を計算する。これは、力任せ解の$O(n^2)$ではなくkを交差数として$O((n+k)\log n)$で解ける。

ボロノイ図
　　n個の2次元点集合Pに対する距離に基づいて平面を分割する。n個の領域はそれぞれ、点$p_i \in P$に他のどの$p_j \in P$よりも近いデカルト点からなる。これは$O(n \log n)$で解ける。

　ついでに、上の3つの問題すべてを解くのに使われる、強力な**線分走査法** (Line Sweep) を記述する。

9.1 問題の分類

計算幾何学問題は、本来、点、線、多角形といった幾何学的対象を扱う。計算幾何学問題は、(a)処理される入力データ、(b)行われる計算、(c)処理が静的か動的か、によって分類定義される。

9.1.1 入力データ

計算幾何学問題は入力データを定義しなければならない。一般的に処理される代表的な入力データを次に挙げる。

- 2次元平面にある点集合
- 平面上の線分集合
- 平面上の長方形の集合
- 平面上の多角形の集合

2次元構造(線、長方形、円)には、対応する3次元構造(平面、立方体、球)があり、さらにはn次元構造(超平面、超立方体、超球体など)がある。高次元を含む例には次のようなものがある。

マッチング
eHarmonyお見合いサービスは、適合性マッチングシステム(米国特許番号6,735,568)を用いて2人の長期的相性を予測する。システムの全利用者(2015年で6千6百万人と推測される)は、258項目にわたる対人関係尺度質問に答える。すると、eHarmonyは、29次元データに基づいて2人の間の近接度を決定する。

データ補完(Data imputation)
ある入力ファイルには1千4百万のレコードがあり、各レコードは文字列または数値の複数のフィールドからなる。これらの値の中には、間違っていたり、欠落しているものがある。怪しいレコードに「近い」他のレコードを見つけることによって、怪しい値に対する「訂正」を、推論または補完できる。

本章では、計算幾何学での核となるインタフェースをまず記述してから、これらのインタフェースを実現するクラスを述べる。すべてのアルゴリズムは最大限の可

搬性を実現するために、これらのインタフェースに基づいてコード化する。

IPoint

直交座標の点 (x, y) を倍精度小数点数を用いて表現する。実装には、x 座標で左から右へと整列させ、x 座標が等価なら y 座標で下から上へと整列するデフォルトの比較子がある。

IRectangle

直交座標平面での長方形を表す。IPoint または IRectangle 全体を含むか実装で判定する。

ILineSegment

直交座標平面で、定まった始点と終点を持つ有限の線分を表す。「正常な位置」では、水平な線（この場合は左端の点が始点）を除いて、始点が y 座標で終点より高い位置にある。他の ILineSegment または IPoint との交差があるかないかを判定できる。線の方向を終点から始点として、IPoint オブジェクトが左にあるか右にあるかを決められる。

次の概念は、ごく自然に多次元に拡張できる。

IMultiPoint

n 次元の点を、定まった数の倍精度小数点数 double の座標値で表現する。同次元の他の IMultiPoint との距離を決定できる。何らかのアルゴリズムの性能を最適化するために、座標値の配列を返すことができる。

IHypercube

n 次元立方体を、定まった数の境界値 $[left, right]$ で表し、同じ次元の IMultiPoint または IHypercube を含むかどうか決定できる。

これらのインタフェース型はそれぞれ、いくつかの具象クラスで実装され、それらが実際のオブジェクトをインスタンス化するのに使われる（例えば、クラス TwoDPoint は、IPoint と IMultiPoint の両方のインタフェースを実装する）。

点の値は伝統的に実数である。そのために実装では、データを格納するのに浮動小数点基本型を使う必要がある。1970 年代のときは、浮動小数点値の計算は、整数の計算と比べて相対的に高価であったが、今では、もはや障害にならない。しか

し2章で論じたように、浮動小数点演算で生じる丸め誤差といった重要な問題は、本章のアルゴリズムにも大いに関係する。

9.1.2 計算

一般に、**表9-1**に示すような空間の問題について、計算幾何学では3種類の典型的なタスクが行われる。

クエリ

望ましい制約（例えば、最も近いもの、最も遠いもの）に基づいて、入力集合から存在する要素を選ぶ。この作業は、5章で論じた探索アルゴリズムに直接関係し、次の10章でも扱う。

計算

入力集合（例えば、線分）に一連の計算を行って、入力集合の要素から特定の幾何学的構造（例えば、線分間の交差）を生成する。

前処理

豊富なデータ構造の中に入力集合を埋め込んで、一連の質問に答えられるようにする。言い換えると、前処理の結果は、他の質問に対する入力として用いられる。

表9-1 計算幾何学問題とその応用

計算幾何学の問題	実世界での応用
与えられた点に最も近い点を見つける。	与えられた車の位置から最も近いガソリンスタンドを見つける。
与えられた点から最も遠い点を見つける。	救急車の拠点に対して、与えられた医療機関の集合の中で最も遠い病院を見つけて、最悪時の搬送時間を決める。
多角形が単純（すなわち、どの連続していない辺同士も点を共有しない）かどうか決める。	絶滅危機種の動物に、その位置を知らせる無線発信機を付ける。科学者は縄張りを見つけるために、その動物が一度通った道をいつまた通るか調べたい。
点の集合を含む最小円を計算する。点の集合に対して、それらの中にあって点を一切含まない最大の円を計算する。	統計の専門家は、データ分析にさまざまな技法を用いる。点を含む円はクラスタを意味し、データの大きな間隙は異常もしくはデータの欠落を意味する。
線の集合、あるいは、円、長方形、任意の多角形の集合において交差の全集合を決定する。	超LSI（VLSI）設計ルールを検査する。

9.1.3 タスクの性質

静的なタスクでは、ある特定の入力データセットに対して、要求に応じた答えを1つ返せばよい。しかし、動的なタスク状況では、次のように問題へのアプローチを変える必要がある。

- いくつかのタスクが同じ入力データに対して要求される場合は、入力データを前処理して、各タスクの効率を改善する。
- 入力データセットが変化するなら、変更や削除に対して柔軟に対応できるデータ構造を検討する。

動的なタスクでは、入力集合に対する変更に応じて、伸縮自在なデータ構造が要求される。固定長配列は静的タスクには適しているが、動的タスクでは、情報を共通の目的に適う、リンク付きリストやスタックの形態でまとめておく必要がある。

9.1.4 仮定

ほとんどの計算幾何学問題について、効率的な解は、入力集合(または行うタスク)に対する仮定と不変量の分析から始まる。例えば、次のようになる。

- 線分の入力集合に対して、水平な線分、または垂直な線分があり得るか。
- 点の集合に対して、3点が共線か(すなわち、平面上で同じ数学的な直線上にあるか)。そうでないなら、直線は**一般の位置**(general position)にあると言われ、多くのアルゴリズムを単純化できる。
- 入力集合は、一様分布した点からなるか。歪みがあったり、クラスターを形成して、アルゴリズムの最悪時の振る舞いを招く危険性があるか。

本章で紹介したアルゴリズムの多くは、境界で異常な状態になり、実装が難しい課題となる。コード例では、それらの詳細も述べる。

9.2 凸包

2次元平面で点の集合Pが与えられたとき、凸包(convex hull)とは、Pのすべての点を含む最小の凸形状である。凸包の内部にある任意の2点を結んだ線分は、凸包内に含まれる。凸包は、Pのうち時計回りに並べられたh個の点$L_0,\cdots,L_{h-1}$によって構成される。どの点も始点(L_0)にできるが、通常、集合Pの一番左の点を始点と

する。言い換えると、x座標の最も小さい点である。そのような点が複数ある場合は、y座標の最も小さい点を選ぶ。

　n個の点が与えられると、$C(n, 3)$、すなわち$n*(n-1)*(n-2)/6$個の異なる三角形ができる。点$p_i \in P$が、P内の他の異なる3点が構成する三角形の内部に含まれているなら、凸包を構成する要素にはなりえない。例えば、**図9-1**の点p_6は、p_4、p_7、p_8の作る三角形により排除される。各三角形T_iについて、力任せの遅い凸包 (Slow Hull) アルゴリズムで残りの$n-3$個の点のいずれかがT_iの内部にあるか確かめて、凸包の候補から取り除くことができる。

　凸包の点がわかったなら、左端の点をL_0とラベル付けして、L_0を通る垂線との角度で、他のすべての点を整列することができる。凸包の任意の3点列L_i、L_{i+1}、L_{i+2}は、右回りになる。この性質がL_{h-2}、L_{h-1}、L_0についても成り立つことに注意する。

　この非効率な方式は、$O(n^4)$回の三角形の検出ステップが必要になる。次に、凸包を計算する、効率的な**凸包走査** (Convex Hull Scan) アルゴリズムを提示する。

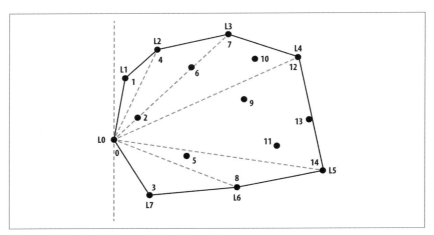

図9-1　平面上の点集合とその凸包を描いた例

9.3　凸包走査

　Andrewによって発明 (1979) された**凸包走査**は、問題を、上側の凸包部分の構築と下側の凸包部分の構築とに分割する。最初に、全点をx座標で整列する。x座標が同じならy座標で整列する。上の凸包部分は、Pの左端の2点から始まる。凸包走査は、現在の凸包の最後の点L_iのx座標順で次に来るPの点を見つけて、追加

することにより、凸包を拡張していく。下の凸包も同様に計算して、上下の凸包をそれぞれの端点で結合することで最終結果が得られる。

L_{i-1}, L_iと候補点pの3点が右回りになるなら、**凸包走査**は、pを取り込んで凸包を拡張する。この決定は、**図9-2**に示す3×3行列の行列式を計算することと等価になる。これは外積cpを表している。$cp<0$なら、3点は右回りと決定して**凸包走査**を続ける。$cp=0$（3点は共線）または$cp>0$（3点が左回り）ならば、中央点L_iは、作成途中の凸包から取り除いて、凸包特性を保持しなければならない。**凸包走査**は、右端の点に来るまで上の凸包を作る。下の凸包も同様に（今度は、x座標値が減る方向に）作り、この2つを結合する。

$$cp = \begin{vmatrix} L_{i-1}.x & L_{i-1}.y & 1 \\ L_i.x & L_i.y & 1 \\ p.x & p.y & 1 \end{vmatrix}$$

$$cp = (L_1.x - L_{i-1}.x)(p.y - L_{i-1}.y) - (L_1.y - L_{i-1}.y)(p.x - L_{i-1}.x)$$

図9-2　行列式を計算して右回りかどうかを決定する

凸包走査 Convex Hull Scan	最良	平均	最悪
		$O(n \log n)$	

```
convexHull (P)
  x座標の昇順でPを整列 ( 同じならyで整列 )   ❶ 点の整列がこのアルゴリズムでの
  if n < 3 then return P                          最大コスト。

  upper = {p_0, p_1}   ❷ この2点を上側の凸包にあると提案。
  for i = 2 to n-1 do
    upperにp_iを追加              ❸ 左回りは、最後の3点が、凸包の角度に
    while upperの3点が左回り do      なっていないことを意味する。
      upperの直前の3点の中央の点を削除   ❹ 中央の点が間違っていたので削除。

  lower = {p_{n-1}, p_{n-2}}   ❺ 同様のプロセスで下側の凸包を計算する。
  for i = n-3 downto 0 do
    lowerにp_iを追加
    while lowerの3点が左回り do
      lowerの直前の3点の中央の点を削除

  upperとlowerを接続 ( 重複端点を削除 )   ❻ 両方を縫い合わせて凸包を作る。
  return 出来上がった凸包
```

凸包走査を使って上側の凸包を計算する様子を**図9-3**に示す。この方式は、全体として、Pのすべての点を左から右へ訪問するので、多数の失敗が起こり得る。しかし、上側の凸包部分を正しく計算する途中で、3点の中央の点を取り除く処理を、場合によっては連続して行うことで、修正できることに注意しよう。

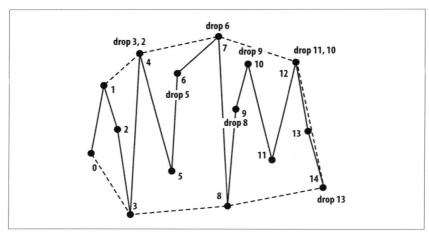

図9-3 上側の部分凸包の増分的構築

9.3.1 入出力

入力は、平面上の2次元の点集合Pである。

凸包走査はPの凸包をなすh個の節点を時計回りに整列したリストを計算する。凸包は、$L_0, L_1, \cdots, L_{h-1}$で定義される多角形となる。ここで、$h$を$L$にある点の個数とする。この多角形は、$h$個の線分$<L_0, L_1>, <L_1, L_2>, \cdots, <L_{h-1}, L_0>$によって作られることに注意する。

自明な解を避けるために、$|P| \geq 3$と仮定する。どの2つの点も「近すぎる」ことはない(実装に依存して決まる)。2つの点が近すぎて、片方が凸包の点であるなら、**凸包走査**は、間違った点を選んだり(あるいは、正しい凸包点を捨てたりする)が、それらの相違は無視できる。

9.3.2 文脈

凸包走査は、(乗除算のような)基本演算だけで済むので、3章で示した三角恒等式を用いる**グラハム走査**(Graham, 1972)よりも実装が容易である。**凸包走査**は再

帰的ではないから、多数の点集合を処理できる。

　最速の実装は、入力集合が一様に分布しており、それによって**バケツソート**を用いて$O(n)$で整列できるときで、結果としての性能も$O(n)$となる。そうでない場合は、**ヒープソート**を使って、初期の点をソートするのに$O(n \log n)$振る舞いが達成できる。ここに述べた実装でベンチマークを取ったものは、コードリポジトリから入手できる[*1]。

9.3.3　解

　例9-1に、**凸包走査**がどのようにして最初に上側部分凸包を計算し、方向を反転して、下側部分凸包を計算するかを示す。最後にできる凸包は、2つの部分凸包の結合だ。

例9-1　凸包走査による凸包解

```
public class ConvexHullScan implements IConvexHull {
  public IPoint [] compute (IPoint[] points) {
    // x座標で整列する(==なら、y座標で)。
    int n = points.length;
    new HeapSort<IPoint>().sort(points, 0, n-1, IPoint.xy_sorter);
    if (n < 3) { return points; }

    // 左端の2点から始めて凸包の上側を計算する
    PartialHull upper = new PartialHull(points[0], points[1]);
    for (int i = 2; i < n; i++) {
      upper.add(points[i]);
      while (upper.hasThree() && upper.areLastThreeNonRight()) {
        upper.removeMiddleOfLastThree();
      }
    }

    // 右端の2点から始めて凸包の下側を計算する
    PartialHull lower = new PartialHull(points[n-1], points[n-2]);
    for (int i = n-3; i >= 0; i--) {
      lower.add(points[i]);
      while (lower.hasThree() && lower.areLastThreeNonRight()) {
        lower.removeMiddleOfLastThree();
      }
    }
```

[*1] 訳注：JavaCode.src.algs.model.problems.convexhullにbucket、balancedというフォルダがある。リンク付きリストはandrewというフォルダにある。

```
    // 結合したときに重複する端点を取り除く
    IPoint[] hull = new IPoint[upper.size()+lower.size()-2];
    System.arraycopy(upper.getPoints(), 0, hull, 0, upper.size());
    System.arraycopy(lower.getPoints(), 1, hull,
                     upper.size(), lower.size()-2);
    return hull;
  }
}
```

　このアルゴリズムの第1ステップでは点集合を整列しなければならないので、**クイックソート**の最悪時の振る舞いを避けて、最良平均時性能を達成する**ヒープソート**を使う。しかし、平均的な場合、**クイックソート**はヒープソートよりも速い。

　Akl-Toussaintヒューリスティックス (1978) は、Pの初期集合から計算される極四辺形 (extreme quadrilateral) (x座標またはy座標の最小あるいは最大となる点を結んだもの) の内部にあるすべての点を捨て去ることによって全体的な性能を劇的に改善する。**図9-1**と同じ点集合についての極四辺形を**図9-4**に示す。棄却される点を灰色で示す。これらの点はいずれも凸包の一部にはならない。

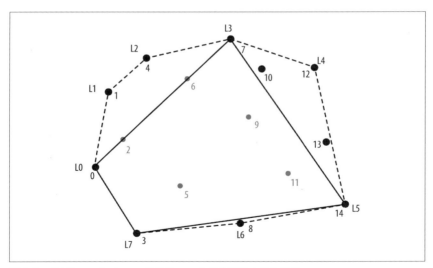

図9-4　Akl-Toussaintヒューリスティックスを使用するところ

　点pが極四辺形の内部にあるかどうかの決定には、pから極点$(p.x, -\infty)$への線分sを想像して、sが極四辺形の4つの線分と何回交差するか数えるとよい。回数が

1なら、pは内部にあり削除できる。実装では、線分sが正確に極四辺形の頂点と交差するような特別な場合も扱う。この計算は固定ステップなので、O(1)であり、全点に対するAkl-Toussaintヒューリスティックスは、O(n)となる。巨大なランダムな点集合例では、初期の集合から半分近くの点を除くことができ、アルゴリズム全体でコストのかかる整列化の処理が大幅に削減される。

9.3.4 分析

単位正方形からランダムに生成した2次元の点集合上で100回試行した。最良と最悪の試行を棄却した残りの98試行の平均時性能結果を表9-2に示す。この表は、ヒューリスティックスを実行するときの平均時間の内容を示すだけでなく、なぜ凸包走査が効率的なのか、背後にある理由を示している。

入力集合のサイズが増えると、Akl-Toussaintヒューリスティックスでほぼ半数の点を削除できる。驚くべきことに、凸包上の点の個数は少ない。表9-2の第2列は、凸包上の点の個数がO($\log n$)になるという主張を裏付けるものだ (Preparata and Shamos, 1985)。当然ながら、分布が重要になる。単位円から一様に点を選べば、凸包の点の個数はnの立方根のオーダーになる。

表9-2 実行時間（ミリ秒）と適用されたAkl-Toussaintのヒューリスティックス

N	凸包の点の平均個数	計算平均時間	Akl-Toussaintにより削除された点の平均個数	Akl-Toussaintの平均計算時間	Akl-Toussaintによる平均計算時間
4,096	21.65	8.95	2,023	1.59	4.46
8,192	24.1	18.98	4,145	2.39	8.59
16,384	25.82	41.44	8,216	6.88	21.71
32,768	27.64	93.46	15,687	14.47	48.92
65,536	28.9	218.24	33,112	33.31	109.74
131,072	32.02	513.03	65,289	76.36	254.92
262,144	33.08	1168.77	129,724	162.94	558.47
524,288	35.09	2617.53	265,982	331.78	1159.72
1,048,576	36.25	5802.36	512,244	694	2524.30

4章で述べられた標準的な比較に基づく整列化技法を用いて点を整列する場合のコストから凸包走査の第1ステップにO($n \log n$)かかることがわかる。一方、凸包の上側部分を計算するforループは、$n-2$個の点を処理し、内側のwhileループは、$n-2$回より多く実行されることはない。同じ論理が凸包の下側部分を計算するループにも当てはまる。したがって、凸包走査の残りのステップを処理する実行時間は、O(n)となる。

凸包走査で外積を計算するときに、浮動小数点算術の問題が出てくる。外積の0との比較$cp<0$を厳密に行う代わりに、`PartialHull`では、δを10^{-9}として、$cp<\delta$で判定する。

9.3.5 変形

凸包走査の整列処理部分は、点が既に整列されていることがわかれば省略できる。この場合、凸包走査は$O(n)$の性能となり得る。そうではなくても、入力点が一様分布に従うなら、**バケツソート**（4章のバケツソートの項目参照）を使って、$O(n)$性能を達成できる。その他の変形には、**クイック凸包**（QuickHull）(Preparata and Shamos, 1985)と呼ばれるものがあり、**クイックソート**が使う「分割統治」法を用いて、凸包を計算する。

もう1つ、最後の変形として考えるべきものがある。凸包走査は実は上側の凸包を構成するときに、整列された配列を必要としない。Pのすべての点をx座標の一番小さいものから大きいものまで順に反復処理する必要があるだけだ。この振る舞いは、Pの点の二分ヒープを作り、ヒープから最小要素を取り除くことに対応する。取り除いた点をリンク付きリストに貯えれば、リンク付きリストから点を「読み取る」だけで右から左へと逆順に点を処理することができる。この変形（図9-5のHeapで示す）のコードは、本書のコードリポジトリから入手できる[*1]。

図9-5に示した性能の結果は、次のような2種類のデータセット分布から得られた。

円形データ（Circle data）
　　n個の点は、単位円周上に均等に分布している。点のすべてが凸包に属しており、これは極端な例である。

一様データ（Uniform data）
　　n個の点は、単位正方形内に一様に分布している。nが増加すると、これらの点の大半は凸包に属さなくなるので、これも極端な例の1つとなる。

[*1] 訳注：JavaCode.src.algs.model.problems.convexhull.heapの中にあるHeapAndrew.java

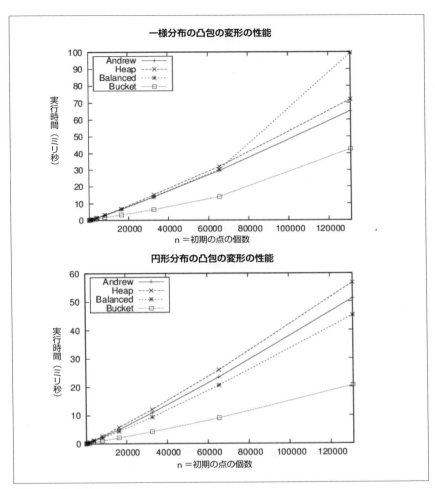

図9-5 凸包の変形の性能

　サイズが $n = 512$ から $131{,}072$ までで、2種類のデータ分布と例9-1およびコードリポジトリで示した異なった実装について、一連のデータを使って試行した。Akl-Toussaintヒューリスティックは使っていない。データセットのサイズごとに100回試行し、最良と最悪の結果を棄却した残りの98回の試行の平均時間（ミリ秒）を図9-5に示す。平衡二分木を使った実装が、比較を使った整列技法による方式の中では最良の性能を示している。バケツソートを使った実装は最も効率が良いが、こ

れは、入力集合が一様分布から採られたからである。一般には、凸包計算はO(n log n)の性能となる。

しかし、入力データに偏りがあると、これらの実装も性能が悪くなる。n個の点は、不均等に分布して、点$(0, 0)$と$(1, 0)$、それに$n - 2$個の点が0.502のすぐ左側に切片のように固まっている場合を考えよう。このデータセットは、**バケツソート**がうまくいかないように構成されている。**表9-3**では、バケツの整列に挿入ソートを使用することから、**バケツソート**がO(n^2)アルゴリズムに悪化することが示される。

凸包問題は、3次元以上に拡張することも可能で、その場合には3次元の点空間を取り囲む多面体を計算することが目標となる。残念ながら、高次元ではさらに複雑な実装が必要となる。

表9-3　非常に偏ったデータでの時間比較(ミリ秒)

n	Andrew	ヒープ	平衡	バケツ
512	0.28	0.35	0.33	1.01
1024	0.31	0.38	0.41	3.30
2048	0.73	0.81	0.69	13.54

Melkmanは、単純な多線形、もしくは多角形の凸包をO(n)で生成するアルゴリズムを開発した(Melkman, 1987)。これは、多角形そのものにおいて点が整列されていることを利用して、初期化での整列化の必要性を省略するものである。

凸包はOvermarsとvan Leeuwenが提案した方法を用いて効率的に保守できる(Overmars and van Leeuwen, 1981)。これは、点の挿入削除をサポートするよう木構造を用いて凸包を貯える。挿入削除のコストは、O($\log^2 n$)になることがわかっているので、凸包を構築するコスト全体もO($n \log^2 n$)になる。ただし、メモリはO(n)あればよい。この結果から、性能上の便益には、トレードオフがあるという一般原則が再確認できる。

グラハム走査は凸包を計算する最初期のアルゴリズムの1つで、単純な三角恒等式を用いて計算する。3章でこのアルゴリズムについて述べた。既に示した行列式計算を用いた適切な実装を使えば、単純なデータ構造と基本的な算術演算だけで済む。**グラハム走査**は、最初に、y座標が最小の点$s \in P$とx軸、それに各点で構成される角度を調べ、その角度順に点を整列する。したがって、凸包を計算するのにO($n \log n$)かかる。この整列化で難しいのは、同じ角度の点を、sからの距離順に並べることである。

9.4 線分交差を計算する

2次元平面で線分の集合Sが与えられたとき、すべての線分間の交点の全集合を決定する必要がある。**図9-6**の例では、4つの線分に（黒丸で示された）交点が2つある。**例9-2**のように、力任せの方式だと、Sに含まれる線分間すべての交点を計算するので、$C(n, 2)$、すなわち$n*(n-1)/2$個の交点の計算を行い、$O(n^2)$時間かかる。線分の各対について、交点を（もしあるなら）出力する。

図9-6　2つの交点を持つ4つの線分

例9-2　力任せ交点計算の実装

```java
public class BruteForceAlgorithm extends IntersectionDetection {
  public Hashtable<IPoint, List<ILineSegment[]>> intersections
          (ILineSegment[] segments) {
    initialize();
    for (int i = 0; i < segments.length-1; i++) {
      for (int j = i+1; j < segments.length; j++) {
        IPoint p = segments[i].intersection(segments[j]);
        if (p != null) {
          record (p, segments[i], segments[j]);
        }
      }
    }
    return report;
  }
}
```

この計算には、$O(n^2)$回の交点計算が必要となる。また、複雑な三角関数も必要となる。

$O(n^2)$を改善できるかどうかは、直ちにはわからないと思うが、本章では、革新的な線分走査法（LineSweep）アルゴリズムを示す。これは、平均的には、$O((n + k) \log n)$の性能を達成する。kは、報告される交点の個数を表す。

9.5 線分走査法

幾何学的形の間の交差を見つけなければならないという状況は多数存在する。VLSIチップの設計では、回路を基板に描画するのだが、予期しない交差があってはならない。旅行計画では、道を線分としてデータベースに貯え、交差点を線分の間の交点として決定する。

図9-7では、6つの線分間の7つの交点の例を示す。すべての可能な組み合わせであるC(n, 2)、すなわち$n*(n-1)/2$個の線分を比較する必要はないだろう。結局、明らかに離れている線分（この例では、S_1とS_4）は交差できない。**線分走査法**（LineSweep）は、処理中に入力要素の部分集合に注目することによって、効率を改善するというよく知られた方式を用いる。線分の入力集合の上から下まで、水平方向の線Lで走査して、Lによって見つかった交点を報告する。図9-7は、上から下までの走査におけるLの状態を（9つの位置について）示す。

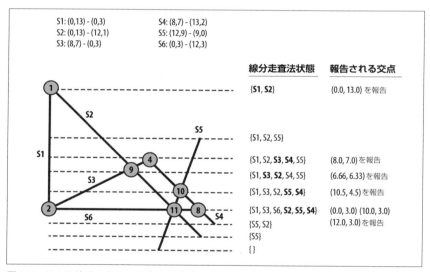

図9-7　6つの線分から7つの交点を検出する

線分走査法の革新的なところは、y座標を固定して線分を左から右へと順に認識することである。水平な線分は、左端の点が右端の点より「高い」位置にあるとして処理される。線分の交差は、**各瞬間の走査線上で隣り合う線分間でのみ**生じる。具体的には、2つの線分S_iとS_jとが交差するとき、線分走査の途中のある瞬間で、両

者は隣り合わねばならない。実際、**線分走査法**は、この線分の状態を管理して、効率的に交点を見つける。

図9-7で示した9つの水平走査線の位置をよく見ると、これらが(i)線分の始点または終点、あるいは(ii)交点の場所で選ばれていることがわかるだろう。**線分走査法**は、実際にデカルト平面上を「走査」するのではない。ただ、イベントキューに$2*n$個の線分端点を挿入するだけである。このイベントキューは、優先度付きキューに修正を加えたものだ。線分の始終点を含めたすべての存在する交点が、これらのキューに入った点の処理によって検出できる。**線分走査法**は、このキューを処理することで、走査線Lの状態を構築し、隣り合う線分がいつ交差するか決定する。

9.5.1 入出力

線分走査法は、デカルト平面上のn個の線分の集合Sを処理する。Sには重複した線分は存在しない。どの線分も共線(すなわち、同じ角度で互いに重なる)にはない。アルゴリズムは、水平および垂直の線分を扱えるが、線分の順序付けと計算には注意を要する。どの線分も一点に縮退する(すなわち、線分の始点と終点が同じになる)ことはない。

出力は、線分間の交点(存在する場合)を表すk個の点の集合、およびその各点p_iについて、交点を形成する線分となる。

9.5.2 文脈

交点の期待個数が、線分の個数に比べて大幅に少ない場合には、**線分走査法**は力任せの方式に比べて、優れた性能を示す。交点の個数が多い場合には、保守処理の手間がかかり便益を打ち消してしまう。

走査をベースとする方式は、(a)効率的に走査線の状態を構築できて、(b)いつ走査線をチェックするか決めるためのイベントキューを管理できる場合に、有用な方式である。**線分走査法**の実装では、考慮すべき特殊な場合が多く、結果として、コードは最悪時性能が$O(n^2)$である力任せ方式よりも大幅に複雑になる。性能上の利点を期待でき、最悪時の振る舞いが改善される場合に、この方式を選ぶ。

線分走査法は、すべての入力集合を処理して、出力結果のすべてを生成する前に、中間的な結果を生成している。この例では、走査線の状態は線分の平衡二分木で表されるが、これは、走査線上の線分に対して順序を定められるから可能となってい

線分走査法	最良	平均	最悪
LineSweep		$O((n+k)\log n)$	

```
intersection (S)
  EQ = new EventQueue
  foreach s in S do  ❶ イベントキューを2*n点で初期化する。
    ep = EQ 内から s.start を見つける。もしなければ新しい点を作り EQ に挿入する
    s を ep.upperLineSegments に加える  ❷ イベント点は線分を参照する
                                         (線分の上下端点がイベント点となる)
    ep = EQ 内から s.end を見つける。もしなければ新しい点を作り EQ に挿入する
    s を ep.lowerLineSegments に加える

  state = new lineState
  while EQ が空でない do
    handleEvent (EQ, state, getMin(EQ))
end

handleEvent (EQ, state, ep)
  left = state 内で ep の左側にある segment
  right = state 内で ep の右側にある segment      ❸ 交点は隣り合う
  state 内で left と right の間に交差があるか計算する   線分間で生じる。

  state 内の left と right の間の線分を取り除く
  state の走査線を ep まで進める

  if 新しい線分が ep から始まる then   ❹ 走査線より下に新しい線分が見つかったら
    state に新しい線分を追加              線分状態を保守する。
    update = true
  if ep で線分が交差している then   ❺ 交点では、隣り合う線分が位置を
    交差している線分をstateに追加       入れ替える。
    update = true
  if update then
    updateQueue (EQ, left, left の次(右隣)の線分)
    updateQueue (EQ, right, right の前(左隣)の線分)
  else
    updateQueue (EQ, left, right)
end

updateQueue (EQ, A, B)  ❻ 走査線の下のときだけ、交点をイベントキューに追加する。
  if 隣接する線分 A と B が走査点の下で交差する then
    交点を EQ に挿入する
end
```

る。イベントキューは、シンプルな辞書式順序で整列したイベント点の平衡二分木として表される。これによって、y値がより大きい点を最初にすることができる（走査線はデカルト平面を上から下に走査する）。同じy値の点では、x値が小さい方を最初にする。

アルゴリズムのコードを単純化するために、走査線の状態を貯える二分木を、葉の節点だけが実際の情報を含む強化平衡二分木にする。内部の節点は、左部分木の最左線分と、右部分木の最右線分についての最小最大情報を貯える。木の中の線分の順序は**走査点**、すなわち優先度付きキューから取り出されて現在処理中のEventPointに基づいて行われる。

9.5.3 解

例9-3に示した解は、コードリポジトリJavaCode.src.algs.model.problems.segmentIntersectionにあるクラスEventPoint, EventQueue, LineStateに依存する。

例9-3 線分走査法のJava実装

```java
public class LineSweep extends IntersectionDetection {
  // 走査線状態とイベントキューを貯える
  LineState lineState = new LineState();
  EventQueue eq = new EventQueue();

  // 線分配列からすべての線分の交点を計算する
  public Hashtable<IPoint,ILineSegment[]>intersections (ILineSegment[] segs){

    // 線分からイベントキューを構築する。発見された全情報を組み合わせるときに、
    // 点に重複がないように注意する。
    for (ILineSegment ils : segs) {
      EventPoint ep = new EventPoint(ils.getStart());
      EventPoint existing = eq.event(ep);
      if (existing == null) { eq.insert(ep); } else { ep = existing; }

      // ep (キューの中のオブジェクト)に上の線分を加える
      ep.addUpperLineSegment(ils);

      ep = new EventPoint(ils.getEnd());
      old = eq.event(ep);
      if (existing == null) { eq.insert(ep); } else { ep = existing; }

      // ep (キューの中のオブジェクト)に下の線分を加える
```

```
      ep.addLowerLineSegment(ils);
    }

    // 上から下まで走査して、キューの中のイベント点を処理する
    while (!eq.isEmpty()) {
      EventPoint p = eq.min();
      handleEventPoint(p);
    }

    // 計算できた交点すべての報告を返す
    return report;
}

// 走査線状態を更新してイベントを処理し、交点を報告する
private void handleEventPoint (EventPoint ep) {
    // lineStateのepの左(および右)の線分を(あるなら)見つける。交点は、
    // 隣り合う線分間でしか起こらない。線分走査が下へ向かうと、(今は)
    // 後回しにした他の交点も見つかるので、一番近いものから始める。
    AugmentedNode<ILineSegment> left = lineState.leftNeighbor(ep);
    AugmentedNode<ILineSegment> right = lineState.rightNeighbor(ep);

    // 隣り合う線分から交点'ints'を決定し、このイベント点の上の線分'ups'と
    // 下の線分'lows'を得る。イベント点に複数の線分が付随する場合は交点が存在する。
    lineState.determineIntersecting(ep, left, right);
    List<ILineSegment> ints = ep.intersectingSegments();
    List<ILineSegment> ups = ep.upperEndpointSegments();
    List<ILineSegment> lows = ep.lowerEndpointSegments();
    if (lows.size() + ups.size() + ints.size() > 1) {
      record (ep.p, new List[]{lows,ups,ints});
    }

    // leftのすぐ右隣の線分がrightになるまで間にある線分をすべて削除する。
    // 次に走査点を更新して、挿入されたものが整列しているようにする。
    // upsとintsだけはまだ使うので、挿入する。
    lineState.deleteRange(left, right);
    lineState.setSweepPoint(ep.p);
    boolean update = false;
    if (!ups.isEmpty()) {
      lineState.insertSegments (ups);
      update = true;
    }
    if (!ints.isEmpty()) {
      lineState.insertSegments (ints);
      update = true;
    }
```

```
    // このイベント点における交点がなければ、leftおよびrightが、
    // 走査線の下側で交差していないか調べ、イベントキューを更新する。
    // そうでないとき、交点があれば、leftとrightの間の線分の順序が入れ替わっているので、
    // leftとその(新しい)次の線分、および、rightとその(新しい)前の線分の間という
    // 2つの領域を調べる。
    if (!update) {
      if (left != null && right != null) { updateQueue (left, right); }
    } else {
      if (left != null) { updateQueue (left, lineState.successor(left)); }
      if (right != null) { updateQueue (lineState.pred(right), right); }
    }
  }

  // 走査線の下の交点はすべてイベント点として挿入する
  private void updateQueue (AugmentedNode<ILineSegment> left,
                            AugmentedNode<ILineSegment> right) {
    // 2つの隣り合う線分が交差するかどうかを決定する。新しい交点が
    // 走査線の「下側」にあり、2回以上追加されていないことを確認する。
    IPoint p = left.key().intersection(right.key());
    if (p == null) { return; }
    if (EventPoint.pointSorter.compare(p,lineState.sweepPt) > 0) {
      EventPoint new_ep = new EventPoint(p);
      if (!eq.contains(new_ep)) { eq.insert(new_ep); }
    }
  }
}
```

EventQueueが、$2*n$個のEventPointオブジェクトで初期化されるとき、貯えるIPointオブジェクトを始点とする(上側線分と呼ぶ)ILineSegmentオブジェクトと、IPointオブジェクトを終点とする(下側線分と呼ぶ)ILineSegmentオブジェクトとを貯える。**線分走査法が線分の交点を見つけると、それが走査線の下にある限り、**その交点を表すEventPointがEventQueueに挿入される。このようにして、交点が見過ごされることもなければ、重複することもなくなる。適切に機能するために、交点のイベント点が既にEventQueueに入っていたなら、交点情報の内容はキューの内部において更新され、2度挿入されることはない。このために、**線分走査法は、イベントキューが、あるEventPointオブジェクトを含んでいるかどうか決定できなければならない。**

図9-7では、線分S_6の下の点(実際には、S_6が水平なので、右端の終点)を表すイベント点が優先度付きキューに挿入されるときに、**線分走査法は、S_6を下側の線**

分としてのみ貯え、その後で、S_4を交差線分として追加で貯える。より複雑な例で、線分S_2とS_5との交点を表すイベント点が優先度付きキューに挿入されるときは、追加情報には何も貯えられない。しかし、このイベント点の処理後は、交差線分として、S_6, S_2, S_5を貯える。

　線分走査法の計算の中心はクラス`LineState`である。`LineState`は、平面上で、上から下へと走査するときに、現在の走査点を管理する。`EventQueue`から、最小データを取り出したときに、比較子`pointSorter`は、上から下の順に、または左から右の順に、`EventPoint`オブジェクトを適切に返す。

　線分走査法の本当の仕事は、`LineState`の`determineIntersecting`メソッドの中にある。**left**と**right**の間にある線分を反復処理することによって交差が決定される。このような支援クラスの詳細は、本書に付随するコードリポジトリ、例えば`LineState.java`からわかる。

　線分走査法は、走査点を進めていくときに、処理中の線分を再整列できるので、$O((n+k)\log n)$性能を達成する。この処理に、sをその状態にある線分の個数として、$O(\log s)$より多くの手順が必要なら、アルゴリズム全体の性能は、$O(n^2)$まで低下する。例えば、線分状態を単純に二重リンク付きリスト（迅速に前の線分と次の線分を見つけるには有用な構造）で貯えるなら、挿入操作は、リスト内の線分を見つけるために$O(s)$まで時間がかかるようになり、線分の集合Sが大きくなるにつれて、性能低下が無視できなくなる。

　同様に、イベントキューは、イベント点がキューにあるかどうかを決定する効率的な演算を提供しなければならない。例えば、`java.util.PriorityQueue`が提供するような、ヒープに基づいた優先度付きキューの実装は、アルゴリズムを$O(n^2)$まで低下させる。$O(n \log n)$のアルゴリズムを実装したことになっているが、実際のコードを見れば$O(n^2)$の実装になっていることに注意する。

9.5.4　分析

　線分走査法は、イベントキューに、$2*n$個の線分終点を挿入する。このイベントキューは、qをキューの中にある要素の個数として、次のような演算を$O(\log q)$で行う修正優先度付きキューである。

    min

        キューから最小の要素を取り除く。

insert (e)
: 整列済みのキューの適切な位置に要素を挿入する。

member (e)
: 与えた要素がキューに含まれているかどうか決定する。この操作は、一般の優先度付きキューそのものには、厳密には必要とされていないことに注意する。

　イベントキューではどの点も重複がない。すなわち、同じイベント点が挿入されることがあるなら、その情報は、既にキューの中にあるイベント点に結合される。したがって、**図9-7**の点が最初に挿入されるとき、イベントキューは、8つのイベント点しか保持していない。

　線分走査法は、上から下まで走査して、線分を適切な順序で追加／削除することによって走査線状態を更新する。**図9-7**で並べられた走査線状態は、対応するイベント点を処理した後の、走査線と交差した線分を左から右に並べたものを表している。交点の計算では、**線分走査法**は、その状態に含まれる線分の中で、与えられた線分S_iの左の（または右の）線分を求めなければならない。**線分走査法**は、強化平衡二分木を用いて、次のような演算を$O(\log t)$時間で処理する。ここで、tは木の要素の個数である。

insert (s)
: 線分を木に挿入する。

delete (s)
: 木から線分を削除する。

previous (s)
: sのすぐ前にある線分を（存在するなら）返す

successor (s)
: sのすぐ後ろにある線分を（存在するなら）返す

　線分の順序を適切に保持するため、**線分走査法**は、線分S_iとS_jとの交点を走査中に検出すると、順序を入れ替える。幸い、走査線の点を更新して、線分S_iとS_jとを削除して再挿入するだけで済むので、$O(\log t)$時間でできる。**図9-7**は、第3の交

点(6.66, 6.33)が見つかったときの入れ替えの例を示す。

アルゴリズムの初期化時には、n 個の線分の入力集合の $2*n$ 個の点（始点と終点）から優先度付きキューを構築する。イベントキューは、新しい点 p が既にキューの中にあるかどうかも決定できなければならない。そのため、優先度付きキューの構築によく使われるヒープを使ってイベントキューを構築するわけにはいかない。また、キューは整列されていなければならないので、2次元の点の順序を定義しなければならない。点 $p_1 < p_2$ の条件は、$p_1.y > p_2.y$ とする。$p_1.y = p_2.y$ の場合は、$p_1 < p_2$ の条件は $p_1.x < p_2.x$ とする。キューのサイズは、k を交点数、n を入力線分数として、$2*n + k$ を超えることは決してない。

線分走査法によって走査線より下で検出されるすべての交点は、イベントキューに追加される。ここで、走査線が最終的に交点に達したときに交差する線分と順序を入れ替える処理が行われる。すべての隣り合う線分の間の交点は、走査線より下で見つかり、交点が見逃されないことに注意する。

線分走査法がイベント点を処理するとき、上の端点が訪問されたときに線分が状態に追加され、下の端点を訪問したときに削除される。したがって、走査線状態が n 個以上の線分を貯えることは決してない。走査線状態について調べる演算は $O(\log n)$ 時間で行われ、状態について $O(n + k)$ 以上の演算はないので、コストは $O((n + k) \log (n + k))$ となる。k は高々 $C(n, 2)$、すなわち $n*(n - 1)/2$ 以下であることから、性能 $O((n + k) \log n)$ は、最悪時 $O(n^2 \log n)$ になる。

線分走査法の性能は、入力の複雑な性質（例えば、交点の総数、任意の時点の走査線が保持する線分の平均個数）に依存するので、与えられた特定の問題と入力データに対してしかベンチマーク性能を取ることができない。そのような2つの問題について論じる。

数学の分野からの興味深い問題として、つま楊枝と紙だけを用いて、π の近似値を計算すること（ビュフォンの針問題として知られている）がある。つま楊枝の長さを len として、紙の上に、d ($d \geq len$) だけ離れた垂線を何本も引いておく。n 個のつま楊枝を紙の上にランダムに落とす。k を垂線との交点の個数とする。つま楊枝が垂線と交わる確率（k/n で計算できる）は、$(2*len)/(\pi*d)$ と等しくなる[*1]。

交点の個数が、n^2 よりはるかに少ない場合、力任せ方式では、（**表9-4**からわかるように）交差しない線のチェックで時間を無駄にしてしまう。多数の交点がある場

[*1] 訳注：初版原注は http://mathworld.wolfram.com/BuffonsNeedleProblem.html

合、決定要因は、**線分走査法**の実行中に`LineState`によって保持される線分の平均個数となる。それが小さければ（平面上のランダムな線について期待されるように）、**線分走査法**に軍配が上がる。

表9-4 ビュフォンの針問題に対するアルゴリズムの時間比較（ミリ秒）

n	線分走査法	力任せ	交差の平均個数	πの推定値	誤差
16	1.77	0.18	0.84	3.809524	9.072611
32	0.58	0.1	2.11	3.033175	4.536306
64	0.45	0.23	3.93	3.256997	2.268153
128	0.66	0.59	8.37	3.058542	1.134076
256	1.03	1.58	16.2	3.1644	0.567038
512	1.86	5.05	32.61	3.146896	0.283519
1,024	3.31	18.11	65.32	3.149316	0.14176
2,048	7	67.74	131.54	3.149316	0.07088
4,096	15.19	262.21	266.16	3.142912	0.03544
8,192	34.86	1028.83	544.81	3.12821	0.01772

第2の問題として、線分間に$O(n^2)$の交点がある集合Sを考える。**線分走査法**は、`LineState`で多くの交点について情報を保持するオーバーヘッドのために、性能が著しく低下する。**表9-5**は、力任せ法が**線分走査法**を上回る状況を示している。ここで、nは線分の個数で、交点は最大の$C(n, 2)$、すなわち$n*(n-1)/2$個となっている。

表9-5 線分走査法と力任せの最悪時の比較（ミリ秒）

n	線分走査法（平均）	力任せ（平均）
2	0.17	0.03
4	0.66	0.05
8	1.11	0.08
16	0.76	0.15
32	1.49	0.08
64	7.57	0.38
128	45.21	1.43
256	310.86	6.08
512	2252.19	39.36

9.5.5 変形

興味深い変形の1つに、交点を全部ではなく、1つ報告すればよいというのがある。これは、2つの多角形が交わるかどうかを検出するのに有用だ。そのようなアルゴリズムは、$O(n \log n)$時間しか必要でなく、平均時には、さらに迅速に交点を見つけられる。もう1つは、赤と青の線分があって、必要なのは色違いの線が交わると

ころだというものである (Palazzi and Snoeyink, 1994)。

9.6 ボロノイ図

1986年にフォーチュン (Fortune) は、**線分走査法**を、別の計算幾何学問題である、デカルト平面の点集合 P の**ボロノイ図** (Voronoi diagram) 作成に応用した。ボロノイ図は、生命科学から経済学まで広範囲で役立つ (Aurenhammer, 1991)。

ボロノイ図は、n 個の 2 次元点集合 P への各領域の距離に基づいて平面を領域に分割する。n 個の各領域は、他の点 $p_j \in P$ よりも点 $p_i \in P$ に近い点からなる。**図9-8**は、(四角で示す) 13 点に対して計算したボロノイ図 (黒い線) を示す。ボロノイ図は、(図中の線の) ボロノイ辺で区切られた 13 の凸領域と (それらの交点の) ボロノイ点からなる。ある点集合に対するボロノイ図を使って次のようなことができる。

- 凸包の計算
- 点集合内で最大空円を求める
- 各点の最近傍を見つける
- 集合内で最近点対を見つける

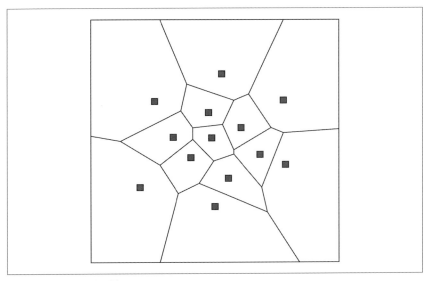

図9-8　ボロノイ図の例

フォーチュン走査法（Fortune Sweep）は、線分交差を見つけるのに使われた**線分走査法**に似たものを実装する。線分走査法では、既存の点を優先度付きキューに挿入して、それらの点を順番に処理して、走査線を定義していたことを思い出そう。このアルゴリズムは、効率的に更新できる走査線状態を保守することでボロノイ図を求める。フォーチュン走査法におけるキーとなることは、**図9-9**のように走査線が平面を3つの異なる領域に分割することだ。

走査線が平面を下がるにつれて、部分ボロノイ図が作られる。図9-9では、点p_2の領域が太線の4つの線分で区切られた半無限多角形として計算されている。走査線は、点p_6をまさに処理しており、点p_7からp_{11}は処理を待っている。このとき走査線状態は$[\,p_1,\,p_4,\,p_5,\,p_3\,]$を保持している。

フォーチュン走査法を理解するにあたって、走査線状態が**汀線**（beach line）と呼ばれる複雑な構造であることが問題となる。図9-9において、汀線は左から右へ放物線の曲線の断片が連なった細線となっている。2つの放物線が交わる点は**破断点**（breakpoint）と呼ばれ、破線は、まだ確定していないボロノイ辺を示す。汀線状態の各点は走査線に対して放物線を定める。汀線はそれらの放物線のうち走査線に最も近いものの交点によって定義される。

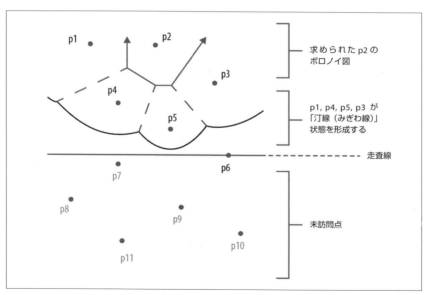

図9-9　フォーチュン走査法の構成要素

汀線の曲線部分の構造を説明するために、**放物線**の幾何学的形状を定義する必要がある。焦点 f、直線 L があるとき、放物線は、f と L から**等距離**にある平面上の点からなる対称形と定義される。放物線の頂点 $v = (h, k)$ は、その形状の最低点である。p は L と v の距離を表し、v と f の距離もこれに等しくなる。これらの変数を用いて、式 $4p(y - k) = (x - h)^2$ により放物線の構造が定義される。**図9-10**のように L が水平線で放物線が上に向かっていれば、この可視化は容易である。

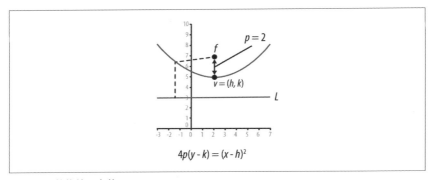

図9-10　放物線の定義

走査は P の一番上の点から始まり、下に向かって走査して、処理のサイト（site）と呼ぶ点を見つけていく。汀線の放物線は、走査線が下がるにつれて、**図9-11**に示すように、形状を変えるので、破断点もその位置を変える。幸いなことに、このアルゴリズムでは、走査線を $O(n)$ 回しか更新しない。

ボロノイ点は、他のどの P の点も内に含まないような同一円上にある P の3点を検出することで計算される。この円の中心は、3点から等距離にあるので、ボロノイ点となる。この中心から放射される3本の線がボロノイ辺になる。元の3点のうち2点から等距離の点となるからだ。これらのボロノイ辺は、円上の2点のなす弦を**二等分**（bisect）する。例えば、**図9-12**の線 L_3 は、(r_1, r_3) 間の線分の垂直二等分線となる。

　フォーチュン走査法がどのようにして、この円を検出するように汀線状態を保守するかを示そう。汀線の特性から、**フォーチュン走査法**がチェックする円の個数を最小にできる。具体的には、汀線が更新されるたびに、**フォーチュン走査法**は更新が生じたところの（左右に）隣接する弧だけを調べればよいのだ。**フォーチュン走査法**のメカニズムを、3点だけで説明したものを**図9-12**に示す。この3点は、上から

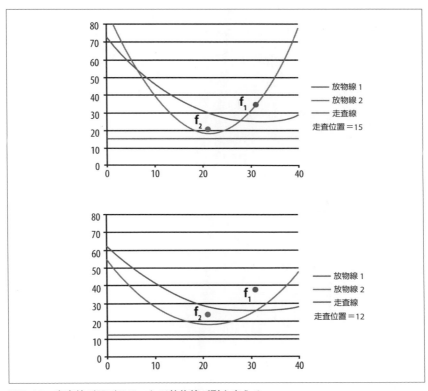

図9-11　走査線が下がるにつれて放物線が形を変える

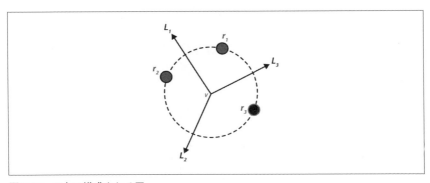

図9-12　3点で構成される円

下への順番で、すなわち、r_1, r_2, r_3の順番で処理される。3点目が処理されると、これらの3点の外接円と呼ばれる円が定義できる。

図9-13に、r_1とr_2を処理した後の汀線の状態を示す。汀線は、走査線に最も近い放物線の線分によって形成される。このとき、汀線の状態は、放物線の弧を葉、破断点を内部節点とする二分木で示される。汀線は、左から右への3つの放物線弧s_1, s_2, s_1で形成される。これらは点r_1, r_2, そして再びr_1の放物線の一部である。破断点$s_1:s_2$は、左では放物線s_1が走査線により近く、右では放物線s_2が走査線により近くなるようなx座標を表す。同じ性質が破断点$s_2:s_1$についても成り立つ。

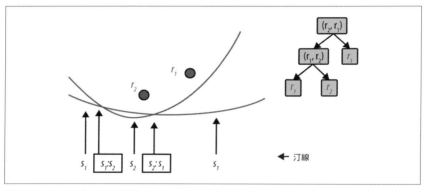

図9-13　2つの点の後の汀線

図9-14は、走査線が第3点r_3を処理したときを示す。この位置では、r_3を通る垂線が、右端の放物線s_1で汀線と交差し、更新された汀線状態が**図9-14**の右側に示すようになっている。4つの内部節点は、汀線で生じた3つの放物線間の4つの交差を表す。5つの葉があって、左から右へと汀線を構成する5つの放物線の弧を表す。

この汀線が構成されたら、この3点が作る外接円を調べる。円の中心はボロノイ点になる**可能性がある**が、それは、Pの他の点が円に含まれないときに限られる。アルゴリズムでは、この状態を、(**図9-15**に示す) 座標が円の最低点に当たる**円イベント** (circle event)を作り、これをイベント優先度付きキューに挿入することによって見事に処理する。他のサイトイベントが、この円イベントの前に処理され、「割り込む」なら、この円イベントは削除される。そうでなければ、こんどはこの円イベントが処理されて、円の中心がボロノイ点になる。

このアルゴリズムのキーステップは汀線状態からボロノイ図の構築に影響しない

節点を取り除くことにある。問題の円イベントが処理されたとすると、中央の弧、この場合はr_1はPの他の点に対して影響しないので、汀線から取り除くことができる。結果としての汀線の状態を、**図9-15**の右側の二分木に示す。

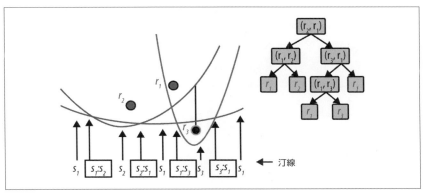

図9-14 3つの点の後の汀線

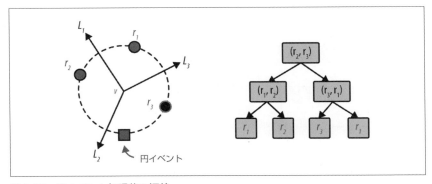

図9-15 円イベント処理後の汀線

9.6.1 入出力

入力は、平面上の2次元点集合である。

フォーチュン走査法は、n個のボロノイ多角形からなるボロノイ図を計算する。各ボロノイ多角形は、Pのそれぞれの点に対する領域を定義する。数学的には半無限領域があるが、アルゴリズムは、Pのすべての点を囲む適当な大きさの箱の中でボロノイ図を計算することによって、半無限領域を排除する。出力は線分の集合で、

ボロノイ多角形は P の各点の周りの時計回りの辺として定義される。

実装によっては、P が円を形成する共円（cocircular）の4点を含まないと仮定する。

また別の実装によっては、2点が同じ x 座標または y 座標を持たないと仮定する。そうすることによって、多くの特別な場合を取り除ける。これは、入力集合 (x, y) が整数値の座標ならたやすく実装できて、**フォーチュン走査法**を呼び出す前に、各座標にランダムな小数をただ追加すればいいだけだ。

フォーチュン走査法	最良	平均	最悪
Fortune Sweep		$O(n \log n)$	

```
fortune (P)
  PQ = new Priority Queue
  LineState = new Binary Tree

  foreach p in P do    ❶ 優先度付きキューは、イベントをy座標の降順に並べる。
    event = new SiteEvent(p)
    event を PQ に挿入

  while PQ が空でない do
    event = getMin(PQ)
    sweepPt = event.p    ❷ 走査線は、取り出されたイベントに紐付く点ごとに更新される。
    if event がサイトイベント then
      processSite(event)
    else
      processCircle(event)

  finishEdges()    ❸ 汀線の残っている破断点が最後の辺を決定する。

processSite(e)    ❹ 新しい点ごとに汀線を更新する。
  leaf = e.p で二分される汀線の弧 A を見つける
  汀線を修正し、不要な円イベントを削除する    ❺ その更新によって、潜在的な円イベントを
  潜在的な円イベントを見つける                     取り除くことがある。

processCircle(e)    ❻ ボロノイ点を計算し汀線状態を更新する。
  汀線内の左隣および右隣の弧を見つける
  不要な円イベントを削除する
  ボロノイ点とボロノイ辺を記録する
  汀線を修正し、「中央の」弧を削除する
  左もしくは右にある潜在的な円イベントを見つける
```

9.6.2　解

実装は、汀線状態を保守するのに必要な計算のために複雑になる。図9-16では、いくつかの特別な場合を省いた。コードリポジトリのfortune.pyには、放物線の交点の幾何学計算をする関数computeBreakPointが含まれる。この実装をサポートするクラスを図9-16にまとめる。この実装はPythonのheapqモジュールを使用する。これによって優先度付きキューを作り処理するheappopメソッドとheappushメソッドを使用できる。

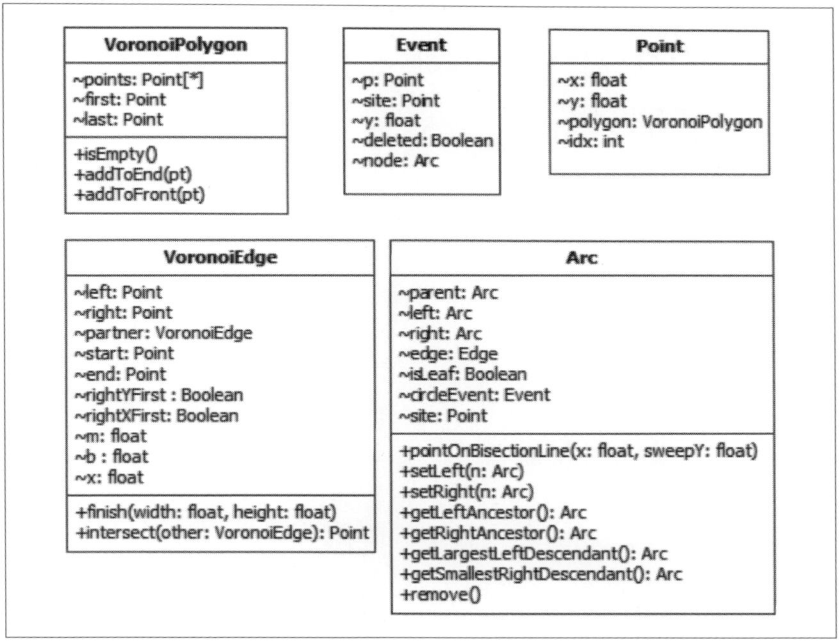

VoronoiPolygon
- ~points: Point[*]
- ~first: Point
- ~last: Point
- +isEmpty()
- +addToEnd(pt)
- +addToFront(pt)

Event
- ~p: Point
- ~site: Point
- ~y: float
- ~deleted: Boolean
- ~node: Arc

Point
- ~x: float
- ~y: float
- ~polygon: VoronoiPolygon
- ~idx: int

VoronoiEdge
- ~left: Point
- ~right: Point
- ~partner: VoronoiEdge
- ~start: Point
- ~end: Point
- ~rightYFirst : Boolean
- ~rightXFirst : Boolean
- ~m: float
- ~b : float
- ~x: float
- +finish(width: float, height: float)
- +intersect(other: VoronoiEdge): Point

Arc
- ~parent: Arc
- ~left: Arc
- ~right: Arc
- ~edge: Edge
- ~isLeaf: Boolean
- ~circleEvent: Event
- ~site: Point
- +pointOnBisectionLine(x: float, sweepY: float)
- +setLeft(n: Arc)
- +setRight(n: Arc)
- +getLeftAncestor(): Arc
- +getRightAncestor(): Arc
- +getLargestLeftDescendant(): Arc
- +getSmallestRightDescendant(): Arc
- +remove()

図9-16　コードをサポートするクラス

例9-4に示すように、processメソッドは、各入力点に対してサイトイベントを作成して、各イベントをy座標の降順に（同じだったらx座標の昇順に）1つずつ処理する。

例9-4　ボロノイ図のPython実装

```python
from heapq import heappop, heappush

class Voronoi:
  def process(self, points):
    self.pq = []
    self.tree = None
    self.firstPoint = None  # 位置が同じものは最初の点によって扱う
    self.stillOnFirstRow = True
    self.points = []

    # 各点にはユニークな識別子がある
    for idx in range(len(points)):
      pt = Point(points[idx], idx)
      self.points.append(pt)
      event = Event(pt, site=True)
      heappush(self.pq, event)

    while self.pq:
      event = heappop(self.pq)
      if event.deleted:
        continue

      self.sweepPt = event.p
      if event.site:
        self.processSite(event)
      else:
        self.processCircle(event)

    # 残った辺を完成させ、無限に延ばす
    if self.tree and not self.tree.isLeaf:
      self.finishEdges(self.tree)

      # ボロノイ辺を partner から完成させる
      for e in self.edges:
        if e.partner:
          if e.b is None:
            e.start.y = self.height
          else:
            e.start = e.partner.end
```

この実装は、最大y座標値を持つ一番上の点が1つに限られない特殊な場合も扱う。`processSite`内で検知された`firstPoint`を貯えることによって処理する。

9.6 ボロノイ図

フォーチュン走査法の真の詳細は、**例9-5**に示すprocessSiteと**例9-6**に示すprocessCircleの実装に現れている。

例9-5　ボロノイ図でサイトイベントを処理する

```python
def processSite(self, event):
  if self.tree == None:
    self.tree = Arc(event.p)
    self.firstPoint = event.p
    return

  # y座標が最大の点が2点あるという特殊な場合を扱わなければならない。
  # その場合、根は葉であるはずだ。
  # イベントを整列するとき、y座標が同じものはx座標順にするので、次の点は右にあるはずだ。
  if self.tree.isLeaf and event.y == self.tree.site.y:
    left = self.tree
    right = Arc(event.p)

    start = Point(((self.firstPoint.x + event.p.x)/2, self.height))
    edge = VoronoiEdge(start, self.firstPoint, event.p)

    self.tree = Arc(edge = edge)
    self.tree.setLeft(left)
    self.tree.setRight(right)

    self.edges.append(edge)
    return

  # leaf に円イベントがあるなら、もはや leaf が分割されるので無効となる
  leaf = self.findArc(event.p.x)
  if leaf.circleEvent:
    leaf.circleEvent.deleted = True

  # event.p.xが垂線で二分する放物線の点を見つける
  start = leaf.pointOnBisectionLine(event.p.x, self.sweepPt.y)

  # 2つのサイト間でボロノイ辺の候補を見つけた
  negRay = VoronoiEdge(start, leaf.site, event.p)
  posRay = VoronoiEdge(start, event.p, leaf.site)
  negRay.partner = posRay
  self.edges.append(negRay)

  # 汀線を新たな内点で修正する
  leaf.edge = posRay
  leaf.isLeaf = False
```

```
left = Arc()
left.edge = negRay
left.setLeft(Arc(leaf.site))
left.setRight(Arc(event.p))

leaf.setLeft(left)
leaf.setRight(Arc(leaf.site))

# 左右に円イベントの可能性がないかチェックする
self.generateCircleEvent(left.left)
self.generateCircleEvent(leaf.right)
```

processSiteメソッドは、サイトイベントが見つかるたびに、2つの追加内部節点と2つの追加葉を挿入して、汀線に修正を加える。findArcメソッドは、$O(\log n)$時間で、新たに見つかったサイトイベントによって修正されなければならない放物線の弧を見つける。汀線を修正するときに、アルゴリズムは、最終的にボロノイ図に含まれるであろう2辺を計算する。これらは、破断点を表すArc節点に付随する。汀線状態に何らかの変更があると、アルゴリズムは、左と右とをチェックして、隣接する弧が円イベントの候補にならないかどうか決定する。

例9-6　ボロノイ図で円イベントを処理する

```
def processCircle(self, event):
  node = event.node

  # 左と右の隣接節点を見つける
  leftA = node.getLeftAncestor()
  left = leftA.getLargestDescendant()
  ightA = node.getRightAncestor()
  right = rightA.getSmallestDescendant()

  # 古い円イベントがいまだあったら取り除く
  if left.circleEvent:
    left.circleEvent.deleted = True
  if right.circleEvent:
    right.circleEvent.deleted = True

  # left-node-right で定義される円。ボロノイ辺の終点を求める。
  p = node.pointOnBisectionLine(event.p.x, self.sweepPt.y)
  leftA.edge.end = p
  rightA.edge.end = p
```

```
# 汀線の祖先節点を更新して新たなボロノイ辺候補を記録する
t = node
ancestor = None
while t != self.tree:
  t = t.parent
  if t == leftA:
    ancestor = leftA
  elif t == rightA:
    ancestor = rightA

ancestor.edge = VoronoiEdge(p, left.site, right.site)
self.edges.append(ancestor.edge)

# 汀線の木構造から中央の弧（葉）を削除
node.remove()

# 削除後、新たな隣接節点が見つかるかもしれないので、円イベントのチェックしなければならない
self.generateCircleEvent(left)
self.generateCircleEvent(right)
```

processCircleメソッドは、ボロノイ図で新たな節点を見つける責務を負う。各円イベントには、最初に円イベントを生成した外接円の一番上の点であるnodeが付随する。このメソッドは、汀線状態から将来の計算に何の影響もないのでnodeを取り除く。そうすると、汀線に新たな隣接節点が生じることがあるので、左右をチェックして、追加の円イベントが生じないか確認する。

これらのコード例は、pointOnBisectionLineやintersectといった線交差メソッドも含めて、幾何学的計算を行うヘルパーメソッドに依存している。これらの詳細もコードリポジトリのfortune.pyにある。**フォーチュン走査法**では、これら必要な幾何学計算の適切な実装に多くの困難を伴う。特別な場合を減らす1つの方法に、入力された（xとy両方の）座標値がすべて重ならず、どの4点も共円（同一の円上）にならないと仮定することである。これらの仮定は、特に、ボロノイ図が水平線や垂直線を持つ場合を無視できるので、計算処理を単純化する。

例9-7に示した、最後のコード例、generateCircleEventは、汀線の3つの隣り合う弧が円を作るかどうかを決定する。この円の最低点が走査線より上、（すなわち、既に処理済みのはず）なら、無視される。そうでなければ、イベントキューに追加され、後で処理される。さらに、処理される他のサイトが円の内部に入るなら、削除されることもある。

例9-7　ボロノイ図で新たな円イベントの生成

```python
def generateCircleEvent(self, node):
    """
    3連続節点の真ん中の、この新しい節点では、円イベントの可能性がある。
    その場合には、新しい円イベントを将来の処理のために優先度付きキューに追加する。
    """
    # 左右に存在するはずの隣接節点を見つける
    leftA = node.getLeftAncestor()
    if leftA is None:
        return
    left = leftA.getLargestLeftDescendant()

    # 右隣を見つける
    rightA = node.getRightAncestor()
    if rightA is None:
        return
    right = rightA.getSmallestRightDescendant()

    # サニティーチェック。一致しないはず。
    if left.site == right.site:
        return

    # 2辺が交差を持たないなら、何もしない
    p = leftA.edge.intersect(rightA.edge)
    if p is None:
        return

    radius = ((p.x-left.site.x)**2 + (p.y-left.site.y)**2)**0.5

    # 外接円の底の点を選ぶ
    circleEvent = Event(Point((p.x, p.y-radius)))
    if circleEvent.p.y >= self.sweepPt.y:
        return

    node.circleEvent = circleEvent
    circleEvent.node = node
    heappush(self.pq, circleEvent)
```

9.6.3　分析

　フォーチュン走査法の性能は、優先度付きキューに挿入されるイベントの個数によって決まる。開始時に、n個の点が挿入されねばならない。処理中では、新しいサイトが高々2つの追加の弧を生成するので、汀線は高々$2*n-1$個の弧からなる。

二分木を使って汀線を格納すると、必要な弧の節点を$O(\log n)$時間で見つけられる。

　processSiteで葉を修正するには、決まった回数の演算が必要となるので、定数時間で完了すると考えられる。同様に、弧節点をprocessCircleメソッド内で取り除くにも定数時間演算が必要となる。走査線状態を表す二分木は、平衡が保証されていないが、この機能追加は、挿入と削除の性能を$O(\log n)$に増加させるだけである。さらに、二分木の平衡を再度取った後で、前に存在した葉は、平衡を取り戻した木でも葉のままである。

　したがって、アルゴリズムがサイトイベントであれ円イベントであれ処理するとして、性能は、$2*n*\log(n)$で抑えられるので、結果として全体性能は$O(n \log n)$となる。

　複雑なアルゴリズムは、その秘密を簡単には明かしてくれない。アルゴリズム研究者でも、**フォーチュン走査法**を**線分走査法**の複雑な適用例だと認めている。振る舞いを理解するには、デバッガでステップ実行するのが一番よい。

9.7　参考文献

Andrew, "Another efficient algorithm for convex hulls in two dimensions", Information Processing Letters, 9(5), (1979), pp. 216-219. http://www.sciencedirect.com/science/article/pii/0020019079900723

Aurenhammer, "Voronoi Diagrams: A Survey of a Fundamental Geometric Data Structure", ACM Computing Surveys 23 (1991), pp.345-405. http://dl.acm.org/citation.cfm?doid=116873.116880

http://www.cimec.org.ar/~ncalvo/aurenhammer-voronoi.pdfにもある。

Eddy, W., "A new convex hull algorithm for planar sets," ACM Transactions on Mathematical Software, 3(4): 398-403, 1977, http://dl.acm.org/citation.cfm?doid=355759.355766

https://www.cs.swarthmore.edu/~adanner/cs97/s08/pdf/ANewConvexHull.pdfにもある。

Fortune, S., "A sweepline algorithm for Voronoi diagrams," Proceedings of the 2nd Annual Symposium on Computational Geometry. ACM, New York, 1986, pp. 313-322, http://dl.acm.org/citation.cfm?doid=10515.10549

10章
空間木構造

　本章のアルゴリズムは、主にデカルト平面での強力な探索を行うために2次元構造をどうモデル化したら良いかということについて扱う。これらのアルゴリズムは5章で取り上げた集合の要素を探す単純なものよりさらに強力なものとなっている。次のようなアルゴリズムが含まれる。

最近傍
　2次元点集合 P が与えられたとき、ターゲットクエリ点 x に最も近い点を決定する。これは、力任せ解の $O(n)$ ではなく、$O(\log n)$ で解決できる。

範囲クエリ
　2次元点集合 P が与えられたとき、与えた四角形の範囲にあるすべての点を決定する。これは、力任せ解の $O(n)$ ではなく、$O(n^{0.5} + r)$ で解ける。ここで、r は、結果として返される点の個数である。

交差クエリ
　2次元長方形の集合 R が与えられたとき、どの長方形がターゲット長方形領域と交差するかを決定する。これは、力任せ解の $O(n)$ ではなく、$O(\log n)$ で解ける。

衝突検出
　2次元点集合 P が与えられたとき、これらの点を中心とする辺 s の正方形の間での交差を決定する。これは、力任せ解の $O(n^2)$ ではなく、$O(n \log n)$ で解決できる。

　構造とアルゴリズムとは、自然に高次元に拡張できるが、本章で扱う範囲は、便宜上ごく普通の2次元構造にとどめる。本章の題名は、研究者が二分探索木の中心

となる考えを用いることでn次元データを分割するのに多く成功してきた、そのやり方に由来している。

10.1　最近傍クエリ

2次元平面上で、点集合Pが与えられたとき、ユークリッド距離で測ってクエリ点xに最も近いPの点を決定する必要がある。xはPの要素である必要はなく、この問題が5章の探索問題とは異なることに注意。このクエリは、n次元空間の点に拡張できる。

素朴な実装は、Pの中のすべての点を調べるもので、nをPの点の数とすれば、$O(n)$の線形アルゴリズムとなる。Pが前もってわかっているのだから、その情報を構造化して、探索途中で点のかなりの部分を考慮から外してクエリ処理速度を向上させる方法があるはずだ。たとえば、平面を図10-1に示すように、固定サイズ$m \times m$の区画(bin)に分割できる。この場合、Pの(丸印で示す)10個の入力点は9つの区画に配置されている(数字は、区画内の点の個数を示す)。黒の四角で示す点xの最近傍点を探すとき、まず、それを含む区画を見つければ良い。その区画が空なら、直径$m*sqrt(2)$の円と交わる区画だけを探せばよい。

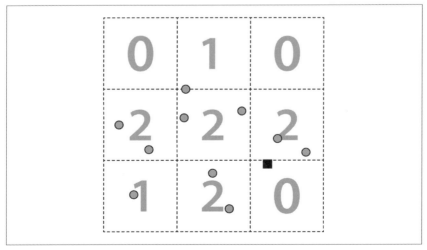

図10-1　最近傍を見つける区画方式

この例の場合は、ターゲット区画に点がないので、3つの隣接区画を調べる必要がある。この方式は、多くの区画が実は空かもしれず、しかも、複数の隣接区画を調べる必要がある、という理由から非効率な恐れがある。5章で説明したように、二分探索木を使えば、解の中に含まれることのない点の集まりを考慮の対象から除くことができる。本章では、**空間木** (spatial tree) というアイデアを導入し、それを使って、2次元平面上の点を分割し、探索時間の削減も行う。Pの全点を前処理して、効率的な構造を作る余分なコストは、クエリ計算の削減によって埋め合わせることができて、最終的に$O(\log n)$となる。探索回数が少ないようなら、力任せの$O(n)$で比較するのが最良となるだろう。

10.2 範囲クエリ

ターゲットとなる特定の点を探すのではなく、2次元空間上に与えた四角形の範囲内にあるすべての点を求めるような問題もある。集合内の各点についてその四角形に含まれるかどうか調べる力任せ方式は$O(n)$性能となる。

最近傍クエリのために開発したものと同じデータ構造が、「直交範囲 (orthogonal range)」と呼ばれるこの種のクエリに役立つ。こう呼ばれるのは四角形の領域クエリは平面のx軸とy軸に沿ったものとなるからだ。$O(n)$よりも性能の良い方式を生み出す唯一の方法は、考慮から外す点の集まり、およびクエリ結果に含まれる点の集まりを見つけることだ。後述するk-d木を使うと、再帰的な走査でクエリを実行できて、性能が$O(n^{0.5} + r)$となる。ここで、rは結果として返される点の個数である。

10.3 交差クエリ

一般に、見つけたいものの集合は、単一のn次元の点よりも複雑だ。ここでは2次元平面で長方形の集合Rを考える。各長方形r_iは、タプル$(x_{low}, y_{low}, x_{high}, y_{high})$で定義されるとする。この集合$R$に対して、与えられた点$(x, y)$あるいは(より一般的に)ターゲット長方形$(x_1, y_1, x_2, y_2)$と交差するすべての長方形を見つけたい。長方形集合の構造化は、長方形が平面上で互いに重なるので複雑になる。

ターゲット長方形を与える代わりに、2次元要素の集まりにおける互いの交差を見つけることに興味を持つこともあろう。これは、**衝突検出**問題として知られる。点の集まりP内での交差を検出する問題について、各点を中心とした正方形ベースの領域を用いた解を与える。

10.4 空間木構造

これら3つのよく使われる探索を実行するとき、空間木構造はその実行を効率的に支援するためにデータをどう表現したら良いか示してくれる。本章では、探索、挿入、削除の性能を改善するためにn次元オブジェクトの集まりを分割するのに使われてきたいくつかの空間木構造を提示する。そのような構造をまず3つ示す。

10.4.1 k-d木

図10-2(a)では、図10-1と同じ10点がk-d木で示されている。k-d木の名前は、k次元空間を座標系の垂直軸に沿って分割することに由来する。これらの点は、木に挿入された順番に番号が振られている。図10-2(a)のk-d木の構造を二分木で示したものが図10-2(b)である。この後の議論では、2次元木を仮定するが、この方式自体は、任意の次元で用いることができる。

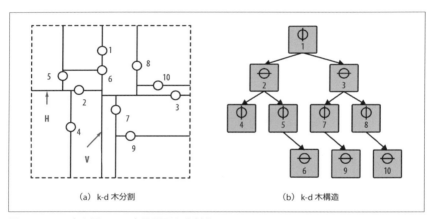

(a) k-d木分割　　　　　　　　(b) k-d木構造

図10-2　k-d木を用いて2次元平面を分割する

k-d木は、再帰的二分木構造であり、節点は点と分割方向を示す座標ラベル（xもしくはy）からなる。根は長方形領域（$x_{low} = -\infty$, $y_{low} = -\infty$, $x_{high} = +\infty$, $y_{high} = +\infty$）を表し、p_1を通る鉛直線Vで分割されている。左の部分木は、Vの左側の領域を分割し、右の部分木は右側の領域を分割する。根の左の子は、p_2を通る水平線Hに沿った分割を表す。これは、Vの左側の領域をHの上下に分割する。領域（$-\infty$, $-\infty$, $p_1.x$, $+\infty$）は、根の左の子に付随し、領域（$p_1.x$, $-\infty$, $+\infty$, $+\infty$）は、根の右の子に付随する。これらの領域は入れ子になっていて、先祖の節点の領域は、子

孫の節点の領域全体を含んでいた。

10.4.2 四分木

四分木 (quadtree) は、2次元点集合 P に対して、再帰的に全空間を四分儀 (quadrant) に分割する。これは木に似た構造で、内部節点には、NE (北東)、NW (北西)、SW (南西)、SE (南東) のラベルの付いた4つの子がある。四分木には次の2つの種類がある。

領域ベース

各ピクセルが0か1の $2^k \times 2^k$ のピクセルによる画像があるとする。四分木の根が画像全体を表す。根の4つの子は元の画像の $2^{k-1} \times 2^{k-1}$ の各四分儀を表す。もし、この四分儀の1つが、全部0でも全部1でもないとすると、さらに親の4分の1のサイズの部分領域に分割する。葉は、ピクセルが全部0か全部1かの正方形領域を表す。図10-3は、画像ビットマップの例に対する四分木構造を示す。

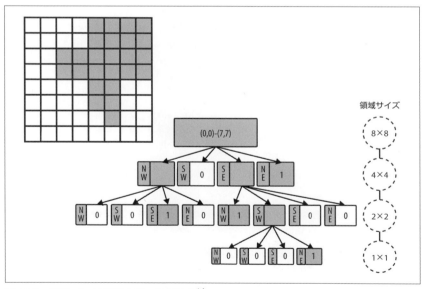

図10-3 領域ベース分割を用いた四分木[*1]

[*1] 訳注：領域ベース分割を用いた四分木のことを、「領域四分木」(region quadtree) と言う。

点ベース

デカルト平面に $2^k \times 2^k$ の空間があるとき、四分木はこの空間に対し二分木構造を次のように直接マップする。各節点は4点まで格納できる。点が飽和した領域に追加されると、その領域は4つの領域に分割され、それぞれ親の4分の1のサイズとなる。節点のある四分儀に点がなくなると、その四分儀に対応する子節点はなくなる。木の形状は四分木に追加される点の順序に依存する。

本章では、点ベースの四分木[*1]に焦点を当てる。図10-4は、256×256領域に13の点を含む例を示す。四分木構造は画像の右に示す。根の南東四分儀には点がないので、根には3つの子節点しかないことに注意。また、どの点が四分木に追加されているかに基づいて領域の分割が変化することにも注意する。

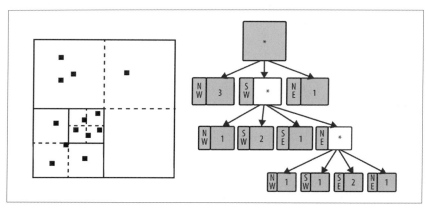

図10-4　点ベース分割を用いた四分木

10.4.3　R木

R木（R-Tree）は、各節点が M 個までの子節点へのリンクを持つ木構造である。すべての実際の情報は葉に貯えられ、葉は M 個までの異なる長方形を貯えられる。図10-5は、$M = 4$ で6個の長方形（1から6のラベル）が挿入された**R木**を示す。結果は右側に示す木で、内部節点は異なる長方形領域を表し、それぞれの内部に実際の長方形が存在する。

[*1]　訳注：点四分木（point quadtree）とも言う。

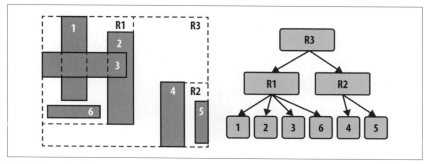

図10-5　R木の例

根は木のすべての長方形を含む最小の長方形領域（$x_{low}, y_{low}, x_{high}, y_{high}$）を表す。内部節点には、同様に、子孫節点のすべての長方形を含む最小の長方形領域が付随する。R木における実際の長方形は、葉にのみ格納される。根を除いて、すべての長方形領域（内部節点や葉に付随するかどうかにかかわらず）は、親節点の領域に完全に含まれる。

これらの空間構造を用いて本章の冒頭で示した問題の解法を示す。

10.5　最近傍法

2次元点集合Pが与えられ、Pのどの点が、ターゲットクエリ点xに最も近いかを決定するよう求められたとする。k-d木を使って、どのようにこのクエリに効率的に回答するかを示す。木がうまく点を分割したと仮定すると、再帰的に木を走査するたびに、木の約半分の点を棄却できる。通常の点の分布のk-d木では、レベルiの節点はレベル$i+1$の長方形のほぼ2倍の長方形を表す。この性質によって、最近傍（Nearest Neighbor）アルゴリズムは$O(\log n)$の性能となる。最近点の候補になるには離れすぎている点を含む部分木全体を棄却できるからだ。しかし、この再帰は、次に示すように、通常の二分木探索よりも少しばかり複雑である。

図10-6に示すように、（黒い四角の）ターゲット点がもし挿入されたとしたら、点9の節点の子になるだろう。そこで、後に示すアルゴリズムにあるnearest関数をこの点に対して実行すると、まず、点1との鉛直線距離dpはminより近くないので、点1の左部分木全体を棄却する。再帰的に右部分木を見ると、アルゴリズムは点3がより近いと判断する。さらに、点3への鉛直線距離がminより近いので、点7と点8の部分木を再帰的に調べる。結局、点3が最近点だと決定する。

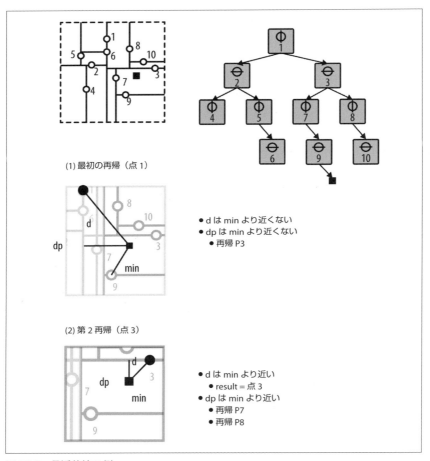

図10-6　最近傍法の例

10.5.1　入出力

　入力は平面上の2次元点集合Pからのk-d木。前もってわかっていない最近傍クエリ集合が1つずつ出されて、点xのPにおける最も近い点を見つける。

　クエリ点xごとに、アルゴリズムは、Pの中からxの最近傍点を計算する。

最近傍法	最良	平均	最悪
Nearest Neighbor		$O(\log n)$	$O(n)$

```
nearest (T, x)
  n = T に x が挿入されたとしたら親になるであろう節点
  min = x と n.point の距離  ❶ 最近点の妥当で最良の候補を選ぶ。
  better = nearest (T.root, min, x)  ❷ よりよいものを見つけるため、再度、根から走査する。
  if better が見つかる then return better
  return n.point
end

nearest (node, min, x)
  d = x と node.point の距離
  if d < min then
    result = node.point  ❸ より近い点を見つけた。
    min = d
  dp = x から node への鉛直線距離
  if dp < min then  ❹ 差がわずかで判断がつかないなら、above と below の部分木をチェックする。
    pt = nearest (node.above, min, x)
    if pt と x の距離 < min then
      result = pt
      min = pt と x の距離
    pt = nearest (node.below, min, x)
    if pt と x の距離 < min then
      result = pt
      min = pt と x の距離
  else  ❺ そうでなければ、安心して 1 つの部分木だけをチェックする。
    if node が x より上にある then
      pt = nearest (node.above, min, x)
    else
      pt = nearest (node.below, min, x)
    if pt が存在する then return pt
  return result
end
```

2点が「近すぎて」浮動小数点エラーを生じると、アルゴリズムは間違った点を選ぶ可能性がある。しかし、実際の最近点も近いので、このおかしな返答は実際には影響がないだろう。

10.5.2 文脈

この方式を、クエリ点xと$p \in P$の各点との距離をそれぞれ計算する力任せ方式と比較するときには、次の2つの重要なコストを考慮しなければならない。(1)k-d木構築のコスト、(2)木構造の中でクエリ点xを見つけるコストである。これらのコストとのトレードオフは、次のようになる。

次元の数
    次元数が増大すると、k-d木構築のコストは、その有用性を圧倒する。20次元を超えると、全点を直接比較する方式よりも効率が落ちると信じている専門家もいる。

入力集合の点の数
    点の個数が少ないと、構造構築コストが性能向上を上回る可能性がある。

二分木は、木への節点を追加削除しても平衡を保てるため、効率的な探索構造を保つことができる。残念ながらk-d木では表現する次元平面の構造情報が複雑なために、簡単に平衡をとれない。理想解は、(a)葉の節点が木の同じレベルにあるか、あるいは(b)すべての葉がすべての他の葉から1レベル以内にあるようなk-d木を最初に構築することだ。

10.5.3 解

k-d木があるとして、最近傍法は**例10-1**のように実装される。

例10-1　k-d木による最近傍クエリの実装（KDTreeのメソッド）

```
public IMultiPoint nearest (IMultiPoint target) {
  if (root == null) return null;

  // 対象が挿入されるとしたら、親になるであろう節点を見つける。
  // これは、最近点の最良の候補となる。
  DimensionalNode parent = parent(target);
  IMultiPoint result = parent.point;
  double smallest = target.distance(result);

  // 根から出発し直し、よりよいものが見つかるまで試す
  double best[] = new double[] { smallest };

  double raw[] = target.raw();
```

```
    IMultiPoint betterOne = root.nearest (raw, best);
    if (betterOne != null) { return betterOne; }
    return result;
  }

  // DimensionalNodeのメソッド。min[0]は、計算した中で最良の最小距離
  IMultiPoint nearest (double[] rawTarget, double min[]) {
    // 最小より近ければ、最近点を更新する
    IMultiPoint result = null;

    // 最小距離より短ければ、最小距離を更新する
    double d = shorter(rawTarget, min[0]);
    if (d >= 0 && d < min[0]) {
      min[0] = d;
      result = point;
    }

    // この節点が平面を分割している軸への直接垂直距離を計算して、部分木を調べなければ
    // ならないかどうかを決定する。dが現在の最小距離より小さければ、
    // 平面から「にじみ出ている」可能性があるので、両方の部分木を調べなければならない。
    double dp = Math.abs(coord - rawTarget[dimension-1]);
    IMultiPoint newResult = null;

    if (dp < min[0]) {
      // 両方の部分木を調べないといけない。一番近いものを返す。
      if (above != null) {
        newResult = above.nearest (rawTarget, min);
        if (newResult != null) { result = newResult; }
      }

      if (below != null) {
        newResult = below.nearest(rawTarget, min);
        if (newResult != null) { result = newResult; }
      }
    } else {
      // 片方だけ調べればよい。どちらかを決める。
      if (rawTarget[dimension-1] < coord) {
        if (below != null) {
          newResult = below.nearest (rawTarget, min);
        }
      } else {
        if (above != null) {
          newResult = above.nearest (rawTarget, min);
        }
      }
```

```
  // 見つかれば小さいものを使う。
  if (newResult != null) { return newResult; }
  }
  return result;
}
```

最近傍法を理解する鍵は、最初に対象点が挿入されるであろう領域を見つけることにある。なぜなら、その領域が最近点を含む可能性が高いからである。次に、この仮定を検証するために、根からこの領域へ再帰的に戻りながら、他の点が実際にはより近くないかどうか（これはk-d木の長方形領域が任意の入力集合に基づいて作られるので、簡単に起こりやすい）調べていく。非平衡k-d木では、この確認処理のために全体コストが$O(n)$となるので、入力集合を適切に処理することが重要だということを再認識できる。

例に挙げた解は性能向上の点で2つ改善している。まず、点を表現する「生の」`double`配列で比較が行われている。次に、2つのd次元の点の間の距離が、これまで計算された最小距離より小さいかどうかは、`DimensionalNode`の`shorter`メソッドで判定している。このメソッドは、ユークリッド距離の計算中にこれまで見つけた最小距離を超えることがわかった時点で抜け出す。

最初のk-d木が平衡している場合、再帰呼び出しで探索する際に、木の中の半分の点を棄却するという利点がある。2つの再帰呼び出しが必要なときもあるが、計算された最小距離が、節点の分割線をちょうど越える大きさのときだけである。その場合には、最近点を見つけるために、両側を調べる必要がある。

10.5.4 分析

k-d木は、最初は、平衡k-d木として構築される。各レベルでの分割線は、そのレベルに留まっている点の中央を通る線となる。ターゲットクエリの親節点を見つけるのは、あたかも点が挿入されたかのように、k-d木を走査するので$O(\log n)$となる。しかし、このアルゴリズムは時に2つの再帰呼び出し（1つは、上の子、もう1つは、下の子に対して）を行う可能性があることに注意する。

この2つの再帰が頻繁に起こると、アルゴリズムは、$O(n)$に低下するので、どれぐらいの頻度で起こるかは理解しておく必要がある。複数呼び出しは、対象点から節点への鉛直線距離dpが、それまでに計算した最小距離より小さいときに起こる。

次元が増えると、この基準を満たす可能性のある点が増える。

表10-1に、これがどの程度の頻度で起こるかの経験値を示す。単位正方形内でランダムに生成された$n = 4$から131,072の2次元の点に対して平衡k-d木が構成される。50個の最近傍クエリが、単位正方形内のランダムな点に対してなされる。表10-1は、再帰呼び出しが2回（すなわち、$dp < min[0]$で、問題の節点が上と下とに子を持つ場合）起こった平均回数を、再帰呼び出しが1回だったときの回数と比較して記録した。

表10-1 一重再帰に対する二重再帰の割合

n	d = 2# 一重再帰	d = 2# 二重再帰	d = 10# 一重再帰	d = 10# 二重再帰
4	1.96	0.52	1.02	0.98
8	3.16	1.16	1.08	2.96
16	4.38	1.78	1.2	6.98
32	5.84	2.34	1.62	14.96
64	7.58	2.38	5.74	29.02
128	9.86	2.98	9.32	57.84
256	10.14	2.66	23.04	114.8
512	12.28	2.36	53.82	221.22
1,024	14.76	3.42	123.18	403.86
2,048	16.9	4.02	293.04	771.84
4,096	15.72	2.28	527.8	1214.1
8,192	16.4	2.6	1010.86	2017.28
16,384	18.02	2.92	1743.34	3421.32
32,768	20.04	3.32	2858.84	4659.74
65,536	21.62	3.64	3378.14	5757.46
131,072	22.56	2.88	5875.54	8342.68

このランダムデータからは、二重再帰の頻度は2次元で$0.3*\log(n)$程度に見えるが、10次元だと、これが$342*\log(n)$（1千倍の増加）になる。重要なことは、どちらの推定関数も$O(\log n)$に従うことだ。

しかし、dが増加して、nに「十分近く」なると、何が起こるだろうか。図10-7のグラフから、dが増加すると二重再帰の回数が$n/2$に近づくことがわかる。実際、dが増えると、一重再帰の回数は、正規分布に従い、その平均は、$\log(n)$になるので、実質的にすべての再帰が二重再帰になる。この影響は、最近傍クエリの性能にもおよび、dが$\log(n)$に近くなると、k-d木を使うためのさまざまな準備が無駄になってしまう。結果として性能は、二重再帰の回数が$n/2$で止まるために、せいぜい$O(n)$まで低下してしまう。

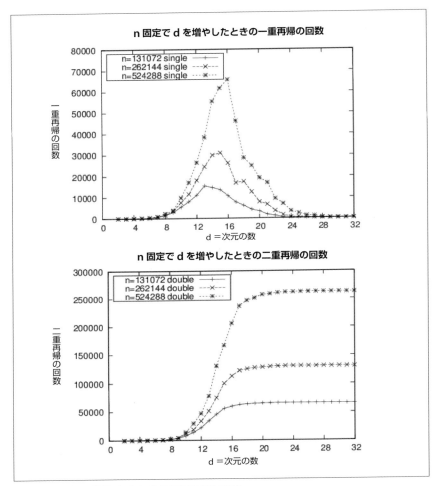

図10-7　nとdが増加したときの二重再帰の回数

　入力データセットによっては、2次元においてすら、最近傍法が適切でないことがある。例えば、表10-1の入力を、直径$r>1$の単位円上のn個の異なる2次元の点に変更する。ただし、最近接クエリ点は、単位正方形内のままにする。$n=131,072$個の点の場合、一重再帰の回数は10倍の235.8になるが、二重再帰の回数は932.78にまで跳ね上がる（200倍の増加）。したがって、与えられた入力集合に対して特殊なクエリを与えると、最近傍クエリの性能が最悪時の$O(n)$まで落ち

ることがある。図10-8に、円状に配置された64点での性能が低下したk-d木を示す。

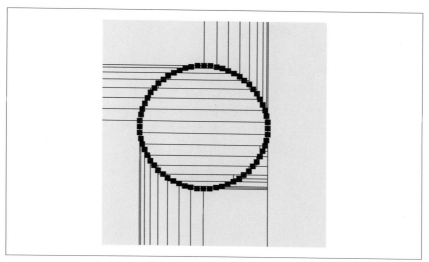

図10-8　円状のデータセットが非効率なk-d木をもたらす

　k-d木最近傍法の性能を、単純な力任せの$O(n)$性能と比べることもできる。サイズが$n = 131,072$個の点集合のデータが与えられ、128回のランダムな探索が実行されるとき、入力集合の次元数dがどのくらい大きいと、力任せの**最近傍法実装**の方がk-d木実装より性能が良くなるだろうか。100回の試行を行い、最良と最悪の試行を棄却して、残りの98回の試行の平均を取った。結果は、図10-9のグラフに示したが、$d = 11$次元以上では、力任せの最近傍実装の方が、**最近傍法**k-d木実装より性能が良い。具体的な性能逆転の個所は、nとd、コードを実行する計算機のハードウェアと、入力集合の点の分布に依存する。この性能逆転の分析においては、k-d木構築のコストは、入れなかった。なぜなら、すべての探索で使うためにそのコストはならされるからだ。

　図10-9の結果は、次元が増えると、力任せ方式に対して**最近傍法**を用いる効果がなくなることを示す。k-d木を構築するコスト自体は、特に理由とならない。なぜなら、そのコストは主としてk-d木に挿入されるデータの個数によるものであって、次元数にはよらないからだ。データセットがより大きくなると、利点がはっきりする。dが増えると性能が悪くなるもう1つの理由は、2つのd次元の点の間のユークリッド距離の計算が$O(d)$演算であることだ。依然として定数時間であるとはいえ、

単純に計算により多くの時間を要する。

k-d木探索の性能を最大化するには、木の平衡を取らないといけない。例10-2は、再帰を使って各次元で平衡を取るよく知られた技法を示す。単純化すれば、点集合から中央の点を取って節点とし、その点より下の要素を「下側の」部分木に挿入し、その点より上は「上側の」部分木に挿入する。例10-2は任意の次元で機能する。

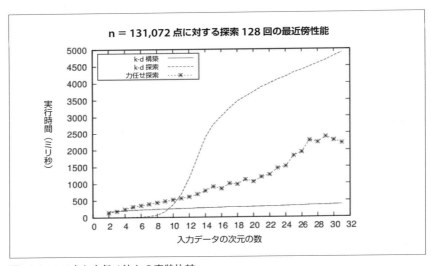

図10-9　k-d木と力任せ法との実装比較

例10-2　再帰的に平衡k-d木を作る

```java
public class KDFactory {

  private static Comparator<IMultiPoint> comparators[];
  // 入力点の中央を選ぶやり方で、KDTreeを再帰的に構築する
  public static KDTree generate (IMultiPoint []points) {
    if (points.length == 0) { return null; }

    // 中央が根となる
    int maxD = points[0].dimensionality();
    KDTree tree = new KDTree(maxD);

    // i番目の次元で点を比較する比較子を作る
    comparators = new Comparator[maxD+1];
    for (int i = 1; i <= maxD; i++) {
      comparators[i] = new DimensionalComparator(i);
```

```
    }
    tree.setRoot(generate (1, maxD, points, 0, points.length-1));
    return tree;
}

// points[left, right]に対してd番目(1 <= d <= maxD)の次元の節点を生成する
private static DimensionalNode generate (int d, int maxD,
                                         IMultiPoint points[],
                                         int left, int right) {
    // やさしいケースをまず処理する
    if (right < left) { return null; }
    if (right == left) { return new DimensionalNode (d, points[left]); }

    // array[left,right]を並べ替え、m番目の要素が中央値となり、その前の要素はすべて
    // <= median であるようにする。これは整列していなくてもよい。
    // 同様に、後の要素はすべて >= median となるが、これも整列している必要はない。
    int m = 1+(right-left)/2;
    Selection.select(points, m, left, right, comparators[d]);

    // この次元の中央の点が親となる
    DimensionalNode dm = new DimensionalNode (d, points[left+m-1]);

    // 次の次元にいくか、1にリセットする
    if (++d > maxD) { d = 1; }

    // n次元の「下」および「上」に対応する、左または右部分木を再帰的に計算する。
    dm.setBelow(maxD, generate (d, maxD, points, left, left+m-2));
    dm.setAbove(maxD, generate (d, maxD, points, left+m, right));
    return dm;
  }
}
```

select演算については、4章で述べた。これは下からk番目に小さい要素を平均時に$O(n)$時間で再帰的に選ぶことができる。しかし、最悪時には$O(n^2)$まで低下する。

10.5.5 変形

ここで示した実装では、nearestメソッドが、根から最初に計算した親へと節点を下りながら走査する。親から始めて根に戻るというボトムアップの向きに走査する実装もある[*1]。

---

*1 訳注:コードリポジトリのKDTree.java参照。

10.6 範囲クエリ

$(x_{low}, y_{low}, x_{high}, y_{high})$ によって定義される長方形領域Tと点集合Pが与えられたとき、Pのどの点が長方形Tの中にあるだろうか。Pの全点を調べる力任せのアルゴリズムは、$O(n)$で点を決定できるが、さらに効率を向上できるだろうか。

最近傍法では、点集合をk-d木に構成して、最近傍クエリを$O(\log n)$時間で処理できた。同じデータ構造を用いて、範囲クエリを$O(n^{0.5} + r)$で処理できることを示す。ここで、rは、クエリに対して返される点の個数だ。また、入力集合がd次元のデータ点なら、範囲クエリ問題は、$O(n^{1-1/d} + r)$で解ける。

範囲クエリ Range Query	最良	平均	最悪
		$O(n^{1-1/d} + r)$	$O(n)$

```
range (space)
  results = new Set
  range (space, root, results)
  return results
end

range (space, node, results)
  if spaceがnode.regionを含む then         ❶ k-d木節点が space に全部含まれるなら、
    node.pointsとその全子孫をresultsに追加      すべての子孫が結果に追加される。
    return

  if spaceがnode.pointを含む then          ❷ 点が含まれるなら、その点を結果に追加する。
    node.pointをresultsに追加

  if spaceがnode.coordの下まで広がっている then   ❸ aboveとbelowと両方を探さないと
    range (space, node.below, results)          いけないかもしれない。
  if spaceがnode.coordの上まで広がっている then
    range (space, node.above, results)
end
```

図10-10では領域Tは、点7から左の半平面であり、各節点について、点のみを含む場合、領域も含む場合、どちらも含まない場合の3種類の場合を考えることができる。Tは根に伴う無限領域を含まないので、範囲クエリはまずTが点1を含むかどうかチェックする。この場合は含むので結果に追加する。Tは点1の**上**と**下**の両方に広がっているので、両方に再帰呼び出しをする。点1の下側の最初の再帰では、

T は点2に伴う全領域を含む。したがって点2とその子孫を結果に追加する。第2の再帰で点7を見つけて結果に追加する。

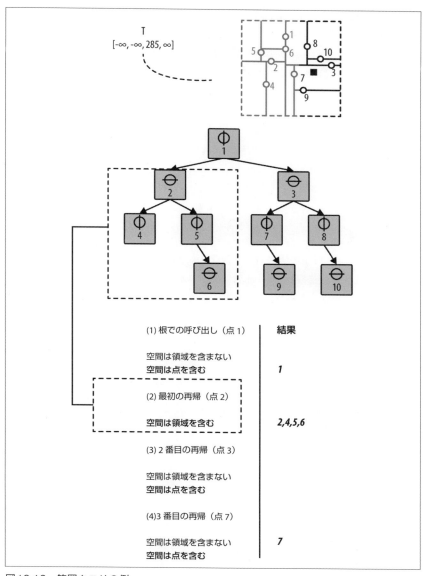

図10-10 範囲クエリの例

10.6.1 入出力

入力はd次元空間のn個の点集合Pおよび範囲クエリを規定するd次元の超立体である。範囲クエリは入力集合の次元ごとに、d個の個別範囲で指定されるので、座標軸ごとに並んだd次元データセットとして与えられる。$d=2$の場合、これは範囲クエリが、x座標の範囲とy座標の範囲の両方を与えることを意味する。

範囲クエリは、範囲にある全点集合を生成する。点の表示順序は特に指定されていない。

10.6.2 文脈

k-d木では、大きな次元を扱いづらいので、アルゴリズムとこの方式全体は、低次元データに使用を限るべきだ。2次元データでは、k-d木は最近傍と範囲クエリの両方の問題に対して優れた性能を示す。

10.6.3 解

例10-3に示したJavaの実装は、クラスDimensionalNodeのメソッドになっており、KDTreeにあるrange(IHypercube)メソッドから委譲（delegate）される。このアルゴリズムは、DimensionalNodeの領域が範囲クエリに完全に含まれているときに一番効率が良くなる。その状況では、ある節点の子孫は先祖の節点の範囲の中に完全に含まれるというk-d木の特性により、DimensionalNodeのすべての子孫節点が結果集合に追加できる。

例10-3 範囲クエリの実装

```
public void search (IHypercube space, ArrayList<IMultiPoint> results) {
  // 完全に含まれるか？すべての子孫点を取る
  if (space.contains (region)) {
    this.drain(results);
    return;
  }

  // この点は少なくとも含まれるのか。
  if (space.intersects (cached)) {
    results.add(point);
  }

  // 必要なら、子孫の木に沿って再帰的に進行する。空間を「切り取って」
```

```
  // 適切な範囲にするのはコストがかかりすぎる。計算に何の影響もないので、
  // そのままにしておく。
  if (space.getLeft(dimension) < coord) {
    if (below != null) { below.search(space, results); }
  }
  if (coord < space.getRight(dimension)) {
    if (above != null) { above.search(space, results); }
  }
}
```

例10-3は、木のすべての節点を訪問できるように修正した走査プログラムである。k-d木は、d次元データセットを階層的に分割しているので、節点nで範囲クエリは、次の3つの事項を決定する。

節点nに付随する領域は、範囲クエリの中に完全に含まれるか。

この場合、すべての子孫点がクエリの結果に属するので、range走査は停止できる。

クエリ領域は、節点nに付随する点を含むか。

含まれる場合は、nに付随する点を結果集合に追加する。

節点nで表現される次元dに沿って、クエリ領域はnと交差するか。

2つの場合がある。クエリ領域がdの左の点を探すなら、nの下の部分木を走査する。クエリ領域がdの右の点を探すなら、nの上の部分木を走査する。範囲rangeの0回、1回、または2回の再帰走査を行う。

返される結果がKDSearchResultsオブジェクトであり、個別の点と部分木全体を含むことに注意。したがって、全部の点を取り出すには部分木を走査する必要がある。

10.6.4 分析

クエリ領域が木のすべての点を含むことが可能だが、その場合、すべての節点を返すのでO(n)性能になる。しかし、この範囲クエリアルゴリズムで、クエリ領域がk-d木のある節点と交差しないことを検出すれば、走査を刈り込める。コストの節約は、次元数と入力集合の特性に依存する。PreparataとShamosは、k-d木を使った範囲クエリが、O($n^{1-1/d} + r$)の性能を出すことを示した（Preparata and

Shamos, 1985)。ここで、rは見つかった結果の個数とする。次元が増えると、便益は減少する。

図10-11は、$O(n^{1-1/d})$アルゴリズムの期待性能のグラフである。このグラフの特徴は、dの小さな値での高速性能が、時間とともに容赦なく$O(n)$に接近することである。r（クエリによって返される点の個数）の増加分により、実際の性能は、**図10-11**に示される理想的な曲線からずれてしまう。

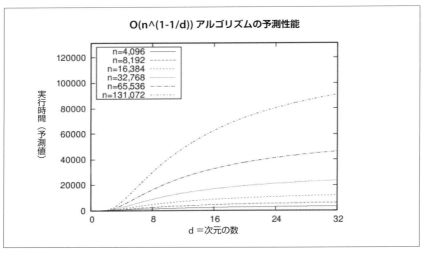

図10-11　$O(n^{1-1/d})$アルゴリズムの期待性能

範囲クエリの性能を示すようなデータセット例の生成は難しい。各点についてクエリ範囲にあるかどうか調べる力任せの実装と比較することによって、k-d木の範囲クエリの実効性を示す。この状況でのd次元入力集合は、座標値が区間$[0, s]$から一様に選ばれたn個の点を含む。ここで、$s = 4{,}096$として3つの状況を評価する。

クエリ領域が木のすべての点を含む

　　　k-d木の点すべてを含むクエリ領域を構成する。この例は、アルゴリズムで可能な最大速度向上を提供する。性能は、k-d木の次元数dに独立だ。k-d木方式は、完了に5〜7倍かかる。これは、k-d木の本質的なオーバーヘッドを表す。**表10-2**では、力任せの**範囲クエリ**の性能上のコストがdの増大とともに増えている。d次元の点がd次元の空間の中にあるかどう

かの計算に、定数ではなく$O(d)$演算かかるからである。力任せ実装の性能は、k-d木実装を簡単に上回る。

表10-2 全点シナリオの (k-d木 (RQ) 対力任せ (BF) の) 範囲クエリ実行時間 (ミリ秒) の比較

n	d = 2 RQ	d = 3 RQ	d = 4 RQ	d = 5 RQ	d = 2 BF	d = 3 BF	d = 4 BF	d = 5 BF
4,096	6.22	13.26	19.6	22.15	4.78	4.91	5.85	6
8,192	12.07	23.59	37.7	45.3	9.39	9.78	11.58	12
16,384	20.42	41.85	73.72	94.03	18.87	19.49	23.26	24.1
32,768	42.54	104.94	264.85	402.7	37.73	39.21	46.64	48.66
65,536	416.39	585.11	709.38	853.52	75.59	80.12	96.32	101.6
131,072	1146.82	1232.24	1431.38	1745.26	162.81	195.87	258.6	312.38

分散的な領域

見つかった結果の個数rが、アルゴリズムの性能を決定する上で顕著な役割を果たすので、次元が増えてもこの変数を隔離できるシナリオを作った。

入力集合の一様性から、入力の各次元でクエリ領域$[0.5*s, s]$を単純に構築するわけにはいかない。そうしてしまうと、クエリ対象の入力集合の量は、全部で$(1/2)^d$となり、dが増えるにつれて、クエリ領域で返される点の個数rが減少することを意味する。そうではなく、dが増えるとともにサイズが増えるクエリ領域を作る。例えば2次元で、$[0.5204*s, s]$というクエリ領域では、$(1 - 0.5204)^2 = 0.23$なので、各次元で、$0.23*n$の点を返す。しかし、3次元では、$(1 - 0.3873)^3 = 0.23$なので、クエリ領域は各次元で$[0.3873*s, s]$に拡張しなければならない。

このような方法で、構成したクエリが$k*n$個の点を返すように、望ましい比率kを前もって決めることができる (kは、0.23、0.115、0.0575、0.02875、0.014375の範囲となる)。k-d木実装をnが4,096から131,072まで、dが2から15までと変えて、**図10-12**に示すように、力任せの実装と比較した。左側の図は、$O(n^{1-1/d})$ k-d木アルゴリズムの独特の振る舞いを示し、右側の図は、力任せによる線形性能を示している。比率0.23では、k-d木実装は、$d = 2$かつ$n \leq 8,192$の場合にのみ性能が力任せ方式を上回る。比率が0.014375なら、k-d木実装が$d \leq 6$かつ$n \leq 131,072$の場合に上回る。

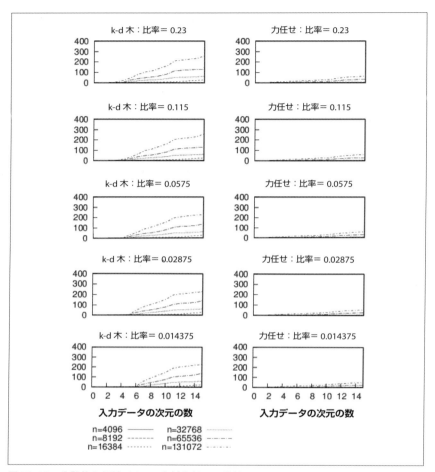

図10-12　分散的な領域でのk-d木対力任せの比較

空領域

　入力集合に対して作成したのと同じ値から一様ランダムに1つ取り出して点でクエリ領域を構成する。性能結果を**表10-3**に示す。k-d木は、ほとんど瞬間的に実行する。すべての実行時間は、ミリ秒以下になっている。

表10-3 空領域での力任せ法（BF）範囲クエリ実行時間（ミリ秒）

n	d = 2 BF	d = 3 BF	d = 4 BF	d = 5 BF
4,096	3.36	3.36	3.66	3.83
8,192	6.71	6.97	7.3	7.5
16,384	13.41	14.02	14.59	15.16
32,768	27.12	28.34	29.27	30.53
65,536	54.73	57.43	60.59	65.31
131,072	124.48	160.58	219.26	272.65

10.7 四分木

四分木は、次の問題を解くために使われる。

範囲クエリ

デカルト平面で点の集まりがあるとき、クエリ長方形の中にある点を決定する。アプリケーション例を**図10-13**に示す。ここで点線で囲んだ長方形はユーザが選んだもので、その長方形の中にある点は薄い灰色の四角（□）で示されている。四分木領域全部がターゲットクエリに含まれるときには、アプリケーションは、その領域を影付きの背景にする。

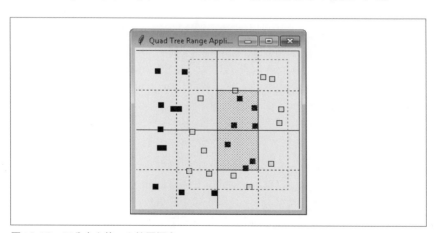

図10-13 四分木を使った範囲探索

衝突検出

デカルト平面でオブジェクトの集まりがあるとき、オブジェクト間のすべての交差を決定する。アプリケーション例を**図10-14**に示す。これは、

たくさんの正方形がウィンドウ内で動き、前後に跳ね返っている中で衝突を見つける。互いに交差した正方形は赤で示される。

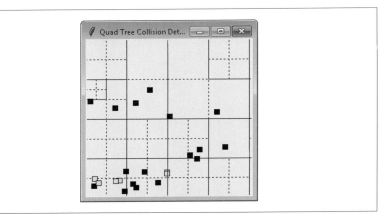

図 10-14　四分木を使った衝突検出

10.7.1　入出力

入力は平面上の 2 次元点集合 P、そこから四分木を構築する。

性能最適化のために、**範囲クエリ**は、四分木の節点を返す。これは、ターゲットの長方形が完全にある部分木を含むときには、その部分木全体を返すことができることを意味する。衝突検出の結果は、ターゲットの点と交差する存在する点の集合となる。

10.7.2　解

四分木の Pyhon 実装の基本は、**例 10-4** に示す QuadTree と QuadNode の構造体である。ヘルパーメソッド smaller2k と larger2k は、最初の領域の辺の長さが 2 のべき乗となることを保証する。クラス Region は、長方形領域を表す。

例 10-4　四分木 QuadNode 実装

```
class Region:
    def __init__(self, xmin, ymin, xmax, ymax):
        """
        領域を 2 点 (xmin, ymin) (xmax, ymax) から作る。これらが領域の左下および
        右上でない場合は適宜調整する。
        """
```

```
    self.x_min = xmin if xmin < xmax else xmax
    self.y_min = ymin if ymin < ymax else ymax
    self.x_max = xmax if xmax > xmin else xmin
    self.y_max = ymax if ymax > ymin else ymin

class QuadNode:
  def __init__(self, region, pt = None, data = None):
    """与えられた領域の中心に空のQuadNodeを作る。"""
    self.region = region
    self.origin = (region.x_min + (region.x_max - region.x_min)//2,
                   region.y_min + (region.y_max - region.y_min)//2)
    self.children = [None] * 4

    if pt:
      self.points = [pt]
      self.data = [data]
    else:
      self.points = []
      self.data = []

class QuadTree:
  def __init__(self, region):
    """辺が2のべき乗の正方形領域上にQuadTreeを作る。"""
    self.root = None
    self.region = region.copy()

    xmin2k = smaller2k(self.region.x_min)
    ymin2k = smaller2k(self.region.y_min)
    xmax2k = larger2k(self.region.x_max)
    ymax2k = larger2k(self.region.y_max)

    self.region.x_min = self.region.y_min = min(xmin2k, ymin2k)
    self.region.x_max = self.region.y_max = max(xmax2k, ymax2k)
```

例10-5に示すaddメソッドを使って各点は四分木に追加される。addメソッドは点が既に四分木に含まれているとFalseを返して、数学的集合の規則に従うようにする。点が対象の節点の長方形領域内に含まれるなら、その点は4つまで節点に追加される。5つ目の点が節点に追加されようとすると、節点の領域は四分儀に分割されて、それまであった点がその四分儀に再度割り付けられる。すべての点が同じ領域に割り当てられた場合は、最終的にどの領域にも4個以下の点が含まれるまで同じ処理が繰り返される。

四分木	最良	平均	最悪
Quadtree		$O(\log n)$	

```
add (node, pt)
  if node.regionがptを含まない then
    return False
  if nodeは葉 then
    if nodeがすでにptを含む then
                       ❶ 四分木は集合として構築される (重複する値は保持しない)
      return False
    if nodeの点の数 < 4 then  ❷ 各節点は、4点まで保有できる。
      ptをnodeに追加
      return True

  q = nodeの四分儀のうちptを含むもの
  if nodeが葉 then
    node.subdivide()  ❸ 葉の点は分割され、4つの新しい子どもができる。
  return add(node.children[q], pt)  ❹ 新しい点を適当な子に挿入する。

range (node, rect, result)
  if rectがnode.regionを含む then  ❺ 部分木全体が含まれているので、それを返す。
    (node, True)をresultに追加
  else if nodeが葉 then
    foreach p in nodeの点 do
      if rectがpを含む then
        (p, False)をresultに追加  ❻ 個別の点を返す。
  else
    foreach child in node.children do
      if rectがchild.regionに重なる
        range(child, rect, result)  ❼ 重なっている子どもを再帰的にチェックする。
```

例10-5　四分木add実装

```python
class QuadNode:
  def add (self, pt, data):
    """QuadNodeに(pt, data)を加える"""
    node = self
    while node:
      # この領域に入らない
      if not containsPoint(node.region, pt):
        return False
```

```python
        # points があるなら葉なので、すでに存在しないかチェックする
        if node.points != None:
            if pt in node.points:
                return False

            # まだ余裕があれば追加する
            if len(node.points) < 4:
                node.points.append(pt)
                node.data.append(data)
                return True

            # そうでないなら、追加する四分儀を探す
            q = node.quadrant(pt)
            if node.children[q] is None:
                # 分割して各四分儀に点を再度割り付ける。それから点を追加。
                node.subdivide(node.points, node.data)
            node = node.children[q]

        return False

class QuadTree:
    def add(self, pt, data = None):
        if self.root is None:
            self.root = QuadNode(self.region, pt, data)
            return True

        return self.root.add(pt, data)
```

　この構造体において、ターゲット領域に含まれる**四分木**のすべての点をどのようにして効率的に見つけるかを**例10-6**のrangeメソッドに示す。このPython実装は、yield演算子を使って結果のイテレータインタフェースを提供する。イテレータは、個々の点もしくは節点全体を表すタプルを含む。ある**四分木**節点が領域に完全に含まれた場合は、その節点全体が結果の一部として返される。呼び出し元は、QuadNodeが提供する、節点の前順走査を使ってすべての子孫の値を取り出せる。

例10-6　四分木範囲クエリの実装

```python
class QuadNode:
    def range(self, region):
        """
        節点全体が領域に含まれるなら(node,True)を、
        含まれないなら、個々の点を(region,False)でyieldする
        """
```

```
      if region.containsRegion(self.region):
        yield (self, True)
      else:
        # pointsがあれば、葉。ここでチェックする。
        if self.points != None:
          for i in range(len(self.points)):
            if containsPoint(region, self.points[i]):
              yield ((self.points[i], self.data[i]), False)
        else:
          for child in self.children:
            if child.region.overlap(region):
              for pair in child.range(region):
                yield pair

class QuadTree:
  def range(self, region):
    """領域内に四分木が含まれるならyield (node,status) """
    if self.root is None:
      return None

    return self.root.range(region)
```

衝突検出をサポートするため、例10-7には、四分木内を探し回り、与えられた点 pt を中心に長さ r の辺の正方形と交差する木構造内の点を見つけるcollideメソッドがある。

例10-7 四分木の衝突検出の実装

```
class QuadNode:
  def collide (self, pt, r):
    """ptと辺rの正方形が交差する葉の点をyieldする"""
    node = self
    while node:
      # 点はこの領域に含まれるはず
      if containsPoint(node.region, pt):
        # pointsを持つなら葉なのでチェックする
        if node.points != None:
          for p,d in zip(node.points, node.data):
            if p[X] - r <= pt[X] <= p[X] + r and p[Y] - r <= pt[Y] <= p[Y] + r:
              yield (p,d)

        # さらにチェックする四分儀を見つける
        q = node.quadrant(pt)
        node = node.children[q]
```

```
class QuadTree:
  def collide(self, pt, r):
    """四分木内で点に衝突するものを返す"""
    if self.root is None:
      return None

    return self.root.collide(pt, r)
```

10.7.3 分析

　四分木は、平面上の点を二分探索木と同様の構造を使って分割する。ここで示した実装は、点の集まりが一様分布しているときに効率的な振る舞いをする固定分割方式を使用している。図10-15のように、点が小さな空間にすべて偏っていることもある。したがって、探索性能は木のサイズの対数となる。Pythonによる範囲クエリは個々の点だけでなく、四分木の節点全体も返すので効率的である。しかし、範囲クエリにおいて、返された節点のすべての子孫の値を取り出す時間については、考慮する必要がある。

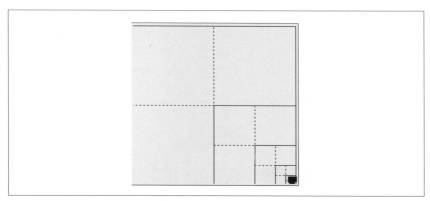

図10-15　退化した四分木

10.7.4　変形

　ここに示した四分木構造は、領域四分木である。点四分木は、2次元の点を表す。八分木は、四分木を3次元に拡張したもので、4つではなく8つの子（立方体）を持つ（Meagher, 1995）。

10.8 R木

平衡二分木は信じられないほど用途が広く、探索、挿入、削除演算で素晴らしい性能を示すデータ構造である。しかし、平衡二分木はポインタを使い、節点を必要に応じて割り付け（解放）するので、メインメモリ上でないと機能を発揮しない。しかも、メインメモリの大きさまでしか成長できない。ファイルシステムのような二次記憶に格納するのも容易ではない。オペレーティングシステムは、**仮想記憶**を提供し、プログラムが実際の記憶域よりも大きな割り当てられた記憶空間で動作できるようにする。オペレーティングシステムは、必要に応じて固定長のメモリブロック（ページ）をメインメモリに読み込み、使われていない古いページを（もし変更があれば）ディスクに貯えて、メインメモリから破棄する。プログラムは、たいていサイズが4096バイトのページを使って、読み書きをまとめることができたとき、一番効率が良くなる。二分木の節点が24バイトしか格納に必要としないとしたら、1ページには何十もの節点が貯められるだろう。二分木の節点をディスクの中にどのように貯えるべきかは、特に木が動的に変更されるときには、すぐには明らかでない。

B木（Bツリーとも）の概念BayerとMcCreightが1972年に開発したが、データベース管理システムやオペレーティングシステムの企業でも、それとは独立に開発されていたようである。B木は、二分木の構造を各節点が複数の値と、2つより多くの節点へのリンクを保持できるように拡張したものである。B木の例を図10-16に示す。

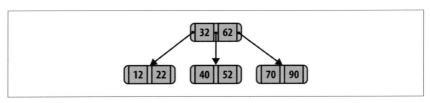

図10-16　B木の例

各節点をnとする。節点nがリンクできる子の最大数をmとすると、nは、複数の昇順値 { $k_1, k_2, \cdots, k_{m-1}$ } とポインタ { $p_1, p_2, \cdots, p_m$ } を持つ。値mは、B木の次数（order、オーダー）と呼ばれる。B木の各節点は、$m-1$個の値を持つことができる。

p_1が指す部分木のすべての値はk_1より小さくなるようにB木の節点にキー値を貯えることで**二分木の特性**を保持する。P_{i+1}が指す部分木のすべての値は、k_i以上で、k_{i+1}より小さい。最後に、p_mが指す部分木のすべての値は、k_{m-1}より大きい。

Knuthの定義を用いれば、次数mのB木は、次の性質を満たす。

- すべての節点は高々m個の子を持つ。
- (根を除く)すべての非葉は少なくとも$\lceil m/2 \rceil$ (ceiling)の子を持つ。
- 根は、もし葉でなければ、少なくとも2つの子を持つ。
- k個の子を持つ非葉は$k-1$個のキー値を持つ。
- すべての葉は同じレベルになる。

この定義を用いると、伝統的な二分木は、次数$m=2$の退化B木となる。B木の挿入削除は、これら上に挙げた性質を守らなければならない。そうすることによって、n個のキー値を持つB木の最長経路には、高々$\log_m(n)$個しか節点がなく、演算がO($\log n$)性能となる。B木は、各節点のキー値の個数を増やして、全体のサイズをページサイズに揃える(たとえば、1ページあたりB木節点2つ、など)ことにより、二次記憶に貯えるのに適した状態にできる。これによってメインメモリに節点を読み込むときのディスク読み込み回数を最小化できる。

B木のこの簡単な記述から、**R木**構造のより詳細な記述に移ることができる。R木は、高さ平衡木で、B木と同様に、n次元の空間オブジェクトを動的な構造に格納し、挿入、削除、探索をサポートする。R木では、さらに**範囲クエリ**をサポートし、ターゲットのn次元クエリと重なるオブジェクトを見つけることができる。本章では、このような核となる演算を効率的に実行できるように、R木を保守する基本的な操作について述べる。

R木は、各節点が最大M個の異なる子節点へのリンクを保持する木構造である。すべての情報は葉に貯えられ、それぞれは最大M個の異なるn次元空間オブジェクトを貯えられる。R木の葉は、オブジェクトそのものを格納している実際のリポジトリへの添字(index)を提供する。つまり、R木は、各オブジェクトの一意な識別子とn次元の境界ボックスIだけを格納している。ここで、境界ボックスは、空間オブジェクトを含むような最小のn次元の箱である。ここでは、2次元を想定し、この箱は長方形となるが、データの構造に基づいて自然にn次元に拡張できる。

もう1つの関連する定数は$m \leq \lceil M/2 \rceil$で、葉に格納される値および内部節点に

格納されるリンクの最少個数を定義する。R木の性質は次のようにまとめられる。

- すべての葉は（根を除いて）m 個から M 個のレコードを含む。
- すべての非葉は（根を除いて）m 個から M 個の子節点へのリンクを含む。

R木 R-Tree	最良	平均	最悪
		$O(\log_m n)$	$O(n)$

```
add (R, rect)
  if Rが空 then
    R = rectを有する新しいRTree
  else
    leaf = chooseLeaf(rect)
    if leaf.count < M then    ❶ 葉に余裕があればエントリを追加する。
      rectをleafに追加
    else                      ❷ 余裕がない場合は、M+1個のエントリを
      newLeaf = leaf.split(rect)    古い葉と新しい葉とに分割する。
    newNode = adjustTree (leaf, newLeaf)  ❸ 根への経路上のエントリは調整の必要が
    if newNode != null then                  あるかもしれない。
      R = 古いRootとnewNodeを子どもとする新しいRTree  ❹ 追加後にR木の高さが
end                                                      増えるかもしれない。

search (n, t)
  if nが葉 then  ❺ 葉が実際のエントリを持っている。
    return entry if nがtを含む otherwise False
  else
    foreach nの子どもc do  ❻ 領域が重なっているかもしれないので、再帰的に
      if cがtを含む then       それぞれの子どもを探索する。
        return search(c, t)  ❼ 見つかったら、そのエントリを返す。
end

range (n, t)
  if targetがnの境界ボックスを完全に含む then  ❽ 所属を見つける効率的なやり方。
    return すべての子孫の長方形
  else if nが葉
    return tと交差するすべてのエントリ
  else
    result = null
    foreach nの子どもc do  ❾ 複数の再帰的クエリを行う必要があるかもしれない。
      if cとtが重なる then
        result = resultとrange(c,t)の和集合
    return result
```

- 非葉のすべてのエントリ $(I, child_i)$ では、I が子節点の長方形すべてを空間的に含む最小長方形である。
- 根は（葉でない限り）少なくとも2つの子を持つ。
- すべての葉は、同じレベルにある。

R木は、上の性質を保証する平衡構造である。便宜上、葉のレベルをレベル0と考え、根のレベル数を木の高さとする。R木構造は、$O(\log_m n)$ で挿入、削除、クエリをサポートする。

本書のコードリポジトリには、R木の振る舞いを調べるアプリケーション例[*1]が含まれている。図10-17は、$M=4$ 個の図形を含んだR木に長方形6を追加したときの動的な振る舞いを示す。見てわかるように、新たな長方形を作成する余地がないので、葉 $R1$ は2つの節点に分割される。このとき、新たな非葉 $R2$ の領域を最小にするという基準で分割が行われる。この長方形の追加は、新たな根、$R3$ を作るので、R木の高さを1増やす。

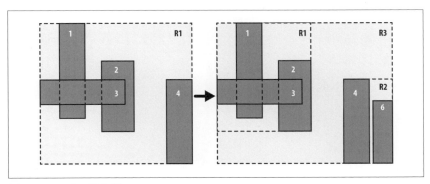

図10-17　R木の挿入例

10.8.1　入出力

2次元R木は、デカルト平面上の長方形領域の集まりを格納する。それぞれが（任意の）一意な識別子を持つ。

R木演算は、ある長方形領域または領域の集まりを見つけるだけでなく、R木の状態を変更（すなわち、挿入や削除）する。

[*1] 訳注：PythonCode.demoフォルダにある **app_R_range.py**

10.8.2 文脈

R木は、地理学的構造や、長方形や多角形といったより抽象的なn次元データを含む多次元情報をインデックスできるように設計されている。この構造は、情報があまりに大きすぎてメインメモリに収まらないときにも優秀な実行時性能を出す数少ない構造の1つである。伝統的なインデックス技法は本質的に1次元なので、R木構造はこれらの領域によく適している。

R木の演算は挿入、削除と2種類のクエリからなる。R木によって特定の長方形領域を探したり、クエリ長方形に交差する長方形領域の集まりを決定できる。

10.8.3 解

次のPython実装では、任意の識別子を各長方形に付随させている。これを使ってデータベースから実際の空間オブジェクトを取り出すことになる。まずR木の基本要素のRNodeから始める。各RNodeは、境界領域と任意の識別子を保持する。RNodeは、node.levelが0なら葉である。RNodeには、node.count個の子があって、それらがnode.childrenリストに格納されている。子のRNodeが追加されると、親のnode.regionの境界ボックスを調整して、新しく追加された子どもを含むようにしなければならない。

例10-8　R木のRNode実装

```
class RNode:
  # 識別子を生成するための単調増加カウンタ
  counter = 0

  def __init__(self, M, rectangle = None, ident = None, level = 0):
    if rectangle:
      self.region = rectangle.copy()
    else:
      self.region = None

    if ident is None:
      RNode.counter += 1
      self.id = 'R' + str(RNode.counter)
    else:
      self.id = ident

    self.children = [None] * M
    self.level = level
```

```
    self.count = 0

  def addRNode(self, rNode):
    """前もって計算したRNodeを追加して境界領域を調整する"""
    self.children[self.count] = rNode
    self.count += 1

    if self.region is None:
      self.region = rNode.region.copy()
    else:
      rectangle = rNode.region
      if rectangle.x_min < self.region.x_min:
        self.region.x_min = rectangle.x_min
      if rectangle.x_max > self.region.x_max:
        self.region.x_max = rectangle.x_max
      if rectangle.y_min < self.region.y_min:
        self.region.y_min = rectangle.y_min
      if rectangle.y_max > self.region.y_max:
        self.region.y_max = rectangle.y_max
```

この準備済みのコードをベースにして、**例10-9**に、RTreeクラスと、長方形をR木に追加するメソッドを記述する。

例10-9　R木とその追加メソッドの実装

```
class RTree:
  def __init__(self, m=2, M=4):
    """空のR木をデフォルト値 (m=2, M=4) で作る"""
    self.root = None
    self.m = m
    self.M = M

  def add(self, rectangle, ident = None):
    """（任意の）識別子で長方形を適切な場所に挿入する"""
    if self.root is None:
      self.root = RNode(self.M, rectangle, None)
      self.root.addEntry(self.M, rectangle, ident)
    else:
      # I1 [新しいレコードの位置を見つける] ChooseLeafを呼び出して
      # Eを入れる葉Lを選ぶ。葉への経路が返る。
      path = self.root.chooseLeaf(rectangle, [self.root]);
      n = path[-1]
      del path[-1]

      # I2 [レコードを葉に追加] Lにエントリの余地があればEを入れる。
```

```
# そうでないならSplitNodeを呼び出して、L と、E および古いLのエントリすべてを含むLLを取得する。
newLeaf = None
if n.count < self.M:
  n.addEntry(self.M, rectangle, ident)
else:
  newLeaf = n.split(RNode(self.M, rectangle, ident, 0), self.m, self.M)

# I3 [変更を上に伝播] L でAdjustTreeを呼び出す。分割が実行されているならLLも渡す。
newNode = self.adjustTree(n, newLeaf, path)

# I4 [木を高くする]節点の分割の伝播によって根が分割したら
# 新たな根を作って、それら2つの節点を子にする
if newNode:
  newRoot = RNode(self.M, level = newNode.level + 1)
  newRoot.addRNode(newNode)
  newRoot.addRNode(self.root)
  self.root = newRoot
```

例10-9のコメントは、元の1984年に発行された**R木**の論文のアルゴリズムのステップを反映している（Guttman, 1984）。各RTreeオブジェクトは、構成値のmとM、および木の根のRNodeオブジェクトを保持する。空のRTreeに最初の長方形を追加すると、初期構造を作るだけだが、その後は、addメソッドが呼ばれると、適切な葉を見つけて、新しい長方形を追加する。計算したpathリストは、根から選ばれた葉への節点を順に並べたものを返す。

選ばれた葉に余裕があれば、新たな長方形が追加され、adjustTreeメソッドによって境界ボックスの変更が根へと伝播して上がっていく。しかし、選ばれた葉に余裕がない場合は、newLeaf節点が作られ、$M+1$個のエントリがnとnewLeafの間で分割される。この分割は、これら2つの節点の境界ボックスの合計領域を最小にする戦略を用いて行われる。このとき、adjustTreeメソッドが新たな構造を根へと伝播しなければならない。これによって、他の節点でも同様の分割が起きる可能性がある。元の根self.rootが分割されたなら、新しい根RNodeが作られて、元の根と新しく作られたRNodeオブジェクトの親になる。こうして、RTreeは、既存の節点が分割されて新たなエントリの場所を作るにつれて、1レベルだけ成長する。

領域クエリの処理を**例10-10**に示す。この実装は、イテレータのように振る舞うPythonのジェネレータ関数の機能のおかげで簡潔になっている。RNodeの再帰的rangeメソッドは、最初にターゲット長方形がRNodeをすべて含むかどうかチェックする。もしそうなら、すべての子孫葉の長方形が結果に含まれねばならない。プレー

スホルダーとして、タプル(self, 0, True)を返す。rangeメソッドを呼び出した側
は、RNodeで定義されたleafOrderジェネレータを使って、これらの領域すべてを
取り出すことができる。一方、ターゲット長方形がRNode全体を含まない場合、非
葉では、関数が再帰的に実行され、境界ボックスとターゲット長方形が交差する子
孫節点を見つけ、その長方形を生成（yield）する。葉の境界ボックスがターゲット
長方形と重なったときは、その節点の長方形領域が(rectangle, id, False)として
返される。

例10-10　領域クエリの RTree/RNode 実装

```
class RNode:
  def range(self, target):
    """targetと重なるすべての識別子を構成するジェネレータ(node,0,True)
       または(rect,id,False)を返す"""

    # すべての内部節点を含むか？ そうなら、全節点を返す
    if target.containsRegion(self.region):
      yield (self, 0, True)
    else:
      # 葉をチェックして再帰する
      if self.level == 0:
        for idx in range(self.count):
          if target.overlaps(self.children[idx].region):
            yield (self.children[idx].region, self.children[idx].id, False)
      else:
        for idx in range(self.count):
          if self.children[idx].region.overlaps(target):
            for triple in self.children[idx].range(target):
              yield triple

class RTree:
  def range(self, target):
    """targetと重なるすべての識別子付きの(node,0,True)
       または(rect,id,False)を返す"""
    if self.root:
      return self.root.range(target)
    else:
      return None
```

　個々の長方形を探す際は、**例10-10**のコードと同じ構造のコードを使う。**例10-11**
では、RNodeのsearch関数だけを示す。この関数は、長方形とRTreeにその長方形
を挿入するときに使われた任意の識別子を返す。

例10-11　searchクエリのRNodeの実装

```
class RNode:
  def search(self, target):
    """節点がターゲットの長方形を有しているなら(rectangle,id)を生成 (yield)"""
    if self.level == 0:
      for idx in range(self.count):
        if target == self.children[idx].region:
          yield (self.children[idx].region, self.children[idx].id)
    elif self.region.containsRegion(target):
      for idx in range(self.count):
        if self.children[idx].region.containsRegion(target):
          for pair in self.children[idx].search(target):
            yield pair
```

　R木の実装を完成させるためには、木の中にある長方形を削除する能力が必要だ。addメソッドでは一杯になった節点を分割しなければならなかったが、removeでは、子節点の最小個数mよりも子が少なくなった節点を処理しなければならない。鍵となるのは、R木から長方形を取り除くと、親節点から根へのどこかの節点が「容量未満 (under-full)」状態になることである。例10-12に示す実装では、mより子の数が少ない「孤立 (orphaned)」節点のリストを返すヘルパーメソッドcondenseTreeを使って、この問題を処理する。remove要求が完了した後で、これらの値がR木に再挿入される。

例10-12　削除演算のRTree実装

```
class RTree:
  def remove(self, rectangle):
    """R木から長方形値を削除"""
    if self.root is None:
      return False

    # D1 [レコードを含む節点を見つける] FindLeafを呼び出してRを含む
    # 葉nを見つける。見つからなければ停止する。
    path = self.root.findLeaf(rectangle, [self.root]);
    if path is None:
      return False

    leaf = path[-1]
    del path[-1]
    parent = path[-1]
    del path[-1]
```

```
# D2 [レコード削除] nからEを削除
parent.removeRNode(leaf)

# D3 [変化伝播] 親に対してcondenseTreeを呼び出す
if parent == self.root:
  self.root.adjustRegion()
else:
  Q = parent.condenseTree(path, self.m, self.M)
  self.root.adjustRegion()

  # CT6 [孤立エントリを再挿入] Qの節点のエントリをすべて再挿入。
  for n in Q:
    for rect,ident in n.leafOrder():
      self.add(rect, ident)

# D4 [木を短縮] 木を調整した後で、根に1つの子しかなければ、
# その子を新しい根にする。
while self.root.count == 1 and self.root.level > 0:
  self.root = self.root.children[0]
if self.root.count == 0:
  self.root = None

return True
```

10.8.4　分析

　R木の構造は、長方形が挿入されたときに自分で平衡を取る機能によって、性能を確保している。すべての長方形が**R木の同じ高さにある**葉に格納されているということは、内部節点は、それらを記録管理するためだけの構造を表していることになる。mとMというパラメータが構造の詳細を決定するが、木の高さが$O(\log n)$ (nはR木の節点数)になることは全体として保証されている。メソッドsplitは、2節点の間で長方形を分けあうが、そのときには、これら2節点の境界ボックスの領域が合計最小になるというヒューリスティックを用いる。文献には他のヒューリスティックスも提案されている。

　R木の探索メソッドの性能は、R木の長方形の個数と**密度**、すなわち、与えられた点を含む長方形の平均個数に依存する。単位正方形からランダムに選ばれた座標値からn個の長方形を生成すると、ランダムな位置の点と交差する長方形はそのうち約10%になる。これは、個々の交差する長方形を見つけるために、複数の孫以降の節点 (subchildren) を探索しなければならないことを意味する。より正確に言え

ば、領域がターゲット探索クエリと重なる、すべての孫以降の節点を調べなければならない。低密度のデータセットなら、R木の探索はさらに効率的になる。

R木への長方形の挿入は、複数の節点でコストの掛かる分割処理を伴う可能性がある。同様に、R木から長方形を削除するときには、複数の孤立節点の長方形を木に再挿入せねばならない。長方形の削除は、削除する長方形を探すときの再帰呼び出しが、削除対象の長方形を完全に含む子孫に限られるので、探索よりはずっと効率的になる。

表10-4に、8,100個の長方形を含む2つの長方形データについての性能結果を示す。表10-4から表10-6で、さまざまなmとM（$m \leq \lfloor M/2 \rfloor$を思い出そう）についての性能の変化を示す。**疎集合**では、長方形はすべて同じサイズで重なりがない。**密集合**では、長方形は単位正方形内の2つのランダムな点から作られる。表には、長方形からR木を作る実行時間が記録されている。密集合では、長方形挿入時に分割する必要のある節点数が増えるため、構築時間がわずかに長くなる。

表10-5に、R木のすべての長方形を探すのにかかる実行時間を示す。密データセットは、疎集合に比べて約100倍遅い。さらに、子節点の最小個数を$m=2$としたときの利点も示している。表10-6に、R木のすべての長方形を削除するときの対応する性能を示す。密集合でのスパイクは、小さなサイズのランダムデータセットによるものと思われる。

表10-4　密および疎データセットでのR木の構築性能

	密					疎				
M	m=2	m=3	m=4	m=5	m=6	m=2	m=3	m=4	m=5	m=6
4	1.32					1.36				
5	1.26					1.22				
6	1.23	1.23				1.2	1.24			
7	1.21	1.21				1.21	1.18			
8	1.24	1.21	1.19			1.21	1.2	1.19		
9	1.23	1.25	1.25			1.2	1.19	1.18		
10	1.35	1.25	1.25		1.25	1.18	1.18	1.18	1.22	
11	1.3	1.34	1.27		1.24	1.18	1.21	1.22	1.22	
12	1.3	1.31	1.24	1.28	1.22	1.17	1.21	1.2	1.2	1.25

表10-5　密および疎データセットでのR木の探索性能

	密					疎				
M	m=2	m=3	m=4	m=5	m=6	m=2	m=3	m=4	m=5	m=6
4	25.16					0.45				
5	21.73					0.48				
6	20.98	21.66				0.41	0.39			

M	密					疎				
	m=2	m=3	m=4	m=5	m=6	m=2	m=3	m=4	m=5	m=6
7	20.45	20.93				0.38	0.46			
8	20.68	20.19	21.18			0.42	0.43	0.39		
9	20.27	21.06	20.32			0.44	0.4	0.39		
10	20.54	20.12	20.49	20.57		0.38	0.41	0.39	0.47	
11	20.62	20.64	19.85	19.75		0.38	0.35	0.42	0.42	
12	19.7	20.55	19.47	20.49	21.21	0.39	0.4	0.42	0.43	0.39

表10-6 密および疎データセットでのR木の削除性能

M	密					疎				
	m=2	m=3	m=4	m=5	m=6	m=2	m=3	m=4	m=5	m=6
4	19.56					4.08				
5	13.16					2.51				
6	11.25	18.23				1.76	4.81			
7	12.58	11.19				1.56	3.7			
8	8.31	9.87	15.09			1.39	2.81	4.96		
9	8.78	11.31	14.01			1.23	2.05	3.39		
10	12.45	8.45	9.59	18.34		1.08	1.8	3.07	5.43	
11	8.09	7.56	8.68	12.28		1.13	1.66	2.51	4.17	
12	8.91	8.25	11.26	14.8	15.82	1.04	1.52	2.18	3.14	5.91

次に、$M=4$と$m=2$に固定して、サイズnが増加したときの探索および削除性能を測定する。一般に、Mの値が大きいほど、多数の削除で有利になる。容量未満の節点の存在によってR木へ再挿入される値の個数が減少するからである。しかし、本当の振る舞いは、データと節点を分割するときに用いられる平衡のやり方による。結果を**表10-7**に示す。

表10-7 疎データセットでnを2倍にしていったときのR木の探索および削除性能（ミリ秒）

n	探索	削除
128	0.033	0.135
256	0.060	0.162
512	0.108	0.262
1,024	0.178	0.320
2,048	0.333	0.424
4,096	0.725	0.779
8,192	1.487	1.306
16,384	3.638	2.518
32,768	7.965	3.980
65,536	16.996	10.051
131,072	33.985	15.115

10.9 参考文献

Bayer, R. and McCreight, C., "Organization and maintenance of large ordered indexes", Acta Inf. 1, 3, 173-189, 1972. http://link.springer.com/article/10.1007%2FBF00288683
http://infolab.usc.edu/csci585/Spring2010/den_ar/indexing.pdfにもある。

Comer, D., "The Ubiquitous B-Tree", Computing Surveys 11(2): 123?137, http://dl.acm.org/citation.cfm?id=356776, ISSN 0360-0300,1979. https://wwwold.cs.umd.edu/class/fall2002/cmsc818s/Readings/b-tree.pdfにもある。

Guttman, A., "R-Trees: Dynamic index structure for spatial searching", Proceedings, ACM SIGMOD International Conference on Management of Data, http://dl.acm.org/citation.cfm?id=602266, pp. 47-57, 1984. http://www-db.deis.unibo.it/courses/SI-LS/papers/Gut84.pdf、http://infolab.usc.edu/csci587/Fall2015/papers/rtree.pdfにもある。

Meagher, D. J. (1995). US Patent No. EP0152741A2. Washington, DC: U.S. Patent and Trademark Office, http://www.google.com/patents/EP0152741A2?cl=en

11章
新たな分類のアルゴリズム

　これまでの章では、一般的な問題を解くアルゴリズムについて説明してきた。読者は、これまでのプログラミング経験において、こういう普通のカテゴリのどれにも当てはまらない問題に直面してきたはずだ。本章では、そのような課題に挑戦するアルゴリズムの4つの**アプローチ**について述べる。

　本章のもう1つの相違点は、ランダム性と確率とに焦点を絞っていることだ。これまでの章でも、それらをアルゴリズムの平均時の振る舞いの分析に用いてきた。本章では、ランダム性がアルゴリズムの本質的部分を占める。実際、本章で述べる確率的アルゴリズムは、決定的アルゴリズムの代わりとして興味深い。同じアルゴリズムを同じ入力に対して、異なるタイミングで実行すると、結果がまったく異なる可能性がある。間違った答えでも受け入れることもあるだろうし、アルゴリズムがこの問題は解けないとお手上げになることもあるだろう。

11.1　方式の種類

　本書のこれまでのアルゴリズムは、決定性逐次コンピュータ上で、問題のインスタンスに対して正確な答えを出す。しかし、もっと興味深い研究が、次の3条件を緩めることで行われている。

近似アルゴリズム
　問題の正確な答えを求めないで、真の解に近いが必ずしもそれと同等とは限らない解を受け入れる。

並列アルゴリズム
　逐次計算に制限しないで、複数の計算プロセスを作って同時に部分問題インスタンスを解かせる。

確率的アルゴリズム

問題インスタンスに対して同じ結果を計算して出す代わりに、乱択計算を使って解を計算する。複数回実行すれば、解の平均値が真の解に収束することが多い。

11.2　近似アルゴリズム

近似アルゴリズム（Approximation Algorithms）は、正確さとより効率的な計算との間でトレードオフを行う。「十分によい」答えであれば受け入れられる例として、さまざまな計算分野で起こるナップサック問題（Knapsack Problem）を考えよう。目標は、ナップサックに入れる品物を、ある最大重量 W を超えないようにして、ナップサック全体の価値が最大になるように決めることだ。この問題は、**0-1ナップサック**（Knapsack 0/1）として知られており、動的計画法によって解ける。**0-1ナップサック問題**においては、1つの品物につき1つのインスタンスしか詰め込めない。無制限整数ナップサック（Knapsack Unbounded）という変形版では、同じ品物をいくつでも詰め込める。どちらの場合もアルゴリズムはスペースの制約下で品物の価値の合計の最大価値を返す。

4つの品物 {4, 8, 9, 10} の集合を考える。各品物のドル建てのコストとポンド単位の重量が等しいとしよう。第1要素は、重量4ポンド、コスト4ドルだ。詰め込める最大重量は $W = 33$ ポンドと仮定する。

動的計画法では、下位問題の結果を記録して再計算を防ぎ、下位計算の解を組み合わせて問題を解く。**表11-1**は**0-1ナップサック**の部分結果を記録したものだ。$m[i][w]$ は、最大合計重量 w（列に相当）の制約の下で、集合の最初の i 要素（行に相当）から品物を選んだときに達成できる最大価値を示している。重量 W の下で4要素を使ったときの最大価値は右下隅の31ドルである。この場合、各品物のインスタンスが1つずつナップサックに入っている。

表11-1　小さな集合での0-1ナップサックの性能

...	13	14	15	16	17	18	19	20	21	22	23	24	25	26	27	28	29	30	31	32	33
1	4	4	4	4	4	4	4	4	4	4	4	4	4	4	4	4	4	4	4	4	4
2	12	12	12	12	12	12	12	12	12	12	12	12	12	12	12	12	12	12	12	12	12
3	13	13	13	13	17	17	17	17	21	21	21	21	21	21	21	21	21	21	21	21	21
4	13	14	14	14	17	18	19	19	21	22	23	23	23	23	27	27	27	27	31	31	31

表11-2に無制限整数ナップサックの$m[w]$を記録する。これは、各品物をいくつでも詰め込めるときの最大重量wという制約下で達成できる最大価値を表す。重量Wに対する最大価値は右端の要素の33ドルだ。この場合は、4ポンドが6つと9ポンドが1つである。

表11-2　小さな集合での無制限整数ナップサックの性能

...	13	14	15	16	17	18	19	20	21	22	23	24	25	26	27	28	29	30	31	32	33
...	13	14	14	16	17	18	19	20	21	22	23	24	25	26	27	28	29	30	31	32	33

0-1ナップサック Knapsack 0/1	最良	平均	最悪
		$O(n*W)$	

```
Knapsack 0/1 (weights, values, W)
  n = number of items
  m = empty (n+1) x (W+1) matrix   ❶ m[i][j]が最初のi要素を使って重さjを
                                      超えない最大値を記録する。
  for i=1 to n do
    for j=0 to W do
      if weights[i-1] <= j then
        remaining = j - weights[i-1]   ❷ 重さ（j－要素iの重さ）のその前の解に要素
                                          iを加えて価値が増えるか確認する。
        m[i][j] = max(m[i-1][j], m[i-1][remaining] + values[i-1])
      else
        m[i][j] = m[i-1][j]   ❸ 要素i-1は重量制限を超えるので解を改善しない。
  return m[n][W]   ❹ 計算した最良値を返す。
end

Knapsack unbounded(weights, values, W)
  n = number of items
  m = (W+1) vector   ❺ 限界がなければ、m[j]が重量jを超えない最大値を記録する。
  for j=1 to W+1 do
    best = m[j-1]
    for i=0 to n-1 do
      remaining = j - weights[i]
      if remaining >= 0 and m[remaining] + values[i] > best then
        best = m[remaining] + values[i]
    m[j] = best
  return m[W]
```

11.2.1 入出力

品物（整数の重量と価値を持つ）の集合と最大重量 W が与えられる。課題はどの品物をナップサックに詰めれば、全重量が W 以下で全価値が最大になるかを決定することだ。

11.2.2 文脈

これは、制約付き資源割り当て問題という種類の1つで、コンピュータサイエンス、数学、経済学でよく登場する。1世紀以上精力的に研究され、多数の種類がある。最大価値だけではなく、選択した実際の品物が必要なことも多く、その解ではナップサックに詰める要素も返さねばならない。

11.2.3 解

動的計画法を用い、より単純な下位問題の結果を記憶する。**0-1ナップサック問題**では、最初の i 個の品物を用いて、重量 j を超えない最大価値の結果を、2次元行列 $m[i][j]$ に保持する。**例11-1**の解の構造は動的計画法で予期される二重ループに合致している。

例11-1　0-1ナップサック問題のPython実装

```python
class Item:
  def __init__(self, value, weight):
    """与えられた値と重量の品物を作る"""
    self.value = value
    self.weight = weight

def knapsack_01 (items, W):
  """
  対応する重量と値を持つ品物の集合に対して、
  0-1ナップサックの解を計算する（各品物が1つだけ使える）。
  合計重量と選んだ品物を返す。
  """
  n = len(items)
  m = [None] * (n+1)
  for i in range(n+1):
    m[i] = [0] * (W+1)
  for i in range(1,n+1):
    for j in range(W+1):
      if items[i-1].weight <= j:
        m[i][j] = max(m[i-1][j], m[i-1][j-items[i-1].weight] + items[i-1].value)
```

```
        else:
            m[i][j] = m[i-1][j]
    selections = [0] * n
    i = n
    w = W
    while i > 0 and w >= 0:
        if m[i][w] != m[i-1][w]:
            selections[i-1] = 1
            w -= items[i-1].weight
        i -= 1
    return (m[n][W], selections)
```

このコードは動的計画法の構造に従って下位問題を順に計算する。入れ子ループで最大価値 $m[n][W]$ を計算したら、続く while ループで実際に選択した品物を、m 行列を「歩く」ことによって復元する。右下隅の $m[n][W]$ から始めて、i 番目の品物を選ぶかどうかを $m[i][w]$ が $m[i-1][w]$ と異なるかどうかで決める。異なった場合は、その選択を記録し、i の分の重量を差し引き、左へ進む。第1行 (品物が尽きた) か左端 (重量がない) に達したら停止する。異ならない場合は1つ前の品物を試す。

無制限整数ナップサック問題では1次元ベクトル $m[j]$ を使って重量 j を超えないで達成できる最大価値を記録する。Python 実装を**例 11-2**に示す。

例 11-2　無制限整数ナップサック問題の Python 実装

```
def knapsack_unbounded (items, W):
    """
    対応する重量と値を持つ品物の集合に対して、
    無制限整数ナップサックの解を計算する (品物がいくつでも使える)。
    合計重量と選択した品物を返す。
    """
    n = len(items)
    progress = [0] * (W+1)
    progress[0] = -1
    m = [0] * (W + 1)
    for j in range(1, W+1):
        progress[j] = progress[j-1]
        best = m[j-1]
        for i in range(n):
            remaining = j - items[i].weight
            if remaining >= 0 and m[remaining] + items[i].value > best:
                best = m[remaining] + items[i].value
                progress[j] = i
        m[j] = best
    selections = [0] * n
```

```
    i = n
    w = W
    while w >= 0:
      choice = progress[w]
      if choice == -1:
        break
      selections[choice] += 1
      w -= items[progress[w]].weight
    return (m[W], selections
```

11.2.4 分析

これらの解の性能は $O(n)$ になると思うかもしれないが、実際はそうならない。$O(n)$ を実現するには全体の実行を $c*n$ に抑え、c が十分大きな n に対して定数である必要があるからだ。実行時間は W にも依存する。つまり、いずれにせよ、入れ子の for ループからわかるように解は $O(n*W)$ となるということだ。選択した品物の復元は $O(n)$ なので全体の性能は変わらない。

これらの知見はなぜ重要だろうか。**0-1ナップサック**問題では、W が個々の品物の重量をはるかに超える場合、品物を1度しか使えないが故に、無駄な反復を何度も繰り返さないといけなくなる。無制限整数ナップサック問題の解にも同様な非効率性がある。

1957年にGeorge Dantzigが、**例11-3**に示す無制限整数ナップサック問題の近似解を提案した。この近似は、まず重量価値比を最大化する品物をナップサックに詰めるべきだという直感に基づいている。実際、この近似は、動的計画法で見つかる最大価値の半分より悪くならないことが保証される。実際には、結果は真の値に極めて近く、実行は極めてに速い。

例11-3 無制限整数ナップサック問題近似のPython実装

```python
class ApproximateItem(Item):
  """
  Itemを継承し、ソートする前に正規化した値と元の位置を格納する。
  """
  def __init__(self, item, idx):
    Item.__init__(self, item.value, item.weight)
    self.normalizedValue = item.value/item.weight
    self.index = idx


def knapsack_approximate (items, W):
  """ ダンツィグのアプローチを使ってナップサック近似を計算する"""
```

```
approxItems = []
n = len(items)
for idx in range(n):
  approxItems.append(ApproximateItem(items[idx], idx))
approxItems.sort(key=lambda x:x.normalizedValue, reverse=True)

selections = [0] * n
w = W
total = 0
for idx in range(n):
  item = approxItems[idx]

  if w == 0:
    break

  # どれだけ入るかを調べる
  numAdd = w // item.weight
  if numAdd > 0:
    selections[item.index] += numAdd
    w -= numAdd * item.weight
    total += numAdd * item.value

return (total, selections)
```

この実装は、品物を正規化した値（重量に対する価値の割合）に関して逆順で品物を反復処理する。このアルゴリズムのコストは、品物を最初にソートしないといけないので$O(n \log n)$となる。

前の例の元の4つの品物$\{4, 8, 9, 10\}$の集合に戻ると、価値重量比が各要素で1.0なので、アルゴリズムにとって重要性がすべて「等しい」ことを意味する。与えられた重量$W = 33$なので、近似アルゴリズムは重量4ポンドの要素8つを詰め込み、結果の全重量は32になる。同じ品物と総重量制約の下で、3つのアルゴリズムが異なる値になるのは興味深い。

次の表は、無制限ナップサックと近似無制限ナップサックの性能をWのサイズを増やして比較する。$n = 53$個の品物の集合で各品物は重量が異なり、価値は重量に等しく設定されている。重量の範囲は103から407である。無制限ナップサックの性能は$O(n*W)$なので、Wのサイズが倍になると時間も倍になる。近似ナップサックの性能は、性能が$O(n \log n)$だけで決まるので、Wが大きくなっても変わらない。

右側の2列を見ると、$W = 175$のときの近似解は実際の解の60％である。Wが増えると、近似解は実際の解により近くなる。近似無制限ナップサックアルゴリズ

ムの方が、約1000倍速い。

表11-3 ナップサックの変形の性能

W	無制限 ナップサックの時間	近似無制限 ナップサックの時間	実際の解	近似解
175	0.00256	0.00011	175	103
351	0.00628	0.00011	351	309
703	0.01610	0.00012	703	618
1407	0.03491	0.00012	1407	1339
2815	0.07320	0.00011	2815	2781
5631	0.14937	0.00012	5631	5562
11263	0.30195	0.00012	11263	11227
22527	0.60880	0.00013	22527	22454
45055	1.21654	0.00012	45055	45011

11.3 並列アルゴリズム

並列アルゴリズムは、異なる実行スレッドを作成して管理することによって既存の計算資源を有効活用する。

4章で述べた**クイックソート**はJavaでは**例11-4**のように実装されるが、元の配列をピボット値で2つの部分配列に分割するpartition関数の存在を仮定している。4章を思い出せば、pivotIndexの左の値はピボット値以下であり、右の値はピボット値以上である。

例11-4 Javaによるクイックソート実装

```
public class MultiThreadQuickSort<E extends Comparable<E>>

  final E[] ar;   /* 整列要素 */
  IPivotIndex pi; /* 分割関数 */

  /* クイックソートを行うインスタンスを作る */
  public MultiThreadQuickSort (E ar[]) {
    this.ar = ar;
  }

  /* 分割メソッドを設定 */
  public void setPivotMethod (IPivotIndex ipi) { this.pi = ipi; }

  /* ar[left,right]の単一スレッドソート */
  public void qsortSingle (int left, int right) {
    if (right <= left) { return; }
```

```
    int pivotIndex = pi.selectPivotIndex (ar, left, right);
    pivotIndex = partition (left, right, pivotIndex);

    qsortSingle (left, pivotIndex-1);
    qsortSingle (pivotIndex+1, right);
  }
}
```

2つの下位問題qsortSingle(left, pivotIndex-1)とqsortSingle(pivotIndex+1, right)は独立な問題で、理論的には、同時に解決できる。問題は複数スレッドを使ってこの問題を解くにはどうするかだ。単純に再帰呼び出しのたびにヘルパースレッドを作ると、オペレーティングシステムの資源を圧迫してしまうので、無理がある。次のように書き直したqsort2を考えよう。

例11-5　Javaによるマルチスレッドクイックソート実装

```
/* ar[left,right]のマルチスレッドソート */
void qsort2 (int left, int right) {
  if (right <= left) { return; }

  int pivotIndex = pi.selectPivotIndex (ar, left, right);
  pivotIndex = partition (left, right, pivotIndex);

  qsortThread(left, pivotIndex-1);
  qsortThread(pivotIndex+1, right);
}

/**
 * ar[left,right]をソートするスレッドを起動するか、問題サイズが大きすぎたり
 * すべてのヘルパーが使われているなら既存のスレッドを使う
 */
private void qsortThread(final int left, final int right) {
  // すべてのヘルパースレッドが使われているまたは問題が大きすぎるか？
  // それなら再帰を続ける
  int n = right + 1 - left;
  if (helpersWorking == numThreads || n >= threshold) {
    qsort2 (left, right);
  } else {
    // そうでないと、別のスレッドを完了する
    synchronized(helpRequestedMutex) {
      helpersWorking++;
    }

    new Thread () {
      public void run () {
        // 単一スレッド qsortを起動する
```

```
      qsortSingle (left, right);

      synchronized(helpRequestedMutex) {
        helpersWorking--;
      }
    }
  }.start();
  }
}
```

2つの qsortThread 下位問題の各々で、主スレッドが再帰 qsortThread 関数呼び出しの継続をチェックする。スレッドが利用可能で、下位問題のサイズが指定した閾値より小さい場合にだけ、別のヘルパースレッドがディスパッチされて下位問題を計算できる。このロジックは、配列の左半分あるいは右半分をソートする際に適用される。setThresholdRatio(r) を呼び出すと n をソート要素数として問題サイズの閾値、すなわち threshold の値を n/r に設定する。デフォルトの比率は5で、元のプログラムサイズの20%以下の下位問題だけにヘルパースレッドを割り当てる。

helpersWorking クラス変数には、アクティブなヘルパースレッドの個数が格納される。スレッド生成時、helpersWorking 変数を1増やし、スレッドが完了すると1減らす。mutex 変数 helpRequestedMutex を使い、Java のコードブロックへの排他アクセス制御機能を用いることで、この実装は helpersWorking 変数を安全に更新する。qsort2 は、そのヘルパースレッド内で、単一スレッドの qsortSingle メソッドを起動する。これは、主スレッドだけが新たな計算スレッドを生成起動することを保証する。

この設計では、ヘルパースレッドは追加のヘルパースレッドを生成できない。これをもしも許したら、「第1」ヘルパースレッドは、「第2」ヘルパースレッド群と同期せねばならず、結果として、「第2」スレッド群は、「第1」ヘルパースレッドが配列の分割を完了するまで、実行開始を遅らせることになる。

図11-1 と **図11-2** は、範囲 $[0, 16777216]$ のランダムな整数を整列する問題を、Java の単一ヘルパースレッドによる解と単一スレッドによる解とを比較する。いくつかのパラメータを次のように設定する。

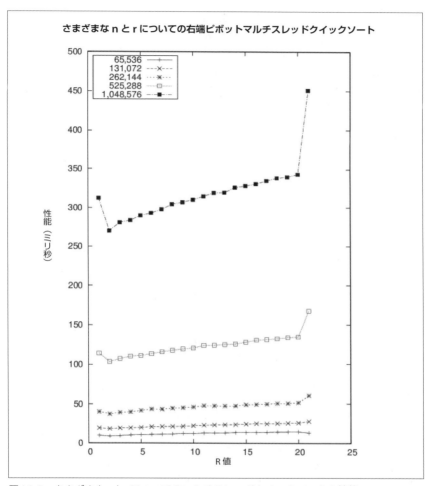

図11-1　さまざまなnとrについてのマルチスレッドクイックソートの性能

- 整列する配列サイズ：範囲 {65,536 から 1,048,576}
- 閾値 n/r：これはヘルパースレッドが生成される問題の最大サイズを決める。r を範囲 {1 から 20} とヘルパースレッドを事実上拒否する MAXINT で実験する。
- 利用可能ヘルパースレッド個数：0 から 9 で実験する。
- 分割メソッド：「ランダムな要素選択」と「右端要素選択」を試す。

パラメータの組み合わせは2000ほどになる。実験全体に乱数生成器を用いると一般的に5%性能が低下することがわかった。そこで「右端」分割メソッドだけを取り上げた。さらに、**クイックソート**では複数のヘルパースレッドが利用可能でも性能が向上しないことがわかったので、単一ヘルパースレッドだけに絞った。

グラフを左から右へ読めば、最初のデータ点（$r = 1$）が直ちにヘルパースレッドを使い始めた性能を示し、最後のデータ点（$r = 21$）がヘルパースレッドを使わなかった結果を示すことがわかる。時間T_1がより少ない時間T_2になったときのスピードアップ係数（speedup factor）を計算するには、式T_1/T_2を使う。余分なスレッドを1つ使うだけでスピードアップ係数は約1.3になる。これは、**表11-4**に示されるように、ちょっとしたプログラミング変更での見返りとしては非常によい。

表11-4　(r=1)対(r=MAXINT)の単一ヘルパースレッドによるスピードアップ

n	スレッドなしからマルチスレッドへのスピードアップ
65,536	1.24
131,072	1.37
262,144	1.35
524,288	1.37
1,048,576	1.31

図11-1に戻ると、最良は$r = 2$の近くであることがわかる。スレッドを使うと、その分のオーバーヘッドがあるので、主スレッドはヘルパースレッドの実行中はブロックされ、ヘルパースレッドの実行完了後にしか、新たなスレッドの実行をディスパッチできない。これらの結果は使われている計算プラットフォームによって異なる。

多くの場合、コンピュータのCPU数にスピードアップは影響される。**図11-2**に、2コアCPUと4コアCPUにおける2つのコンピュータのスピードアップの表を示す。各行が利用可能スレッド数、各列が閾値rを示す。ソートされる要素の総数は$n = 1{,}048{,}576$で固定。4コアの結果は、マルチスレッドの効果を示しており、1.5スピードアップを達成。2コア実行では、同じというわけにはいかず、マルチスレッドを許しても5%しかスピードアップしない。

並列アルゴリズムのスピードアップ係数の研究からわかることは、ある特定のアルゴリズム実装において、どれだけ余分なスレッド、あるいは、余分なプロセスが役立つかについては、本質的な制限があることだ。マルチスレッドクイックソート実装では、再帰クイックソートの下位問題がまったく独立なので、スピードアップ

係数が高い。この特性を持つ問題なら、ここで述べたマルチスレッド方式により利益が得られるだろう。

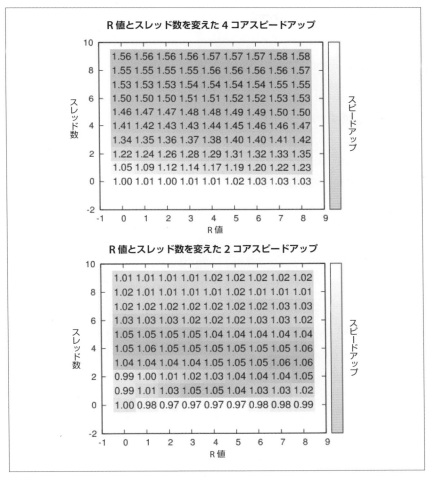

図11-2　n固定でrとスレッド数を変えたマルチスレッドクイックソートの性能

11.4　確率的アルゴリズム

　確率的アルゴリズムはランダムビットストリーム（例えば乱数）を、答えを計算する過程の一部として用いる。このアルゴリズムは、同じ問題インスタンスに対して

実行しても異なる結果が得られるだろう。ランダムなビットストリームへのアクセスを仮定することで、現在の同等のアルゴリズムよりも高速なアルゴリズムが得られることが多い。

実用上、決定性コンピュータではランダムなビットストリームの生成が非常に困難なことを理解しておくべきだ。実際には真のランダムビットストリームと区別することができない疑似ランダムビットストリームを生成することは可能だが、この種のストリームを生成するコストは無視できない。

11.4.1　集合のサイズを推定する

確率的アルゴリズムが使えることで得られる速度向上の例として、n個の異なるオブジェクトの集合のサイズを推定することを仮定する。すなわち、個々の要素の観察からnの値を推定したい。すべてのオブジェクトを数え上げるのが単純な方法だろう。このコストは$O(n)$となる。明らかに、このプロセスは正確な答えを保証する。しかし、もっと迅速に計算したくて、nの値が不正確でも構わないなら、**例11-6** で述べるアルゴリズムが、より高速な代替アルゴリズムとなる。このアルゴリズムは、限られた区域の生物の個体数を評価するために生物学者が行う標識再捕獲法（mark-and-recapture experiment）と同様である。ここでは、全集団の中のランダムな個体を返すジェネレータ関数を用いる。

例11-6　確率的数え上げアルゴリズムの実装

```
def computeK(generator):
    """
    確率的数え上げアルゴリズムを用いて推定計算をする。
    集団のサイズnの値はわからないものとする。
    """
    seen = set()
    while True:
        item = generator()
        if item in seen:
            k = len(seen)
            return 2.0*k*k/math.pi
        else:
            seen.add(item)
```

直感的な理解から始めよう。まず、集合からランダムに要素を選び出し、見たことを示す印を付けることができる必要がある。集合が有限だと仮定しているので、

どこかで以前に見た要素を再び選ぶことになるはずだ。以前に選んだ要素を選択するまでの時間が長いほど、元の集合のサイズが大きい。統計では、この振る舞いは「復元抽出 (sampling with replacement)」として知られ、前に選んだ要素を再度見つけるまでの試行の期待回数kは、次の式で求められる。

$$k = \sqrt{\pi * n / 2}$$

generator関数が既に見た要素をどこかで返すならば（集団が有限なのでこれは必ず起こる）、whileループは、ある回数k回の後で停止する。kがわかれば、前の式を変形してnの近似値を計算できる。明らかに、$2*k^2/\pi$は整数ではありえないので、このアルゴリズムがnの正確な値を返すことは絶対ない。しかし、この計算は、nの不偏推定量 (unbiased estimate) である。

このアルゴリズムの実行例を**表11-5**に示す。これは、計算を実行する試行を$t = \{32, 64, 128, 256\}$回、繰り返した結果を記録したものである。この試行では最低と最高の推定値を棄却して、残りの$k - 2$回の試行の平均をそれぞれの列に示す。

表11-5　試行回数を増やしたときの確率的数え上げアルゴリズムの実行結果

N	30の平均	62の平均	126の平均	254の平均	510の平均
1,024	1144	1065	1205	1084	1290
2,048	2247	1794	2708	2843	2543
4,096	3789	4297	5657	5384	5475
8,192	9507	10369	10632	10517	9687
16,384	20776	18154	15617	20527	21812
32,768	39363	29553	40538	36094	39542
65,536	79889	81576	76091	85034	83102
131,072	145664	187087	146191	173928	174630
262,144	393848	297303	336110	368821	336936
524,288	766044	509939	598978	667082	718883
1,048,576	1366027	1242640	1455569	1364828	1256300

試行が本質的にランダムなので、独立なランダム試行の数を増やして平均をただ取るだけで最終的に正確な結果が得られることが保証されているわけではまったくない。独立なランダム試行の回数を増やしても、精度はほとんど改善しないが、これは本質的なことを見失っている。この確率的アルゴリズムは、小さなサンプルサイズであっても効率的に推定値を返すのだ。

11.4.2 探索木のサイズを推定する

数学者は長らく、チェス盤に8つのクイーンを置いて、どのクイーンも相手を取れない位置にできるかを問う8クイーン問題を研究してきた。この問題を一般化して、$n \times n$ の盤上で n 個のクイーンを互いに取り合わないような配置がいくつあるか考えよう。数学的にこの答えを求める方法を示した人はまだいない。あらゆる可能な配置を調べて答えを決定する力任せのプログラムを書くことはできる。表11-6には、オンライン整数列大事典（On-Line Encyclopedia of Integer Sequences）からとった計算値が示されている（https://oeis.org/A000170）。明らかに、解の個数は急速に増える。

表11-6 nクイーン問題の解の既知の個数と計算した推定個数

n	実際の解の個数	T＝1,024試行の推定	T＝8,192試行の推定	T＝65,536試行の推定
1	1	1	1	1
2	0	0	0	0
3	0	0	0	0
4	2	2	2	2
5	10	10	10	10
6	4	5	4	4
7	40	41	39	40
8	92	88	87	93
9	352	357	338	351
10	724	729	694	718
11	2,680	2,473	2,499	2,600
12	14,200	12,606	14,656	13,905
13	73,712	68,580	62,140	71,678
14	365,596	266,618	391,392	372,699
15	2,279,184	1,786,570	2,168,273	2,289,607
16	14,772,512	12,600,153	13,210,175	15,020,881
17	95,815,104	79,531,007	75,677,252	101,664,299
18	666,090,624	713,470,160	582,980,339	623,574,560
19	4,968,057,848	4,931,587,745	4,642,673,268	4,931,598,683
20	39,029,188,884	17,864,106,169	38,470,127,712	37,861,260,851

4クイーン問題の解の個数を正確に数えてみよう。解において各行に1つのクイーンしか置かれないという事実に基づいて探索木を拡張した（図11-3に示す）。そのような探索木の網羅的探索によって、4クイーン問題に2つの解があることがわかる。探索木の19レベル目には、4,968,057,848個の節点があるので、19クイーン問題の解の総数の計算はずっと難しい。すべての解を生成するのはあまりにもコストが高い。

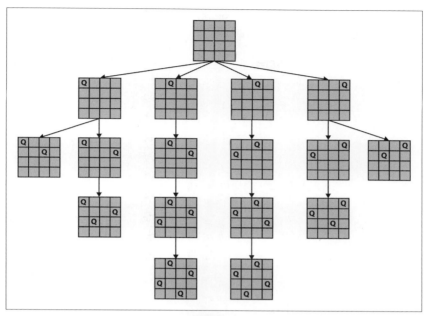

図11-3　4つの行に拡張した4クイーン問題の最終解

　しかし、解の個数の近似だけに、言い換えればレベルnでの可能な盤面状態の個数だけに着目するとどうだろうか。クヌースは、探索木のサイズと形態を推定する新たな代案を開発した（Donald Knuth, 1975）。彼の方法は、ランダムウォークで木を下りていくことに対応する。簡潔に述べるために、4クイーン問題でクヌースの技法を説明するが、これが19クイーン問題の解の個数の近似にも使えることは容易にわかるはずだ。すべての可能な解を数え上げる代わりに、n個のクイーンがある1つの盤面状態を作り、すべての方向が同じ生産性を持つと仮定して、辿られなかった可能な盤面状態をカウントすることで、全体の解の個数を推定する。

　図11-4はクヌースの方法を4×4のチェス盤で示す。盤面状態の各々には、そのレベルでの盤面状態の個数の推定値が円内に示されている。探索木の根（クイーンが置かれていない）から出発して、レベル0では1盤面状態となる。各盤面状態からは、子どもの数に基づいて新たなレベルへ展開する。この探索木で多数のランダムウォークを行う。探索木全体はこのプロセスでは構築しない。各ランダムウォークで、ランダムに歩を進め、解に到達するか展開できなくなるまで続ける。各ランダ

ムウォークで返される解の数を平均することで、探索木の状態の実際の数え上げを近似できる。根から出発して2つの可能なランダムウォークを試す。

- 第1レベルで最左盤面状態を選ぶ。ここでは4つの子どもがいるので、解の総数の最良推定は4となる。再度2つの子から最左の子を選ぶ。結果の盤面状態はレベル2となる。そこでは、まだ2つの解があり、根の他の3つの子どもも同様の可能性があると仮定して、解の総数を4*2 = 8と推定する。しかし、この時点で、可能な手がないので、その観点から、他の分岐は生産的でないと仮定し、解の個数は0と推定する。
- 第1レベルで左から2つ目の盤面状態を選ぶ。解の個数の最良推定は4。続くレベルの各々で1つしか妥当な盤面状態がない。したがって、他の経路のすべてが同じ生産性だと仮定して、推定は4*1 = 4。最下レベルに到達すると、解は4と推定する。

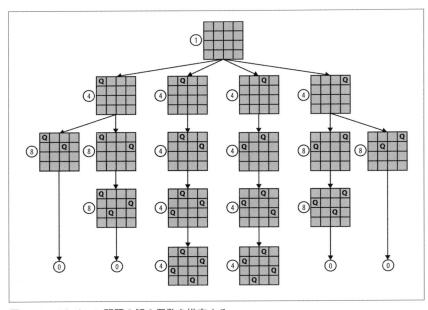

図11-4　4クイーン問題の解の個数を推定する

どちらの推定も正しくなく、この方式では、ランダムウォークによっては実際の個数より過小にあるいは過大に推定するのが普通である。しかし、多くのランダムウォークの結果を出して、それらの推定の平均を取って行けば、真の値に近づいていくと期待できる。個々の推定は、迅速に計算できるので、改善した推定（平均）も迅速に計算できる。

再び**表11-6**に戻ろう。**表11-6**では、1,024、8,192、65,536回の試行に対する実装結果を示した。すべての結果が1分以下で計算できたので、計算時間についての情報が与えられていない。$T = 65{,}536$回の試行による19クイーン問題の解の個数の最終的な推定値は、実際の答えから3%以内に収まる。$T = 65{,}536$個の推定は、すべて実際の答えから5.8%の範囲に収まっていた。このアルゴリズムは、ランダム試行の回数が増えるとともに、計算値がより正確になるという望ましい性質を持っている。**例11-7**に、nクイーン問題の解の個数の推定を1つ計算するJavaプログラムの実装を示す。

例11-7　nクイーン問題に対するクヌースのランダム推定の実装

```
/**
 * n×nの盤に、n個までのクイーンを取り合わないように配置し、
 * クヌースのランダムウォークを使った方式で探索できるようにする。
 * クイーンは、0行目から、順に行ごとに追加していくものと仮定する。
 */
public class Board {
boolean [][] board;      /* 盤面 */
final int n;             /* 盤面サイズ */

/* 最後の有効な位置を一時的に貯える */
ArrayList<Integer> nextValidRowPositions = new ArrayList<Integer>();

public Board (int n) {
  board = new boolean[n][n];
  this.n = n;
}

/* 有効かどうかrowより上側を調べる。 */
private boolean valid (int row, int col) {
  // 他のクイーンが同じ列、左の対角線、右の対角線にあるか
  int d = 0;
  while (++d <= row) {
    if (board[row-d][col]) { return false; } // 列
    if (col >= d && board[row-d][col-d]) { return false; }  // 左対角線
```

```
      if (col+d < n && board[row-d][col+d]) { return false; } // 右対角線
    }
    return true; // OK
}

/**
 * 与えられた行にクイーンを追加しようとして、どれだけ多くの子状態があるか探す。
 * 0からnの数を返す。
 */
public int numChildren(int row) {
    int count = 0;
    nextValidRowPositions.clear();
    for (int i = 0; i < n; i++) {
        board[row][i] = true;
        if (valid(row, i)) {
            count++;
            nextValidRowPositions.add(i);
        }
        board[row][i] = false;
    }

    return count;
}

/* この行で盤面がなければ、偽を返す。 */
public boolean randomNextBoard(int r) {
    int sz = nextValidRowPositions.size();
    if (sz == 0) { return false; }

    // ランダムに1つ選ぶ
    int c = ((int)(Math.random()*sz));
    board[r][nextValidRowPositions.get(c)] = true;
    return true;
    }
}

public class SingleQuery {
    /** 表の生成 */
    public static void main(String []args) {
        for (int i = 0; i < 100; i++) {
            System.out.println(i + ": " + estimate(19));
        }
    }

    public static long estimate(int n) {
```

```
    Board b = new Board(n);

    int r = 0;
    long lastEstimate = 1;
    while (r < n) {
      int numChildren = b.numChildren(r);

      // これ以上進む先がないので、解がない。
      if (!b.randomNextBoard(r)) {
        lastEstimate = 0;
        break;
      }

      // 現在のデータに基づいて推定値を計算して次に進む。
      lastEstimate = lastEstimate*numChildren;
      r++;
    }

    return lastEstimate;
  }
}
```

11.5 参考文献

Armstrong, Joe, Programming Erlang: Software for a Concurrent World. Pragmatic Bookshelf, 2007.(邦題『プログラミングErlang』オーム社)

Berman, Kenneth and Jerome Paul, Algorithms: Sequential, Parallel, and Distributed. Course Technology, 2004.

Christofides, Nicos, "Worst-case analysis of a new heuristic for the travelling salesman problem," Report 388, Graduate School of Industrial Administration, CMU, 1976. http://oai.dtic.mil/oai/oai?verb=getRecord&metadataPrefix=html&identifier=ADA025602

Knuth, Donald, "Estimating the efficiency of backtrack programs," Mathematics of Computation 29: 121-136, 1975. //http://www.ams.org/journals/mcom/1975-29-129/S0025-5718-1975-0373371-6.pdf

12章 結び：アルゴリズムの諸原則

いよいよ最後の章になったが、読者が興味を持ったアルゴリズムについてどれだけの情報が見つかるかと言えば、ほとんど際限がないだろう。実際、本書で学んだ技法を適用できる問題の種類にはきりがない。

ここで、本書で詳細を述べ、例を示した30あまりのアルゴリズムについて、一呼吸置いてまとめておくことにしよう。読者は、本書で試みた事柄の達成度に満足されたはずだ。取り扱った内容の広範さを示すために、本書で述べたアルゴリズムの背後にある諸原則をまとめる。これによって、異なる問題のために設計された異なるアルゴリズムの間の類似性が示される。単純に各章をまとめるのではなくて、アルゴリズム設計に大きな役割を果たした基本原則に焦点を当てて、本書を終わることにしよう。また、この機会に、アルゴリズムで使われた諸概念もまとめておく。これにより、異なるアルゴリズムの間で共有されている概念からアルゴリズムを参照することもできるだろう。

12.1 汝のデータを知れ

データについて行う必要のある、さまざまな基本処理について論じてきた。特定の順序付けでデータを整列する必要が生じることもある。情報を見つけるためにデータを探索することもある。データは、ランダムにアクセスできる（その場合には、いつでも必要な情報を取り出せる）こともあれば、イテレータを使って順にアクセスする（この場合には、要素が1つずつ生成される）こともある。データについての知識がないと、非常に一般的な形でしかアルゴリズムを推薦できない。

入力データの性質が重大な影響を持つことがよくある。9章では、線分間の交点を計算するときに垂直な線を含まないとわかっているだけで多くの特殊な場合を省くことができた。同様に、ボロノイ図計算は、どの2点も等しいx座標またはy座標

を持たないことがわかっていれば単純になる。6章のダイクストラ法では、辺の重みの和が負となる閉路があれば、永遠に実行が続く。選択したアルゴリズムの特殊な場合と仮定とをしっかり理解しておかねばならない。

既に述べたように、どのような状況にも常に最良の性能を提供する、ただ1つのアルゴリズムは存在しない。どのような選択肢があるかさらにわかれば、データに基づいて、最も適当なアルゴリズムを選ぶことができる。**表12-1**は、4章で述べた整列アルゴリズムの結果をまとめている。当然、各アルゴリズムの最悪時性能が気になるだろうが、これらのアルゴリズムを実装し使用するときの**概念**にも注意を払うべきだ。

表12-1　整列アルゴリズム

アルゴリズム	最良	平均	最悪	概念	該当する節
バケツソート	n	n	n	ハッシュ	「4.6　バケツソート」
ヒープソート	$n \log n$	$n \log n$	$n \log n$	再帰、二分ヒープ	「4.3　ヒープソート」
挿入ソート	n	n^2	n^2	貪欲	「4.1.1　挿入ソート」
マージソート	$n \log n$	$n \log n$	$n \log n$	再帰、安定、分割統治	「4.7.1　マージソート」
クイックソート	$n \log n$	$n \log n$	n^2	再帰、分割統治	「4.4　分割ベースのソート」の「クイックソート」
選択ソート	n^2	n^2	n^2	貪欲	「4.2　選択ソート」

12.2　問題を小さく分割せよ

問題を効率的に解くアルゴリズムを設計するときに、その問題が2つ（あるいはそれ以上）のより小さな下位問題に分解できると助かる。**クイックソート**が最も一般的なソートアルゴリズムであるのは間違いない。問題が生じる特殊な場合についてはよく調べられているが、**クイックソート**は大きな情報の集まりの整列に対して平均的に最良となる。実際、$O(n \log n)$アルゴリズムという概念自体が、(a) サイズがnの問題をほぼ$n/2$のサイズの2つの下位問題に分割し、(b) 2つの下位問題の解を再結合して元の問題の解にできることに基づいている。$O(n \log n)$アルゴリズムを適切に作るには、この両方の処理を$O(n)$の時間で済まさなければならない。

クイックソートは、データをその確保領域で整列化する$O(n \log n)$性能を示す最初のアルゴリズムだった。問題を2つに分割し、それぞれの部分問題に再帰的に**クイックソート**を適用して解くという新たな（ほとんど直観に反する）方式により成功した。

問題を、ただ単に半分にするだけで、性能が目に見えてよくなることがある。二

分探索が、問題のサイズをnから$n/2$にどう変換したか考えてみよう。**二分探索**は、探索という作業の持つ繰り返しという性質を利用して、問題に対する再帰的な解を得ている。

再帰という方法を取らなくても、2つの下位問題に分割することで解ける問題もある。**凸包走査**は、2つの部分凸包（上と下）を構成して合わせることにより、最終的な凸包を作る。

問題を、同じ入力データに対して、異なった（見たところばらばらな）より小さな問題の繰り返しに分解できることもある。**フォード-ファルカーソン法**は、フローネットワークの最大フローを計算するのに、フローを追加できる増加道を繰り返し見つけていく。増加道が見つからなくなったら、元の問題が解けたことになる。選択ソートでは、配列の最大値を見つけては、それを配列の右端の要素と入れ替える。n回の繰り返しで配列が整列する。同様に、**ヒープソート**では、ヒープの最大要素を配列の正しい位置にある要素と入れ替えることを繰り返す。

動的計画法は問題をより小さな問題に分解するが、その性能は$O(n^2)$もしくは$O(n^3)$となる。なぜなら、その小さくした問題のサイズは1つだけ小さくなっているに過ぎず、半分にはなっていないからだ。

表12-2は、5章で論じた探索アルゴリズムの比較を示す。これらのアルゴリズムは、集まりにある要素が含まれているかという基本的な問題に異なるアプローチを取る。性能分析では、一連の演算に対する**ならしコスト**という技法を取る。これによって、ランダムな探索クエリの平均性能を正確に特徴付けられる。

表12-2 探索アルゴリズム

アルゴリズム	最良	平均	最悪	概念	該当する節
AVL二分探索木	1	$\log n$	$\log n$	二分木、平衡	「5.5.3 解」の「AVL二分探索木」
逐次探索	1	n	n	力任せ	「5.1 逐次探索」
二分探索	1	$\log n$	$\log n$	分割統治	「5.2 二分探索」
ブルームフィルタ	k	k	k	偽陽性	「5.4 ブルームフィルタ」
ハッシュに基づいた探索	1	1	n	ハッシュ	「5.3 ハッシュに基づいた探索」
二分探索木	1	$\log n$	n	二分木	「5.5 二分探索木」

12.3　正しいデータ構造を選べ

高名なアルゴリズム設計者のタルジャン（Robert Tarjan）は、正しいデータ構造さえ見つかれば、どのような問題でも$O(n \log n)$時間で解けると、発言したと報じられたことがある。多くのアルゴリズムでは、進捗情報の蓄積や、今後の計算のた

めに優先度付きキューを用いる必要がある。優先度付きキューを実装する最も一般的な手法は、二分ヒープを用いるもので、優先度付きキューから優先度が最も低い要素を取り除くのに、$O(\log n)$ の処理が必要となる。しかし、二分ヒープ自体には、特定の要素が含まれているかどうかを決定する能力がない。線分走査法（9章）の議論では、まさにこの点を論じた。このアルゴリズムは、強化二分木を用いて優先度付きキューを実装しつつ、依然として最小要素を取り除くのに $O(\log n)$ しかかからないことで、$O(n \log n)$ を達成している。この原則は、不適切なデータ構造を選んでしまうと、アルゴリズムが最良の性能を出すことができなくなると、述べることもできる。

6章ではグラフを表現するのに、グラフが**疎**か**密**かに応じて、隣接リストと隣接行列をいつ使うべきかを示した。この選択だけでアルゴリズムの性能に重大な影響がある。**表12-3**は6章で議論したグラフアルゴリズムを示す。

表12-3　グラフアルゴリズム

アルゴリズム	最良	平均	最悪	概念	該当する節
ベルマン-フォード法	$V*E$	$V*E$	$V*E$	重み付き有向グラフ、オーバーフロー	「6.5.1 変形」の「ベルマン-フォード法」
幅優先探索	$V+E$	$V+E$	$V+E$	グラフ、キュー	「6.3 幅優先探索」
深さ優先探索	$V+E$	$V+E$	$V+E$	グラフ、再帰、後戻り	「6.2 深さ優先探索」
ダイクストラ法PQ	$(V+E)\log V$	$(V+E)\log V$	$(V+E)\log V$	重み付き有向グラフ、優先度付きキュー、オーバーフロー	「6.4 単一始点最短経路」
ダイクストラ法DG	V^2+E	V^2+E	V^2+E	重み付き有向グラフ、オーバーフロー	「6.5 密グラフ用ダイクストラ法」
フロイド-ワーシャル法	V^3	V^3	V^3	動的計画法、重み付き有向グラフ、オーバーフロー	「6.7 全対最短経路」
プリム法	$(V+E)\log V$	$(V+E)\log V$	$(V+E)\log V$	重み付きグラフ、二分ヒープ、優先度付きキュー、貪欲法	「6.8 最小被覆木アルゴリズム」

複雑な n 次元データを扱う場合には、データを格納するより複雑な再帰構造が必要になる。10章では高度な**空間木**構造を用いて標準的な探索クエリだけでなくより複雑な**範囲クエリ**も効率的にサポートした。これらの構造は、コンピュータサイエンスでの基本再帰データ構造である二分木を注意深く拡張することで設計されている。

12.4　空間と時間のトレードオフを使え

アルゴリズムによる計算の多くは、過去の計算結果を反映した情報を貯えておくことによって最適化が可能となる。グラフの最小被覆木を計算する**プリム法**は、優先度付きキューを用いて、最初の節点sからの最短距離の順番に未訪問節点を貯えている。アルゴリズムの中心的な処理において、与えられた節点を訪問したことがあるかどうかを決定しなければならない。優先度付きキューを二分ヒープで実装したのでは、この演算が提供されないので、各節点の状態を記録するために、別のブール配列で状態を維持管理する必要がある。$O(n)$の余分なスペースがアルゴリズムの効率的実装に必要となる。ほとんどの場合、オーバーヘッドが$O(n)$である限り、問題はないはずだ。

時には、再計算しないで済むように、すべての計算をキャッシュすることもできる。6章では、クラス`java.lang.String`のハッシュ関数が、計算したハッシュ値をどのように貯えて性能を向上させているかを論じた。

入力集合の性質から、6章で述べた密グラフのような大量のストレージが必要になることもある。辺情報を、単純な隣接リストを使うのではなく、2次元行列に貯えることにより、良い性能を示すアルゴリズムもある。無向グラフについては2倍のストレージを使って、2次元行列に`edgeInfo[i][j]`だけでなく`edgeInfo[j][i]`を貯えることにより、アルゴリズムが単純になることは覚えておくとよい。もしも、$i \leq j$として、質問が常に`edgeInfo[i][j]`という形式でなされるのなら、この余分な情報を削ることが可能だが、これは、辺(i, j)があるかどうかを知りたいだけというアルゴリズムにとっては面倒なことになる危険性をはらむ。

時には、思っていたより多くのストレージがないとアルゴリズムが動かないことがある。バケツソートは、入力集合が一様に分散していれば、$O(n)$だけ余分のストレージがあれば線形時間で整列できる。現在のコンピュータは、非常に大量のランダムアクセスメモリを持っているので、一様なデータの場合は、メモリ要件が厳しいがバケツソートを考慮した方がよい。

表12-4は10章で論じた空間木構造を示す。

表12-4　空間木構造

アルゴリズム	最良	平均	最悪	概念	該当する節
最近傍法	$\log n$	$\log n$	n	k-d木、再帰	「10.5　最近傍法」
四分木	$\log n$	$\log n$	$\log n$	四分木	「10.4.2　四分木」
範囲クエリ	$n^{1-1/d}+r$	$n^{1-1/d}+r$	n	k-d木、再帰	「10.6　範囲クエリ」
R木	$\log n$	$\log n$	$\log n$	R木	「10.8　R木」

12.5　探索を構築せよ

　人工知能（AI）分野の初期の開拓者の多くの特徴は、いまだ解がわからない問題を解こうとしていることであった。問題を解く一般的方式は、大規模なグラフの探索問題に変換するものだった。本書では、この方式にまるまる1章を割いたが、それは、これが重要で一般的な技法だからである。ただし、他に代替案がない場合にだけこれを適用するよう注意することだ。経路探索方式を使って、未整列の配列（初期節点）から始めて、整列した配列（目標節点）を生成するまでの一連の要素移動を見つけることもできるが、データ整列には$O(n \log n)$のアルゴリズムがたくさんあるので、このように指数的な振る舞いをするアルゴリズムは使わない方がよい。

　表12-5は、7章で論じた経路探索アルゴリズムを示す。すべて指数性能を示すが、これらが知的なゲーム実行プログラムを実装するのにいまだに選択される方式なのだ。これらのアルゴリズムは解を見つける構造を示しているが、成功しているのは高度なヒューリスティック（発見的方式）のおかげである。これによって探索処理が知的になっている。

表12-5　7章のAIにおける経路探索

アルゴリズム	最良	平均	最悪	概念	該当する節
深さ優先探索	$b*d$	b^d	b^d	スタック、集合、後戻り	「7.7 深さ優先探索」
幅優先探索	b^d	b^d	b^d	キュー、集合	「7.8 幅優先探索」
A*探索	$b*d$	b^d	b^d	優先度付きキュー、集合、ヒューリスティック	「7.9 A*探索」
ミニマックス	b^{ply}	b^{ply}	b^{ply}	再帰、後戻り、力任せ	「7.3 ミニマックス」
ネグマックス	b^{ply}	b^{ply}	b^{ply}	再帰、後戻り、力任せ	「7.4 ネグマックス」
アルファベータ	$b^{ply/2}$	$b^{ply/2}$	b^{ply}	再帰、後戻り、ヒューリスティック	「7.5 アルファベータ法」

12.6　問題を別の問題に帰着させよ

　問題（を変換して）帰着させるのは、問題解決のためにコンピュータサイエンスや数学で用いられる基本的な方法である。単純な例としては、リストの中で4番目に大きな要素を探すアルゴリズムが必要だと仮定しよう。新たにこの問題を解くコードを書くことは避け、整列アルゴリズムを用いてリストをまずソートし、その4番目の要素を返すようにする。この方式だと、性能が$O(n \log n)$時間のアルゴリズムを定義したことになる。ただし、これは最も効率的な方法ではない。

　ボロノイ図を計算するのに**フォーチュン走査法**を使うと、多角形中で無限ボロノイ

辺を共有する点を見つけるだけで、すぐに凸包が計算できる。この点では、アルゴリズムが必要以上の情報を計算しているのだが、この出力を使って、集まりの点を使って平面の三角形分割をするといった多数の興味深い問題を解くこともできる。

8章では、関連があるように見えるが、それらすべてをまとめる簡単な方法がなさそうに見える問題群を示した。これらの問題はすべて線形計画法（LP）に帰着させて、Mapleのような商用のソフトウェアパッケージを用いて解を計算することができるのだが、問題の変換処理が複雑で、しかも、LP問題を解く汎用のアルゴリズムは、フォード-ファルカーソンの一連のアルゴリズムが適用できる場合に比べると、しばしば極端に処理速度が遅いことが多い。8章では、フローネットワークにおいて最小コスト最大フローを計算するという問題をどのように解くかを示した。このアルゴリズムがあれば、他の5種類の問題が直ちに解けてしまう。8章で記述したネットワークフローアルゴリズムを**表12-6**に示す。

表12-6　ネットワークフローアルゴリズム

アルゴリズム	最良	平均	最悪	概念	該当する節
フォード-ファルカーソン	$E*mf$	$E*mf$	$E*mf$	重み付き有向グラフ、貪欲法	「8.2.2 解」の「フォード-ファルカーソン」についての記述
エドモンズ-カープ	$V*E^2$	$V*E^2$	$V*E^2$	重み付き有向グラフ、貪欲法	「8.2.2 解」の「エドモンズ-カープ」についての記述

12.7　アルゴリズムを書くのは難しい、アルゴリズムをテストするのはさらに難しい

本書で述べたアルゴリズムは、（11章を除いて）ほとんど決定的なので、正しく振る舞っていることを確かめるテストケースを開発するのは、そう面倒ではない。7章では、前もってわからない解の候補を見つけるために経路探索アルゴリズムを用いたので、困難に遭遇した。例えば、8パズルについて、GoodEvaluatorというヒューリスティックがきちんと働いているかどうかを判断するテストケースを書くのは単純だったが、その発見法を用いた**A*探索**を試験する唯一の方法は、実際に探索を実行して、探索中の木を調べて、適切な手が選ばれているかを確認するしかない。したがって、**A*探索**のテストは、アルゴリズムを特定の問題と発見法との環境下でテストしなければならないが故に複雑になる。経路探索アルゴリズムには、膨大なテストケースがあるけれども、多くのケースは、（ゲームであれ探索木であれ）妥当

な手が選ばれたことを保証するだけであって、ある特定の手が選ばれたことを保証するものではない。

9章のアルゴリズムのテストは、浮動小数点計算のためにさらに複雑になる。凸包走査のテスト方法を考えよう。元々の考えは、性能が$O(n^4)$の力任せの凸包アルゴリズムを実行して、その出力をAndrewの凸包走査の出力と比較するものであった。テストに際して、[0, 1]単位正方形内から、一様に抽出した2次元データをランダムに生成した。しかし、データセットが十分に大きくなると、この2つのアルゴリズムの結果が異なるという状況に必ず出くわした。データが隠れていた欠陥を明らかにしたのだろうか、それとも何か他の要因があるのか。実際に発見したのは、力任せ凸包アルゴリズムで用いた浮動小数点演算が、凸包走査と比べて（非常にわずかな）相違を生み出したということだった。これは偶然だったのだろうか。不幸なことにそうではない。線分走査法も、力任せ交差法と比べると、わずかに違う結果を出すことを見つけた。

どのアルゴリズムが「正しい」結果を生成するのか。この問題はそう単純なものではない。というのも、浮動小数点値を使うためには、浮動小数点値を比較する一貫した概念を開発しなければならないからだ。実際、FloatingPoint.epsilonを、2つの数の差が区別できない閾値であると（適当に）定義した。計算結果が（10^{-9}に設定した）この閾値に近いと、予期しない振る舞いが起こる。これらのアルゴリズムの結果は、最終的には、統計的に処理して、すべての場合について絶対的で決定的な答えを求めることはしなかった。

表12-7は、9章で取り上げたアルゴリズムをまとめる。どのアルゴリズムも2次元幾何構造を扱い、正確に幾何計算を行うという挑戦的課題を扱っている。

表12-7　計算幾何学

アルゴリズム	最良	平均	最悪	概念	該当する節
凸包走査	n	$nn \log n$	$n \log n$	貪欲	「9.3　凸包走査」
線分走査	$(n+k) \log n$	$(n+k) \log n$	n^2	優先度付きキュー、二分木	「9.5　線分走査法」
ボロノイ図	$n \log n$	$n \log n$	$n \log n$	線分走査、優先度付きキュー、二分木	「9.6　ボロノイ図」

12.8　可能なら近似解を受け入れよ

多くの状況下で、正確な解よりもずっと高速に計算できて、正しい解との誤差がわかっているなら、近似解を受け入れることはできるだろう。無制限整数ナップサック問題は、近似解が実際の結果より50%悪くなることがないので、そのようなシナ

リオを提示する。nクイーン問題の解の個数を数え上げる例で見たように、このような近似では、ランダム性を活用して正確な解の推定値を計算することもできる。試行を繰り返すと推定値の精度が上がるとわかっている場合にこのアプローチを使うこと。

ブルームフィルタは、集まりの中の要素探索において、偽陽性は返すが、絶対に偽陰性を返さないように注意深く設計されている。一瞥しただけでは、不正解を返すアルゴリズムは役に立たないと思われるだろう。しかし、ブルームフィルタは、二次記憶やデータベースシステムを含む探索アルゴリズムの実行時間を劇的に削減できる。否定解を返せば、要素が本当に集まりにないことがわかり、コストのかかる探索を行う必要がなくなる。もちろん、ブルームフィルタが失敗に終わる探索を続けさせることがあるわけだが、これはアプリケーション全体の正しさに影響するわけではない。

12.9　性能を上げるために並列性を加えよ

本書に示したアルゴリズムは、単独の逐次型コンピュータを仮定して結果を計算している。独立に計算可能な下位問題に分割できれば、現代のコンピュータで提供される資源を活用してマルチスレッド解法を設計できる。例えば、11章でスピードアップが達成できる**クイックソート**の並列化を示した。本書のアルゴリズムの中で、並列性を活用できるものが他にあるだろうか。**凸包走査**にはソートプロセスがあり、その後で下側の部分の凸包と上側の部分の凸包が独立に処理されたことを思い出そう。これらのタスクを並列化して性能を改善できる。表12-8は印象的なスピードアップ（コードリポジトリのalgs.model.problems.convexhull.parallelを参照）を示している。性能は印象的だが、アルゴリズムは$O(n \log n)$時間であり、定数部分が優っているのだ。

表12-8　マルチスレッド凸包走査の性能改善

n	単一スレッド	1ヘルパースレッド	2ヘルパー	3ヘルパー	4ヘルパー
2,048	0.8571	0.5000	0.6633	0.5204	0.6020
4,096	1.5204	0.7041	0.7041	0.7755	0.7857
8,192	3.3163	0.9592	1.0306	1.0306	1.0816
16,384	7.3776	1.6327	1.6327	1.5612	1.6939
32,768	16.3673	3.0612	2.8980	2.9694	3.1122
65,536	37.1633	5.8980	6.0102	6.0306	6.0408
131,072	94.2653	13.8061	14.3776	14.1020	14.5612

262,144	293.2245	37.0102	37.5204	37.5408	38.2143
524,288	801.7347	90.7449	92.1939	91.1633	91.9592
1,048,576	1890.5612	197.4592	198.6939	198.0306	200.5612

　ほとんどの逐次アルゴリズムは、アルゴリズムの一部しかマルチスレッドに並列化できないので、理論的最大スピードアップは達成できない。これは**アムダールの法則**として知られている。解において、できるだけ多くのスレッドを使おうとしてはならない。複数のヘルパースレッドを追加するには、単一ヘルパースレッドを追加するよりもはるかに複雑なプログラムが必要となる。複雑さをわずかに増やすだけで、単一ヘルパースレッドは明らかな性能改善をもたらす。

　しかしながら、すべてのアルゴリズムが並列で性能改善できるわけではない。例えば、k-d木**最近傍法**では、アルゴリズムでターゲット点に一番近い点を集まりから見つけるのに二重再帰を使う。この別々のメソッド呼び出しを並列化すると、両方が一緒に完了できるようヘルパースレッドの同期が必要なため、全体性能が低下する。

付録A
ベンチマーク

　本書では、アルゴリズムの振る舞いについての性能データをそれぞれの項目で示している。正確な性能結果を得るためには正しいベンチマークを使うことが重要なので、この付録では、アルゴリズムの性能を評価するための本書での基盤について述べる。これは、本書の方式の正当性に対する読者の質問や疑問に答えるという点でも有用だろう。実験データを計算する適切な手段を説明するので、読者の皆さんには結果が正しいことを検証し、アルゴリズムが使われる目的での文脈で仮定が適切なことを理解してもらえるはずだ。

　アルゴリズム分析には多数の方法がある。2章では理論的かつ形式的にアプローチし、最悪時および平均時の分析という概念を紹介した。これらの理論的結果は実験的に評価できるが、常に可能とは限らない。例えば、20個の数を整列するアルゴリズムの性能評価を考えよう。この20個の数値には、$2.43*10^{18}$個の置換があり、平均時の性能を計算するために、それらすべてを評価するのは無理だ。さらに、これらのすべての置換の整列時間を測っただけでは、平均を計算することもできない。アルゴリズムの期待される性能時間を適切に計算できているかは、統計的手法を用いて裏付けるしかない。

A.1　統計の基礎

　本章では、アルゴリズムの性能評価の本質的な点に絞って述べる。興味を持った読者は、たくさんある統計の教科書から適当に選んで、実験計測を行うために本書で用いた統計関連情報を調べるとよい[*1]。

　アルゴリズムの性能を計算するために、アルゴリズムを実行するT個の独立した

[*1] 訳注：統計をやさしく述べた本はいろいろと出ている。訳者あとがきに述べているがオライリーからも、『統計クイックリファレンス』をはじめ何冊もの本が発刊されている。

試行（trial）からなる一連のプログラムをひとまとめにした**スイート**（suite）を構築する。それぞれの試行では、サイズが n の入力問題に対してアルゴリズムを実行する。これらの試行は、アルゴリズムの観点では十分**等価**（equivalent）であることが保証できるように務める必要がある。複数の試行が実際には同じものだと、アルゴリズム実装の基盤における**差異**を定量化する意図で、試行が行われることになる。独立で等価な試行を多数計算することが高価すぎる場合にはこれでもいいかもしれない。

スイートの実行では、振る舞いとして観察できる活動の前後をミリ秒単位で時間計測する。コードがJavaで書かれているなら、システムのガーベジコレクタを、試行の直前に呼び出して実行する。これは、試行の最中にガーベジコレクタが働かないことを保証できるものではないが、（アルゴリズムとは関係のない）余分な時間がかかるリスクを減らせる。T 個の記録された時間の全集合から、最良と最悪の実行時間を「外れ値」として棄却する。残りの $T-2$ 個の時間記録について平均を取り、次の式を用いて、標準偏差を求める。

$$\sigma = \sqrt{\frac{\sum_i (x_i - x)^2}{n-1}}$$

ここで、x_i は個別の試行の時間であり、x は $T-2$ 回の試行の平均である。n が $T-2$ であったから、平方根の中の分母が実は $T-3$ になっている。平均と標準偏差が計算できたので、**表A-1** の標準偏差表を用いて、将来の性能を予測できる。この表は、σ を上の式で計算した標準偏差の値として、実際の値が $[x-k*\sigma, x+k*\sigma]$ の範囲にある確率（0から1の間）を与える。確率の値から、予測において確信を持って宣言できる**信頼区間**（confidence interval）がわかる。

表A-1　標準偏差表

k	確率
1	0.6827
2	0.9545
3	0.9973
4	0.9999
5	1

例えば、ランダムな試行では、時間のうち68.27%は、$[x-\sigma, x+\sigma]$ の範囲内に収まると期待できる。

結果を報告する際、4桁以上の精度の数値は示さない。これによって、得られた数値について我々が確信を持てる以上の精度があるかのような間違った印象を与えることを避けている。この処理によって、16.897986のような数値の計算結果を16.8980に変換して報告する。

A.2　例

1からnまでの数の足し算についてベンチマークを取るものとしよう。n = 8,000,000からn = 16,000,000まで、2百万ずつの間隔で計測するように実験を設計する。この問題はnについて同一で変化しないので、30回実行して、変動部分をできるだけ排除する。

仮説として、和を計算する時間がnの値に応じて直接変化すると考える。この問題を、Java, C, Pythonの3つのプログラムで解いて、ベンチマークベースをどのように使うか示す。

A.2.1　Javaベンチマーク

Javaのテストケースでは、現在のシステム時刻（ミリ秒）を、テスト実行の直前と直後に決定する。例A-1は、タスクを完了するのにかかる時間を測っている。理想的なコンピュータでは、30回の試行のすべてがまったく同じ時間かかる。もちろん、これは、今のオペレーティングシステムが多数のバックグラウンド・タスクを抱えており、性能を測るコードが実行される同じCPUを共有使用するため起こり得ない[1]。

例A-1　タスク実行時間のJavaの例

```java
public class Main {
  public static void main (String[]args) {
    TrialSuite ts = new TrialSuite();
    for (long len = 8000000; len <= 16000000; len += 2000000) {
      for (int i = 0; i < 30; i++) {
        System.gc();
        long now = System.currentTimeMillis();

        /* 時間計測のタスク */
        long sum = 0;
```

---

[1] 訳注：性能測定のときには、外部の影響を最小限にするよう、ランレベル1にしたり、ネットワークなどの外部デバイスやcrondやsyslogdなどのサービスを事前に無効にしておく。可能であれば測定プログラムの優先度を高めたり、リアルタイムプロセスにする。

```
      for (int x = 1; x <= len; x++) {
        sum += x;
      }

      long end = System.currentTimeMillis();
      ts.addTrial(len, now, end);
    }
  }
  System.out.println (ts.computeTable());
 }
}
```

クラス TrialSuite は、試行の結果をサイズとともに貯える。すべての試行が済むと、結果の表を計算する。このときに、実行時間を足し合わせて総和を求めるとともに、最小値、最大値が得られる。最初に述べたように、最大最小値は取り除き、平均と標準偏差を計算する。

A.2.2　Linuxベンチマーク

Cのテストケースでは、テストするコードとリンクするベンチマークライブラリを開発した。この節では、時間計測コードの本質的な部分について簡単に述べる。興味のある読者は、コードリポジトリのソースコード全体を眺めてほしい。

基本的に整列ルーチンのために作成されたので、Cによる計測用に用意されたコードは、既存のソースコードにリンクして使うことができる。時間計測APIは、次のようなコマンド行引数を構文解析して処理する。

```
usage: timing [-n NumElements] [-s seed] [-v] [OriginalArguments]
    -n 問題のサイズを宣言する         [省略時100,000]
    -v 詳細出力                       [省略時false]
    -s 乱数値のシードを設定する[省略時no seed]
    -h 印刷出力用の情報
```

時間計測ライブラリでは、問題の入力サイズが[-n]のフラグ値で定義されるものと仮定している。反復可能な試行を生成できるように、乱数のシードが[-s seed]で指定できる。時間計測ライブラリとリンクをとるために、次のような関数が用意されている。

   void problemUsage()
       コンソール（ターミナル）に、そのコードが利用する[OriginalArguments]を出力する。

void prepareInput (int size, int argc, char **argv)
: 問題によっては、この関数がexecuteメソッド内で処理される入力集合を構築する。この情報は、仮引数経由で直接executeに渡されるのではなくて、テストケース内の静的変数に貯えられて渡されることに注意する。

void postInputProcessing()
: 入力問題を解いた後で、何らかの検証が必要なら、そのコードをここで実行できる。

void execute()
: このメソッドは、計測されるコード本体を含む。したがって、時間計測の一部には、メソッド呼び出しの時間が常に含まれることとなる。実行するメソッドが空の場合、オーバーヘッドは、報告全体に関しては、影響がないと考えられる。

例A-2に、加算の例におけるテストケースのコードを示す。

例A-2　n個の数の加算を記述するタスク

```
extern int numElements; /* nのサイズ */
void problemUsage() { /* なし */ }
void prepareInput() { /* なし */ }
void postInputProcessing() { /* なし */ }
void execute() {
  int x;
  long sum = 0;
  for (x = 1; x <= numElements; x++) { sum += x; }
}
```

　C関数の1回の実行は1回の試行に対応する。統計情報を生成するため、テストするコードを繰り返し実行する一連のシェルスクリプトを作った。各スイートには、試行スイートの実行を表現する構成ファイル[*1]config.rcが作られた。例A-3に、4章で用いた値を使った整列アルゴリズムのためのファイルを示す。

---

*1　訳注：構成ファイル（configuration file）は俗に、コンフィグファイルと呼ばれる。元々は、計算機システムのハードウェア構成などを記述するファイルだが、今では、このように、システムの実行パラメータの設定を与えることも指すようになった。

例A-3　整列実行を比較するための構成ファイルの例

```
# このBINSを使うための構成
BINS=./Insertion ./Qsort_2_6_11 ./Qsort_2_6_6 ./Qsort_straight

# スイートの構成
TRIALS=10
LOW=1
HIGH=16384
INCREMENT=*2
```

　このファイルでは、3種類のクイックソートと1つの挿入ソートの実行を宣言している。スイートは、問題のサイズが $n = 1$ から $n = 16{,}384$ の範囲に渡り、n が実行ごとに倍になることを示す。問題サイズごとに、10回の試行を行う。最良と最悪の結果が棄却され、結果として生成された表には、残りの8回の試行の平均（および標準偏差）が含まれる。

　例A-4に、サイズがnの問題に対して、集約した情報を生成するスクリプトファイル compare.sh を示す。

例A-4　ベンチマークスクリプト compare.sh

```
#!/bin/bash
#
# このスクリプトは、2つの引数を取る。
#    $1 -- 問題のサイズn
#    $2 -- 試行回数
# このスクリプトは、$CONFIG構成ファイルから、引数を読む
#    BINSは、実行可能なオブジェクトの集合
#    EXTRASは、それらの実行に際して使うコマンド行の引数
#
# CODEはこのスクリプトのあるディレクトリにある
CODE=`dirname $0`

SIZE=20
NUM_TRIALS=10
if [ $# -ge 1 ]
then
  SIZE=$1
  NUM_TRIALS=$2
fi

if [ "x$CONFIG" = "x" ]
then
```

```
    echo "No Configuration file (\$CONFIG) defined"
    exit 1
fi

if [ "x$BINS" = "x" ]
then
  if [ -f $CONFIG ]
  then
     BINS=`grep "BINS=" $CONFIG | cut -f2- -d'='`
     EXTRAS=`grep "EXTRAS=" $CONFIG | cut -f2- -d'='`
  fi

if [ "x$BINS" = "x" ]
then
    echo "no \$BINS variable and no $CONFIG configuration "
    echo "Set \$BINS to a space-separated set of executables"
  fi
fi

echo "Report: $BINS on size $SIZE"
echo "Date: `date`"
echo "Host: `hostname`"
RESULTS=/tmp/compare.$$
for b in $BINS
do
  TRIALS=$NUM_TRIALS

  # 試行回数をまず書いて、それから全体を(1行に1つずつ)書いていく
  echo $NUM_TRIALS > $RESULTS
  while [ $TRIALS -ge 1 ] do
    $b -n $SIZE -s $TRIALS $EXTRAS | grep secs | sed 's/secs//' >> $RESULTS
    TRIALS=$((TRIALS-1))
  done

  # 平均/標準偏差を計算する
  RES=`cat $RESULTS | $CODE/eval`
  echo "$b $RES"
  rm -f $RESULTS
done
```

compare.shスクリプトでは、本章の冒頭で述べたメソッドを用いて、平均と標準偏差を計算する小さなCプログラムevalを利用した。このcompare.shスクリプトは、管理用のスクリプトsuiteRun.shから繰り返し実行される。管理スクリプトは、**例A-5**に示すように、config.rcファイルの中で指定された入力問題サイズについ

て反復実行する。

例A-5　ベンチマークスクリプトsuiteRun.sh

```bash
#!/bin/bash
CODE=`dirname $0`

# 引数がなければ、省略時の構成ファイルを用いる。さもなければ、構成ファイルが与えられるも
のと期待する。

if [ $# -eq 0 ]
then
  CONFIG="config.rc"
else
  CONFIG=$1
  echo "Using configuration file $CONFIG..."
fi

# 構成ファイルをエクスポートして、compare.shで使えるようにする
export CONFIG

# 情報を取り出す
if [ -f $CONFIG ]
then
    BINS=`grep "BINS=" $CONFIG | cut -f2- -d'='`
    TRIALS=`grep "TRIALS=" $CONFIG | cut -f2- -d'='`
    LOW=`grep "LOW=" $CONFIG | cut -f2- -d'='`
    HIGH=`grep "HIGH=" $CONFIG | cut -f2- -d'='`
    INCREMENT=`grep "INCREMENT=" $CONFIG | cut -f2- -d'='`
else
  echo "Configuration file ($CONFIG) unable to be found."
  exit -1
fi

# ヘッダー
HB=`echo $BINS | tr ' ' ','`
echo "n,$HB"

# LOWからHIGHまでのサイズで試行を比較する
SIZE=$LOW
REPORT=/tmp/Report.$$
while [ $SIZE -le $HIGH ]
do
  # $BINSで指定されたものを1つずつ
  $CODE/compare.sh $SIZE $TRIALS | awk 'BEGIN{p=0} \
      {if(p) { print $0; }} \
```

```
            /Host:/{p=1}' | cut -d' ' -f2 > $REPORT

    # 平均だけを全部連結する。標準偏差は無視される
    # -------------------------------------------------------
    VALS=`awk 'BEGIN{s=""}\
      {s = s "," $0 }\
      END{print s;}' $REPORT`
    rm -f $REPORT

    echo $SIZE $VALS

    # $INCREMENTは、"+ NUM"でも"* NUM"でもよい。両方の場合で動く
    SIZE=$(($SIZE$INCREMENT))
done
```

A.2.3　Pythonベンチマーク

例A-6のPythonコードは、加算問題の計算性能を測定する。Pythonコード片やプログラム全体の実行時間を測るのに標準的な`timeit`モジュールを使う。

例A-6　タスク実行時間計測のPython例

```python
import timeit

def performance():
    """実行性能を示す"""
    n = 8000000
    numTrials = 10
    print ("n", "Add time")
    while n <= 16000000:
        setup = 'total=0'
        code  = 'for i in range(' + str(n) + '): total += i'
        add_total = min(timeit.Timer(code, setup=setup).repeat(5,numTrials))

        print ("%d %5.4f " % (n, add_total ))
        n += 2000000

if __name__ == '__main__':
performance()
```

　`timeit`モジュールは、コード片の実行時間を秒単位で反映した値のリストを返す。リストに`min`を適用すると、試行での最高性能が抽出できる。`timeit`モジュールの文書は、Pythonプログラムのベンチマークにこの方式を使う利点を説明する。

A.3 報告

同じプラットフォームで計算した同じプログラムの（異なる言語での）3つの異なる実装の性能結果は役に立つ。Java, C, Pythonのそれぞれについての表（**表A-2**, **表A-4**, **表A-5**）を示す。各々の表でミリ秒の結果を示し、Javaの結果については簡単なヒストグラムを示す。

表A-2　Javaによる計算の計時結果

n	平均	最小	最大	標準偏差
8,000,000	7.0357	7	12	0.189
10,000,000	8.8571	8	42	0.5245
12,000,000	10.5357	10	11	0.5079
14,000,000	12.4643	12	14	0.6372
16,000,000	14.2857	13	17	0.5998

表A-2のまとまった振る舞いは、**表A-3**のヒストグラムから詳細がわかる。表でゼロ値しか持たない行は省略した。非ゼロの値には、網かけしてある。

表A-3　計時結果の個別内容

時間 (ms)	8,000,000	10,000,000	12,000,000	14,000,000	16,000,000
7	28	0	0	0	0
8	1	7	0	0	0
9	0	20	0	0	0
10	0	2	14	0	0
11	0	0	16	0	0
12	1	0	0	18	0
13	0	0	0	9	1
14	0	0	0	3	22
15	0	0	0	0	4
16	0	0	0	0	2
17	0	0	0	0	1
42	0	1	0	0	0

Javaについてのこの結果を解釈するには、前に述べた統計の信頼区間を使う。各試行の時間計測は独立だと仮定する。$n = 12,000,000$での実行性能を予測するよう求められたなら、その平均性能xが12.619で、標準偏差σが0.282だとわかる。値の範囲が$[x - 2*\sigma, x + 2*\sigma]$で、平均から2標準偏差をカバーする。**表A-1**から、期待される実行時間が95.45％の確率で$[9.5199, 11.5515]$の範囲に収まるだろうと言うことができる。

表A-4 Cによる計算の計時結果

n	平均	min	max	標準偏差
8,000,000	8.376	7.932	8.697	0.213
10,000,000	10.539	9.850	10.990	0.202
12,000,000	12.619	11.732	13.305	0.282
14,000,000	14.681	13.860	15.451	0.381
16,000,000	16.746	15.746	17.560	0.373

　2、3年前なら、これら3プログラムの間でプログラミング言語による性能差があっただろう。言語実装（特に、JITコンパイラ）とハードウェアの改善は、この計算の場合にほとんど同じ性能に収束するようになっている。ヒストグラムの結果は、時間結果がミリ秒以下を含み、Java時間計測が整数値しか報告しないのであまり役に立たない。より現実的なプログラムで比較すれば、プログラミング言語間での差異がもっとはっきりするだろう。

表A-5 Pythonによる計算の計時結果

n	実行時間 (ms)
8,000,000	7.9386
0,000,000	9.9619
12,000,000	12.0528
14,000,000	14.0182
16,000,000	15.8646

A.4　精度

　ミリ秒のタイマーを使う代わりに、ナノ秒のタイマーを使うこともできる。Javaプラットフォームでは、ミリ秒でアクセスせずSystem.nanoTime()を呼び出すことだけが、前に示したコードと異なる。ミリ秒とナノ秒とで、タイマーの間に相関があるかどうか理解するために、**例A-7**に示すようにコードを変更した。

例A-7　Javaでナノ秒のタイマーを使う

```
TrialSuite tsM = new TrialSuite();
TrialSuite tsN = new TrialSuite();
for (long len = 1000000; len <= 5000000; len += 1000000) {
    for (int i = 0; i < 30; i++) {
        long nowM = System.currentTimeMillis();
        long nowN = System.nanoTime();
        long sum = 0;
        for (int x = 0; x < len; x++) { sum += x; }
        long endM = System.currentTimeMillis();
        long endN = System.nanoTime();
```

```
        tsM.addTrial(len, nowM, endM);
        tsN.addTrial(len, nowN, endN);
    }
}
System.out.println (tsM.computeTable());
System.out.println (tsN.computeTable());
```

　前に示した**表A-2**は、時間計測結果をミリ秒で示したが、**表A-6**は、Cでナノ秒タイマーを使った結果を、**表A-7**はJavaの性能を示す。これらの計算において、結果は極めて正確だ。ナノ秒レベルのタイマーを使っても精度、すなわち正確さがそう上がらないので、アルゴリズムの章でのベンチマーク結果の報告にはミリ秒レベルの計時結果を使い続ける。ミリ秒を使い続けることで、タイマーが実際よりも正確だという誤った印象を与えずに済む。最後にUnixシステムのナノ秒タイマーは、いまだ標準化されておらず、実行時間を異なるプラットフォーム間で比較したいことからも、本書全体でミリ秒タイマーを使うことにした。

表A-6　Cでナノ秒タイマーを使った結果

n	平均	min	max	標準偏差
8,000,000	6970676	6937103	14799912	20067.5194
10,000,000	8698703	8631108	8760575	22965.5895
12,000,000	10430000	10340060	10517088	33381.1922
14,000,000	12180000	12096029	12226502	27509.5704
16,000,000	13940000	13899521	14208708	27205.4481

表A-7　Javaでナノ秒タイマーを使った結果

n	平均	min	max	標準偏差
8,000,000	6961055	6925193	14672632	15256.9936
10,000,000	8697874	8639608	8752672	26105.1020
12,000,000	10438429	10375079	10560557	31481.9204
14,000,000	12219324	12141195	12532792	91837.0132
16,000,000	13998684	13862725	14285963	124900.6866

訳者あとがき

　本書は好評だった『アルゴリズムクイックリファレンス』の第2版である。第2版のEarly Releaseという草稿版が2015年7月に発行されていたのだが、正式版は2016年3月になったので、正式の翻訳作業はそれからだった。

　日本語版まえがき、第2版まえがきで第2版での変更追加についてはあらましが述べられているが、初版から削除された内容もかなりある。念のためにまとめておく。

　第1章、第3章は内容が完全に入れ替えられた。第4章では、中央値ソート、BFPRT、数え上げソート、第5章では、赤黒木が削除された。第10章（第2版では11章）では、データベースの不等性試験とゼロ知識証明が削除された。第2章と付録のSchemeの例題も削除された。

　全般では、疑似コード要約のアルゴリズムのグリフ（シンボル）が削除され、説明の図が移動された。原注もかなり削られた（いくつかは訳注として残した）。

　第2版のアルゴリズム要約では、擬似コードに説明が付記されているが、この翻訳版では、原著者の了解を得て、該当箇所に灰色の背景で割り付けて理解しやすくするとともに、ページを節約した。

　参考文献では、第2版で落ちていたのを戻したり、一般に閲覧できるものについてはURLを追加した。

　今回の改版は、第1著者のHeinemanさんがほとんど一人で行ったという。アルゴリズムの研究者にはパズル好きが多いが、彼もその一人で、『Sudoku on the Half Shell: 150 Addictive Sujiken® Puzzles』（Puzzlewright、2011）という著書もある。

GitHubでコードを探す手引き

第2版で与えられたGitHubで、サンプルコードや、本書で注意書きされているコード情報を探すのは結構面倒だ。著者に問い合わせたり、他に調べた結果を参考のためにまとめておく。

1. https://github.com/heineman/algorithms-nutshell-2ed/tree/master/Figures/src/algsに各章の例題についての説明がある。ここのREADME.txtをまず読んで、自分が探す情報がどこにあるかを知ること。
2. フォルダ名は、CodeがCとC++、後はJavaCodeとPythonCode。
3. Javaコードは、JavaCode/srcの下にある。
4. Pythonコードは、PythonCode/adkやPythonCode/demoの下にある。

追加参考文献

統計についての本

Allen Downey、黒川利明、黒川洋訳『Think Stats – プログラマのための統計入門 第2版』オライリー・ジャパン、2015

Sarah Boslaugh、黒川利明ほか訳『統計クイックリファレンス 第2版』オライリー・ジャパン、2015

謝辞

日本語版のまえがきを含め、訳者の問い合わせに根気よく答えてくれたHeinemanさんに感謝したい。オライリー・ジャパン編集部の赤池涼子さんには、初版同様多大のサポートを頂いた。訳稿をチェックしてくださった、千葉県立船橋啓明高等学校の大橋真也先生、藤村行俊さん、大岩尚宏さん、鈴木駿さんに感謝します。妻の黒川容子にはいつものように感謝している。

索引

数字・記号

15パズル (15-puzzle) 19
8クイーン問題 (8-Queens Problem) 378
8パズル (8-puzzle) 216
*（乗算演算子）.. 33
**（指数演算子）... 33
≅（近似的に等しい）...................................... 43
==（等価演算子）... 104

A

A*探索アルゴリズム (A*Search algorithm)
.... 229
Akl-Toussaintヒューリスティックス ... 288-289
AND/OR木 192
AVL木 135-140, 146

B

B木 (B-tree) 350
Bentley-Faust-Preparataアルゴリズム 6
Blum-Floyd-Pratt-Rivest-Tarjan (BFPRT)
.... 79, 95

G

GCD 30-33
generator関数 377

H

HPA*（階層経路探索A*）............................ 240

I

IDA*（反復深化A*）アルゴリズム 239
IEEE標準 (IEEE 754) 40
IGameMoveインタフェース 195
IGameStateインタフェース 194
IHypercubeインタフェース 281

ILineSegmentインタフェース 281
IMoveインタフェース 219
IMultiPointインタフェース 281
INodeインタフェース 218
INodeSetインタフェース 219
IPlayerインタフェース 195
IPointインタフェース 281
IRectangleインタフェース 281
Java 25, 28, 42
　　ベンチマーク 397

K

k-d木 322

L

Linux 14, 41
　　qsort 79
　　ベンチマーク 398

M

MST（最小被覆木）アルゴリズム 184-188

N

n分木 (n-way tree) 146

P

Push/Relabelアルゴリズム 262
Python
　　指数演算子 (**) 33
　　平方による指数化 35
　　ベンチマーク 403

R

R木 (R-tree) 324, 350-361

S

significand 42
SMA*（単純化メモリ制限A*）探索 240

あ行

赤黒木（Red-Black tree） 146
アムダールの法則（Amdahl's law） 394
アルゴリズム（algorithm）
 Bentley-Faust-Preparata 6
 GCD 30-33
 新たな分類 363-381
 確率的アルゴリズム 364, 375-383
 加算 24-27
 数当て 22
 数え上げ探索 19
 期待計算時間 9
 基本原則 385-394
 近似 363-370
 クイックソート 12, 75-82, 370-375
 グラハム走査 44-48, 286
 グラフ .... グラフアルゴリズムを参照
 計算論的な抽象化 279
 構成要素 37-44
 選択ソート 66, 387
 選択の手順 1-8
 挿入ソート 12, 61-66, 82
 ソート .... 整列アルゴリズムを参照
 対数的 21
 探索 .... 探索アルゴリズムを参照
 探索クエリ .... 空間木構造を参照
 逐次探索 11, 19
 定義 2
 テスト 391
 テンプレートの例 44-48
 二分割 23
 ハッシュソート 88-89
 平方による指数化 35
 並列アルゴリズム 363, 370-375, 393
 マージソート 59
 盲目探索 219
アルファベータ法（AlphaBeta algorithm）
 ネグマックスとの違い 214
 ミニマックスとの違い 214
イントロソートアルゴリズム（IntroSort algorithm） 82
動き（move）
 可能な手の計算 197
 有効な手を生成する 218

エドモンズ-カーブ法（Edmonds-Karp algorithm） 260
円イベント（circle event） 307
オープンアドレスdeleteメソッド（open addressing delete method） 125
オープンアドレスハッシュ表（open addressing hash table） 124
重み（weight） 149
重み付きグラフ（weighted graph） 151
重みなしグラフ（unweighted graph） 151
オンライン整数列大事典（On-Line Encyclopedia of Integer Sequences） 378

か行

階層経路探索A*（Hierarchical Path-Finding A*：HPA*） 240
外部ストレージのある整列
 （sorting with extra storage） 89-94
拡張深さ（expansion depth） 197
確率的アルゴリズム（probabilistic algorithm）
  .... 364, 375-383
下限の表記（lower bound notation） 19
上限の表記（upper bound notation） 19
数当てアルゴリズム（Guessing algorithm） ... 22
仮想記憶（virtual memory） 350
数え上げアルゴリズム（Counting algorithm）
  376
数え上げ探索アルゴリズム（Counting Search algorithm） 19
形の特性（shape property） 68
関数の成長率（rate of growth of function）
  10-15
完全照合クエリ（associative lookup query）
  101
完全ハッシュ関数（perfect hash function）
  .... 116, 127
疑似コード（pseudocode） 39
供給充足（supply satisfaction） 272
近似アルゴリズム（approximation algorithm）
  363-370
近似的に等しい（approximately equal，≅）
  43
クイックソート（Quicksort algorithm）
  .... 12, 370-375, 386
 最適化 14
 整列ベンチマーク結果 95
 挿入ソートとの違い 82
 ハッシュソートとの違い 89
 分割ベースのソート 75-82

クイック凸包アルゴリズム
　　(QuickHull algorithm)........................... 290
空間木構造 (spatial tree structure)
　　B木 350
　　k-d木 322
　　R木 324, 350-361
　　応用 319
　　概要 388
　　交差クエリ 319, 321
　　最近傍法 320-321, 325-335
　　四分木 323, 343-349
　　衝突検出 319, 321, 343
　　八分木 349
　　範囲クエリ 319, 343, 351
　　範囲クエリアルゴリズム 336-343
クエリ (query) 320-321
　　交差クエリ 319, 321
　　存在クエリ 101
　　範囲クエリ 321, 343, 351
　　プログラミング問題 320-321
クヌースのランダム推定 (Knuth's randomized
　　estimation) 379, 381
クラスカル法 (Kruskal's algorithm) 188
グラハム走査 (Graham's Scan algorithm)
　　..44-48, 286
グラフアルゴリズム (graph algorithm)
　　概要 388
　　クラスカル法 188
　　グラフの種類 151-154
　　グラフの操作 153
　　最小被覆木 184-188
　　推定コストの比較 177-178
　　ストレージの問題................................... 188
　　全対最短経路 179-183
　　単一始点最短経路 165-170
　　データ構造の設計 153
　　幅優先探索 160-165
　　深さ優先探索 154-160
　　プリム法 184-188, 389
　　フロイド-ワーシャル法 179-183
　　ベルマン-フォード法 173-178
　　ベンチマークデータ 177
　　密グラフ用ダイクストラ法 170-176
　　用語 149
　　隣接リストと隣接行列との違い 189
クローズ集合 (closed set) 229
計算幾何学 (computational geometry)
　　空間問題に関連するタスク 282

静的なタスクと動的なタスクとの違い
　　... 283
　　定義 279
　　入力データ 280
　　問題の仮定 283
計算幾何学アルゴリズム (computational
　　geometry algorithm)
　　Akl-Toussaint ヒューリスティックス
　　.. 288-289
　　応用 279, 282
　　クイック凸包 290
　　線分交差の計算 293
　　線分走査法 279, 294-303, 388
　　凸包走査法 284-292, 387
　　フォーチュン走査法 304-317, 390
　　ボロノイ図 304-317
　　問題の分類 280-283
計算プラットフォーム (computing platform)
　　... 10
経路 (path) 149
　　増加道 251
　　ネットワークフロー 251
経路探索 (path-finding approach) 197
　　A*探索 229-240
　　アルゴリズムの比較 240-243
　　アルファベータ法......................... 208-216
　　概要 191, 390
　　ゲーム木 191-196
　　探索木 216-220
　　ネグマックス 204-208
　　幅優先探索 226-229
　　深さ優先探索 220-225
　　ミニマックス 198-204
経路長のヒューリスティック関数 (path-length
　　heuristic function) 219, 235
ゲーム木アルゴリズム (game-tree algorithm)
　　... 191-196
交差線分 (line-segment intersections)
　　.. 279, 293
高度差 (height difference) 136
後方辺 (backward edge) 252
コネクトフォー (Connect Four) 197

さ行

最近傍法 (Nearest Neighbor algorithm)
　　.. 320-321, 325-335
最終編集距離 (minimum edit distance)
　　... 50-55

最小コストフロー問題 (Minimum Cost Flow problem) 271-272
最小被覆木 (minimum spanning tree：MST) 184-188
最小優先度 (smallest priority) 169
最大拡張深さ (maximum expansion depth) 197, 219
最大フロー最小カット定理 (Max-flow Min-cut theorem) 251
最大フロー問題 (Maximum Flow problem) 247, 251-263
再ハッシュ (rehashing) 121
最良、平均、最悪時の分析 (analysis in best, average, and worst cases)
　概要 15
　下限と上限 19
　最悪時 17
　最良時 19
　整列アルゴリズム 96
　平均時 18
三目並べ (Tic-tac-toe) 192-216
自己平衡BST (self-balancing BST) 136
指数演算子 (exponentiation operator、**) 33
指数性能 (exponential performance) 33
四分木 (quadtree) 323, 343-349
集合 (set) 376
　サイズの推定 376
　素集合データ構造 188
需要充足 (demand satisfaction) 272
巡回セールスマン問題 (Traveling Salesman Problem) 177
乗算演算子 (*) 33
状態 (state)
　階層 240
　管理 218
　評価 218
　表現 196
状態の表現 (representing state) 196
状態を管理 (managing state) 218
衝突 (collision) 111
衝突検出 (collision detection) ...319, 321, 343
人工知能 (artificial intelligence：AI) 193, 390
シンプレックス法 (Simplex algorithm) 33, 277
数学 (mathematics)
　関数の成長率 10-15
　最良、平均、最悪時の分析 15-20

　性能分類 20-33
　ベンチマーク演算 33
　問題インスタンスのサイズ 9
スピードアップ係数 (speedup factor) 374
静的評価関数 (static evaluation function) 196
性能 (performance)
　漸近的に等しい 10
　浮動小数点計算 40
　分類 .... 性能分類を参照
　並列性で性能を上げる 393
性能分類 (performance family)
　下位線形 23
　指数 33
　漸近的成長 33
　線形 24-27
　線形対数 27
　定数的振る舞い 21
　二乗 28-29
　分類 20
整列アルゴリズム (sorting algorithm)
　概要 57-61
　クイックソート 95, 370-375, 386
　使用するときの概念 386
　選択基準 61
　バケツソート 82-89, 287, 389
　ハッシュソート 95
　ヒープソート 67-74, 287, 387
　評価 12
　分割ベースのソート 74-82
　分析技法 96
　マージソート 89-94, 95
整列ベンチマーク結果 (string benchmark result) 94-96
　転置ソート 61-66
接続辺 (incident edge) 152
絶対誤差 (absolute error) 42
節点 (vertex) 149
漸近的成長 (asymptotic growth) 33
漸近的に等しい (asymptotically equivalent) 10
線形計画法 (Linear Programming：LP) 248, 276, 391
線形対数の性能 (linearithmic performance) 27
線形探索 (linear search) .... 逐次探索を参照
線形探査法 (linear probing) 122
選択ソート (Selection Sort) 66, 387

全対最短経路問題 (all-pairs shortest path problem) 179-183
線分走査法 (LineSweep algorithm) 279, 294-303, 388
前方辺 (forward edge) 252
増加道 (augmenting path) 251, 267-271
相対誤差 (relative error) 42
挿入ソートアルゴリズム (Insertion Sort algorithm) 12, 61-66
　　　インスタンスのサイズ 9
　　　クイックソートとの違い 82
　　　交差クエリ 319, 321
　　　交差線分も参照
疎グラフ (sparse graph) 178, 388
　　　ダイクストラ法 178
素朴解 (naive solution) 3
存在クエリ (existence query) 101

た行

ダイクストラ法 (Dijkstra's Algorithm)
　　　入力データ 385
　　　密グラフ 170-176
　　　優先度付きキュー 165-170
対数アルゴリズム (logarithmic algorithm) 20
対数的振る舞い (log n behavior) 21-23
多品種フロー問題 (Multi-Commodity Flow problem) 262
単一始点最短経路問題 (single-source shortest path problem) 165-170, 177-178
探索アルゴリズム (searching algorithm)
　　　基本的なクエリ 101
　　　選択基準 101
　　　逐次探索 102-106
　　　二分探索 106-110, 386
　　　二分探索木 132-146
　　　ハッシュに基づいた探索 111-127
　　　ブルームフィルタ 127-132, 393
探索木 (search tree)
　　　経路探索 216-220
　　　サイズの推定 378
探索木アルゴリズム (search-tree algorithm) 132, 216-220
　　　二分探索木アルゴリズムも参照
　　　比較 240
探索挿入操作 (search-or-insert operation) . 110
単純化メモリ制限A*探索 (Simplified Memory Bounded A*: SMA*) 240

逐次探索アルゴリズム (Sequential Search algorithm) 11, 102-106
　　　最良時分析 19
　　　二分探索との違い 108-109
　　　平均時分析 18
積み替え問題 (Transshipment problem) 247, 273
定数的振る舞い (constant behavior) 21
汀線 (beach line) 305
転置表 (transposition table) 240
転置ソート (transposition sorting) 61-66
テンプレート (template)
　　　アルゴリズムの記述フォーマット 37
　　　疑似コードの形式 39
　　　例 44-48
点ベースの四分木 (point-based quad tree) 324
動的計画法 (Dynamic Programming) 50-55, 179-183, 364
凸包走査アルゴリズム (Convex Hull Scan algorithm) 284-292, 387
凸包問題 (convex hull problem) 279, 283

な行

ナップサック問題 (Knapsack Problem) 364-370
二重ハッシュ (double hashing) 122
二乗探査法 (quadratic probing) 122
二乗の性能 (quadratic performance) 28-29
二部マッチング問題 (Bipartite Matching problem) 247, 263-267
二分決定木 (binary decision tree) 97
二分探索 (Binary Search algorithm)
　　　... 106-110, 386
　　　逐次探索との違い 108-109
二分探索木アルゴリズム (Binary Search Tree algorithm) 132-146
二分ヒープ (binary heap) 169
二分割アルゴリズム (Bisection algorithm) 23
ネグマックス (NegMax algorithm) 204-208
　　　アルファベータとの違い 214
ネットワークフローアルゴリズム (network flow algorithm)
　　　Push/Relabel 262
　　　エドモンズ-カープ法 260
　　　最小コストフロー問題 271
　　　最大フロー問題 251-263
　　　シンプレックス 277

線形計画法 276, 391
増加道 267-271
積み替え問題 273
適用分野 247
二部マッチング 263-267
フォード-ファルカーソン
　　 .... 251-263, 387, 391
フローネットワークのモデル化 248
輸送問題 275
割り当て 276

は行

バケツソートアルゴリズム (Bucket Sort
　algorithm) 82-89, 287, 389
八分木 (Octree) 349
ハッシュ表 (hash table) 228, 237
ハッシュソートアルゴリズム
　(Hash Sort algorithm) 88-89
　　クイックソートとの違い 89
　　整列ベンチマーク結果 95
ハッシュに基づいた探索 (Hash-based Search
　algorithm) 111-127
幅優先探索 (Breadth-First Search algorithm)
　　 160-165
　　増加道を見つける 257
範囲クエリ (range query) 321, 343, 351
範囲クエリアルゴリズム (Range Query
　algorithm) 336-343
反対称性 (skew symmetry) 251
反復深化A*アルゴリズム
　(IterativeDeepeningA* algorithm：IDA*)
　 239
盤面状態を評価 (evaluating board state)
　 218
ヒープソートアルゴリズム (Heap Sort
　algorithm) 67-74, 287, 387
ヒープの特性 (heap property) 69
比較なしの整列 (sorting without comparisons)
　 82
ビッグオー記法 (Big O notation) 19
ビットボード (bitboard) 197
ピボット (pivot) 81
ヒューリスティック関数 (heuristic function)
　 .... 219, 235
ビュフォンの針問題 (Buffon's needle problem)
　 302
評価実験の形式 (empirical evaluation format)
　 40

フォーチュン走査法 (Fortune Sweep
　algorithm) 304-317, 390
フォード-ファルカーソン法 (Ford-Fulkerson
　algorithm) 248, 251-263, 387, 391
深さ優先探索 (Depth-First Search algorithm)
　 154-160
　　実装 222
　　増加道を見つける 260
浮動小数点計算 (floating-point computation)
　　値の比較 42
　　最近のコンピュータの数値計算処理 40
　　算術誤差 43
　　性能 40
　　特殊な値 44
　　丸め誤差 41
不偏推定量 (unbiased estimate) 377
プリム法 (Prim's Algorithm) 184-188, 389
ブルームフィルタ (Bloom Filter algorithm)
　 393
ブルームフィルタ (Bloom Filter) 127-132
フロイド-ワーシャル法 (Floyd-Warshall
　algorithm) 179-183
プログラミング問題 (programming problem)
　8クイーン 378
　一般化 6
　インスタンスのサイズ 9
　賢い方式 3
　近似法 6
　クエリ 320-321
　交差線分 279, 293
　最小コストフロー問題 271-272
　最大フロー問題 247, 251-263
　巡回セールスマン問題 177
　衝突検出 321
　節点 248
　全対最短経路 179-183
　素朴解 3
　多品種フロー 262
　単一始点最短経路 165-170, 177-178
　積み替え問題 247, 273
　動的計画法で問題を解く
　　 .... 50-55, 179-183, 364
　凸包 279, 283
　貪欲法 4, 49
　ナップサック 364-370
　二部マッチング 247
　ビュフォンの針問題 302
　分割統治法 4, 49
　並列法 5, 370, 393

ボロノイ図 279, 304-317, 385
輸送問題......................................247, 275
割り当て......................................247, 276
分割ベースのソート (partition-based sorting)
.... 74-82
分岐数 (branching factor) 197
平方による指数化アルゴリズム (Exponentiation
by Squaring algorithm) 35
並列アルゴリズム (parallel algorithm)
....363, 370-375, 393
閉路 (cycle) 152
ベルマン - フォード法
(Bellman-Ford algorithm) 173-178
辺 (edge) 149
ベンチマーク演算 (benchmark operation)
　　**演算子.. 33
　　Java 397
　　Linux... 398-403
　　Python 403
　　概要.. 395
　　グラフアルゴリズム 177
　　精度.. 405
　　整列アルゴリズム............................94-96
　　統計の基礎 395
　　報告... 404-405
　　例 397
ボロノイ図 (Voronoi diagram)
.... 6, 279, 304-317, 385

ま行

マージソート (Merge Sort algorithm)
....59, 89-94
　　整列ベンチマーク結果............................. 95
マッチング問題 (matching problem)
....247, 263-267
マルチスレッド (multithreading)
.... 並列アルゴリズムを参照
丸め誤差 (rounding error) 41
密グラフ (dense graph) 152, 177, 388

ダイクストラ法............................. 170-176
ミニマックス法 (Minimax algorithm)
.... 198-204
　　アルファベータとの違い....................... 214
無向グラフ (undirected graph) 151
無制限整数ナップサック (Knapsack
Unbounded algorithm) 364, 392
無制限整数ナップサック問題近似 (Knapsack
Unbounded Approximation)................ 368
盲目探索アルゴリズム (blind-search
algorithm) 219
素集合データ構造 (disjoint-set data structure)
.... 188
問題帰着 (problem reduction) 390

や行

有向グラフ (directed graph) 151
有効な手を生成 (generating valid moves)
.... 218
優先度キー (priority key) 184
優先度付きキュー (priority queue：PQ)
....165-170, 267
輸送問題 (Transportation problem)
.... 247, 275

ら行

ランダムウォーク (random walk) 379, 381
領域ベースの四分木 (region-based quad tree)
.... 323
旅行計画 (travel planning) 294
隣接行列 (adjacency matrix) 152, 170, 188
隣接リスト (adjacency list) 152-153, 189
ルービックキューブ (Rubik's Cube) 197
連結 (connect) 152

わ行

割り当て問題 (Assignment problem)
.... 247, 276

● 著者紹介

George T. Heineman（ジョージ・T・ハイネマン）
ウースター工科大学（Worcester Polytechnic Institute：WPI）のコンピュータサイエンスの准教授。研究対象はソフトウェア工学『Component-Based Software Engineering: Putting the Pieces Together』（Addison-Wesley、2005年）の共同編集者でもある。パズル愛好者。数独のバリエーション「Sujiken」を考案し『Sudoku on the Half Shell: 150 Addictive SujikenR Puzzles』（Puzzlewrigh Press、2011年）を執筆した。

Gary Pollice（ゲイリー・ポリス）
ウースター工科大学の元教授。2015年に引退し、エクアドルのクエンカの自宅からオンライン講座を1つ受け持っている。

Stanley Selkow（スタンリー・セルコワ）
ウースター工科大学のコンピュータサイエンスの教授。1965年のカーネギー工科大学からの電気工学の修士、また1970年に同じく電気工学の博士号をペンシルバニア大学から取得した。1968年から1970年までは、メリーランド州ベセスダの国立衛生研究所で、公衆衛生サービスに関わっていた。1970年以降は、テネシー州ノクスビル、モントリオール、重慶、ローザンヌ、パリの大学を転々とする。グラフ理論とアルゴリズムデザインが主な研究テーマ。

● 訳者紹介

黒川 利明（くろかわ としあき）
1972年、東京大学教養学部基礎科学科卒。東芝㈱、新世代コンピュータ技術開発機構、日本IBM、㈱CSK（現SCSK㈱）、金沢工業大学を経て、2013年よりデザイン思考教育研究所主宰。過去に文部科学省科学技術政策研究所客員研究官として、ICT人材育成やビッグデータ、クラウド・コンピューティングに関わり、現在情報規格調査会SC22 C#、CLI、スクリプト系言語SG主査として、C#、CLI、ECMAScript、JSONなどのJIS作成、標準化に携わっている。
他に、日本規格協会標準化アドバイザー、町田市介護予防サポータ、カルノ㈱データサイエンティスト、日本マネジメント総合研究所LLC客員研究員。ワークショップ「こどもと未来とデザインと」運営メンバー、ICES創立メンバー、画像電子学会国際標準化教育研究会委員長として、データサイエンティスト教育、デザイン思考教育、標準化人材育成、地域活動などに関わる。
著書に、『Service Design and Delivery — How Design Thinking Can Innovate Business and Add Value to Society』（Business Expert Press）、『クラウド技術とクラウドインフラ — 黎明期から今後の発展へ』（共立出版）、『情報システム学入門』（牧野書店）、『ソフトウェア入門』（岩波書店）『渕一博 — その人とコンピュータ・サイエンス』（近代科学社）など、訳書に『Cクイックリファレンス 第2版』、『Pythonからはじめる数学入門』、『PythonによるWebスクレイピング』、『Effective Python — Pythonプログラムを改良する59項目』、『Think Stats 第2版 — プログラマのための統計入門』、『Think Bayes — プログラマのためのベイズ統計入門』（オライリー・ジャパン）、『メタ・マス!』（白揚社）、『セクシーな数学』（岩波書店）、『コンピュータは考える［人工知能の歴史と展望］』（培風館）など。共訳書に『統計クイックリファレンス 第2版』、『アルゴリズムクイックリファレンス』、『入門データ構造とアルゴリズム』、『プログラミングC# 第7版』（オライリー・ジャパン）、『情報検索の基礎』、『Google PageRankの数理』（共立出版）など。

黒川 洋（くろかわ ひろし）

東京大学工学部卒業。同大学院修士課程修了。日本アイ・ビー・エム（株）ソフトウェア開発研究所を経て、現在は株式会社Fablicに勤務。共訳書に『Google PageRankの数理』（共立出版）、『Think Stats 第2版――プログラマのための統計入門』、『アルゴリズムパズル――プログラマのための数学パズル入門』（オライリー・ジャパン）など。

カバー説明

「アルゴリズムクイックリファレンス」の表紙の絵はヤドカリ（Pagurus bernhardus）です。500以上の種があり、その多くは水生で、浅い珊瑚礁や潮だまりに生息しています。しかし、特に熱帯には陸生のヤドカリもいます。ココナッツの実ほどの大きさになるヤシガニはその代表です。陸生のヤドカリさえ、少量の水を殻の中に入れ、呼吸のため、体の水分を保つために使っています。

本物のカニとは違い、ヤドカリは自分では硬い殻を持たないので、節足類（カタツムリ）などが捨てた殻に入って、天敵から身を守らねばなりません。特にタマキビガイとエゾバイの殻を好みます。体が大きくなると、体に合った殻を再び見つけなければなりません。露出部分が多くなればそれだけ危険が大きくなり、またきつい殻では成長が妨げられてしまうからです。理想的な殻は限られているので、殻の争奪は大問題です。

ヤドカリは文字通り十脚甲殻類です。ヤドカリの5対の足のうち、一番上の2脚はハサミ、つまりものを掴むための鉤爪で、多くは左右非対称であり、大きいほうは身を守るため、あるいは食べ物を細かくするために使います。そして小さいハサミは食べものを口に運ぶために使います。2対目、3対目は歩行用、4対目、5対目は殻の中で殻を支えています。

甲殻類の特性ですが、ヤドカリには体の内部に骨はなく、カルシウムでできた硬い外骨格を持ちます。2つの複眼と2対の触覚があり、触覚ではにおいと振動を感じます。口器は3対です。触覚の根元近くにある緑の腺から老廃物を排出します。

ときどきイソギンチャクがヤドカリの殻に付着していることがありますが、これはヤドカリに移動させてもらい、また食べ残しをもらう代わりに、魚やタコといった天敵からヤドカリを守っているのです。ヤドカリの天敵はほかにも鳥、カニ、哺乳類（人間も含む）がいます。

ヤドカリは何でも食べ、「海の掃除屋」という異名を持つほどです。生物の死骸から腐ったものまで食べるため、海辺の浄化に重要な役割を果たしています。雑食動物として食物の種類は多岐におよび、虫や草木も食べます。

アルゴリズムクイックリファレンス 第2版

2016年12月22日　初版第1刷発行

著　　者	George T. Heineman（ジョージ・T・ハイネマン）	
	Gary Pollice（ゲイリー・ポリス）	
	Stanley Selkow（スタンリー・セルコワ）	
訳　　者	黒川 利明（くろかわ としあき）、黒川 洋（くろかわ ひろし）	
発 行 人	ティム・オライリー	
制　　作	ビーンズ・ネットワークス	
印刷・製本	株式会社平河工業社	
発 行 所	株式会社オライリー・ジャパン	
	〒160-0002　東京都新宿区四谷坂町12番22号	
	Tel　（03）3356-5227	
	Fax　（03）3356-5263	
	電子メール　japan@oreilly.co.jp	
発 売 元	株式会社オーム社	
	〒101-8460　東京都千代田区神田錦町3-1	
	Tel　（03）3233-0641（代表）	
	Fax　（03）3233-3440	

Printed in Japan（ISBN978-4-87311-785-0）
乱丁本、落丁本はお取り替え致します。

本書は著作権上の保護を受けています。本書の一部あるいは全部について、株式会社オライリー・ジャパンから文書による許諾を得ずに、いかなる方法においても無断で複写、複製することは禁じられています。